全过程工程造价管理实操系列

跳出造价做造价

——工程造价疑难问题解析

胡跃 著

U0254019

中国建筑工业出版社

图书在版编目（CIP）数据

跳出造价做造价：工程造价疑难问题解析／胡跃
著.—北京：中国建筑工业出版社，2020.6（2024.4重印）
（全过程工程造价管理实操系列）
ISBN 978-7-112-24930-5

Ⅰ.① 跳… Ⅱ.① 胡… Ⅲ.① 工程造价-问题解答
Ⅳ.① TU723.3-44

中国版本图书馆CIP数据核字（2020）第037661号

责任编辑：徐仲莉　王砾瑶
版式设计：锋尚设计
责任校对：姜小莲

全过程工程造价管理实操系列
跳出造价做造价——工程造价疑难问题解析
胡跃　著
＊
中国建筑工业出版社出版、发行（北京海淀三里河路9号）
各地新华书店、建筑书店经销
北京锋尚制版有限公司制版
建工社（河北）印刷有限公司印刷
＊
开本：787毫米×960毫米　1/16　印张：14¼　字数：245千字
2020年6月第一版　2024年4月第十一次印刷
定价：49.00元
ISBN 978-7-112-24930-5
（35676）

前　言

难者不会，会者不难，用哲学解释工程造价，就如同《庄子》刻画墨守成规、故步自封的行为一样，用身边时常发生却视而不见的案例和生动的比喻加以描述，将工程造价从根源处剖析分解，让同行了解真实的工程造价：

（1）是什么？

（2）能做什么？

（3）要做什么？

（4）生命周期是多少？

（5）如何投资这一学科的学习？

（6）学成后达到的最高境界是什么？

工程造价如同一张系统的网格，任何一个概念没有搞明白，立刻就会在网格上显现出一个漏洞。从事工程造价的只有两种人：会做工程造价的和正在学习做造价的，后者占99.999%的比例，且其中99.999%的人一辈子也学不会工程造价。

（1）工程造价：工程造价专业体系构建是研究工程成本的学科。

（2）工程造价：解决工程项目投资成本的资金筹集和工程项目建设成本的收入来源。

（3）工程造价：要做好量、价、费三要素的组合。

（4）工程造价：大生命周期从设计方案中标（或确定）开始至运营维护结束；小生命周期从招标投标开始至工程项目竣工结算各方签字盖章截止，99%的工程造价人在小生命周期内周而复始地运行。

（5）工程造价：用80%的精力把算量技能升级到职业水平，算出哲学的工程量，基于BIM的工程项目用80%以上精力把造价管理技能提升到专业高度。

（6）工程造价：看一眼图就能估算工程成本比运用任何软件都高效，这种经验叫"境界"。

限于作者水平，本书错漏之处在所难免，希望读者批评指正。欢迎读者交流学习心得与工作体会，获取更多学习资料也可与作者联系，作者联系方式：1375265212（QQ号，注明"读书心得"）。

2019年11月

目　录

1

赢在算量

1.1 算量之前谈规则

几年前，有一款人工智能产品阿尔法围棋（AlphaGo），工程造价同行如果对此产品不太了解，这里作个简介。AlphaGo是第一个击败人类职业围棋选手，第一个战胜围棋世界冠军的人工智能机器人。有些人评论这款产品是汇集了众多名家棋谱的大成之作，与人对局实际是在"以多打一"，机器每出一步只是完成了一次多选题的测验。关于这种解释是否合理笔者不加妄议，继AlphaGo之后，该开发公司又推出了AlphaGo Zero版本，这个版本与前一个版本最大的区别在于：AlphaGo版本用传统的棋类游戏开发模式，以大量输入信息为行棋依据而开发的版本，也就是软件一发布就具备了高级别的进攻和防护装备，而AlphaGo Zero版本摒弃了原棋类游戏开发思维，改为软件教下棋的模式。也就是只把围棋的行棋规则、胜负计算公式等比赛规则固化到软件中，其他的由电脑升级，让软件从"小白"升级为"大师"。

现在工程造价同行一提及BIM都有一种敬畏之意，好像BIM就是高大上的化身，实际BIM与AlphaGo、AlphaGo Zero一样，软件的智商取决于人类的智慧，现在的工程造价人员总是把如何使用BIM模型软件当成一种与时俱进的观念，但却忽视了如何培养在公平的游戏规则下正确使用先进工具的理念。说到此笔者正好有一个现实案例，如下：

师傅计算门窗时，让笔者把门窗洞口长、宽尺寸各减50mm。还有人问：工程量算量是否要站在各自的立场，施工方多算点，咨询方少算点等问题。

作为工程造价人员，此案例中门窗洞口计算要说到算量都表现得极其不屑，认为算量就是初级入道选手的工作内容，想进步快点，就要摆脱工程算量这一程序。每一个存在这种想法的人，他们的心中都有一种隐隐的胆怯。工程对量是造价从业者挥之不去的恶梦，烦算量、怕对量的情绪导致了从业人员渴望有一款高智能工具帮助他们摆脱不愿意（或者是害怕）从事的算量工作，许多人已被清单计价规则、定额计算规则纠缠得喘不过气。其实工程量计算没有想象的那么难，换个角度去计算就会像喝茶一样轻松。举个家装结算的例子：

乙方：墙面工程量不扣门窗面积了。

甲方：好的，门窗侧壁也不增加面积了。

乙方：橱、卫地砖不扣坐便、地漏面积了。

甲方：可以。

乙方：卧室、客厅顶棚按200元/m²统一计算了。

甲方：好，就不再展开计算立板面积了。

从双方核量交锋的一来一往中，看似并没有太多的争执与纠纷，实际上乙方一直在进攻，而甲方始终处于防守地位，同时乙方的一招一式都在甲方不断的赞同声中被逐一化解。双方工程量计算既没有用到清单计算规则，也没有强调定额计算规则，各自都在对方为自己划定的圈内运行，双方合作，所谓的立场应该就是合同当事人约定的游戏规则，每一方如果都想着如何为自己争取更多的利益而破坏规则，实际就是在损害对方的利益。提问人一出道就以立场划分利益群体，看上去各为其主很有哲理，实际上这一做法建立在无视职业操守和行业规范的基础上，如同人机对弈过程中，软件程序出现故障电脑连续走了两步棋一样，让对手和观众如何看待这种犯规行为？没有道德底线的立场，立场又何来立足之地。

工程量清单计价是一种与国际惯例接轨的计价模式，为什么笔者认为其要优于定额计价模式的原因有很多，在此只说一条：清单项目所使用的计量单位较定额子目更加灵活（定额子目受人、材、机含量限制，不能随意修改定额单位），清单项目在单位运用上可以随心所欲。如门清单项目，笔者主张运用"樘"作为计量单位，因为以数量为计量单位，在结算时非常方便，没人敢将门的数量数错，而以平方米（m²）为单位，就有人敢将门的面积缩小计算。清单计价投标报价时，门清单综合单价2000元/樘，结算时，不管审计方如何理解门面积的计算规则，只要门的数量不数错，每樘门的单价还是2000元/樘，这种契约精神并不是搭建在信仰之上的空中楼阁，而是有实实在在的相关操作程序的规则约定。"新清单规范"讨论稿2018年年底已经初次与同行见面，新清单计量规范想把门窗清单项目单位改成与定额单位一致的"m²"（《建设工程工程量清单计价规范》GB 50500—2003、GB 50500—2008、GB 50500—2013分别简称为2003版清单规范、2008版清单规范、2013版清单规范）。2003版清单规范，门窗单位按"樘"计算；2008版和2013版清单规范中门窗清单计量单位按"樘"或按"m²"计算。关于门窗计量，笔者认为2003版清单规范直译国外的清单计量规范并没有问题，如果让清单规范盲目对接定额计算规则，反而促使那些有"立场"的人可以更加不顾及道德准则而随意站队了。

1.2 算量三步梯，自测在哪级

工程量算量、核量、对量是每一名从事工程造价的职业人不可绕行的节点程序，有一到对量桌上就心律不齐、血压不稳的老师傅，也有一脸懵圈，在网络平台大呼智囊团救命的职场新人，这也是同行内心世界一个个真实的写照。造价职业在苦中求乐中也给同行带来一个以量会友的契机。那些大呼找对象困难的人可要抓紧这段大好时光，多争取几次对量的机会。

算量第一阶段症状：烦算量，一算量头就痛，数门窗数10遍能数出9.5个不同的数字，剩下的0.5是数到一半忘记数到哪了。处于这个阶段属于算量期"小白"，唯一的捷径只有不断地通过手工算量，迅速掌握工程构件的逻辑比例关系，如踢脚线长度×墙高-窗面积=墙面装饰工程量。这类公式经过反复运用计算，就会形成一个定式，再算量时想都不用想，头脑中自然建立起工程量模型。说到此，有人会不屑地质疑，什么年代了还在用手工算量，手工算量有什么优势？在此先回到50年前，当年预算前辈计算工程量没有先进的软件工具可以借用，手中除了算盘就是计算器、工程量计算稿纸，他们编制工程预算定额完全是建立在手工算量的基础上。闭上眼睛体会一下定额编制说明和工程量计算规则，可以感受到当年定额编制人的想法和思维方式，如混凝土构件梁、板、柱、墙在搭接部位是有重复工程量包含其中，如何正确扣减搭接段的重复工程量，定额计算规则实际上已经给出了明确的答案。如"砌块墙算到上一层楼板板顶"这条定额说明，估计现在没有多少人能解释明白为什么当初要这样制定算量规则，在此做个提示：绝对不是定额编制人的笔误，墙砌筑工程量算到板顶正是体现了定额编制人的智慧，看明白这句解释后一定能顿感心中敞亮，前辈们用最简便的运算公式，达到工程量尽可能的计算准确率，学习手工算量不是放弃先进工具不用的舍近求远，而是学习如何把复杂问题简单化处理的方式、方法；学会手工算量，就不会在实战中用面积单位计算灯槽、踢脚等线形构件工程量。同理，当看到有人用面积单位计算此类构件工程量时，可以下结论：此人计算出的工程量不具备含金量。

如果突破了算量"小白"期，将逐渐走进独立成长期，这时又一个障碍"怕对量"阻隔在面前。有人说对量就是心理战，实际上强大的心理要依靠坚实的基本功作为后盾。有些人几年来计算了多套图纸，却不知道计算的结果如何，也就是说计算规则一点都没看过，一起步就是在软件中画来画去，一被问及为什么要这样布置造型？反正造型布上了，至于为什么却不知道。对量过程中背不下来各种计算规则没关系，说出一套自己的算量法则也可以，如所见即所干，用尺子把看得见的量都量到了，就是结算的工程量依据。作为工程造价人员，算量的理论依据不能向进城务工人员水平看齐，清单计量规则没时间看，定额计算规则最好多看几遍，毕竟这是前辈留下来的最简化的工程量算量公式。看完了公式再把定额说明里的概念看明白了，如"设计图示尺寸"到底是什么意思，这个概念透露了算量的什么信息，如何利用这个概念把应该争取到的利益算完全等。计算规则里很明确，墙面块料按设计图示尺寸计算，但是还有许多人在追问：门窗侧壁墙面块料算不算工程量，有什么依据等一大堆的疑问。通过提问题的人可以断定，许多计算了若干年工程量的人，真的没仔细看过清单、定额计算规则。前两个阶段关于算量的心态大多是为了算量而算量、为了完成任务而对量，这种心态下计算出的工程量又有几分价值？

通过10年或更长一段时间的算量练习，成长期里怕对量的心理日益淡化，取而代之的是自信，恭喜你进入到了成熟期，这个阶段的算量实际已经脱离了常人所想象的清单量、定额量的范畴。算量是为了计价，计价是为了"要钱"，算量就是为了算钱，看到图纸后心里想的不是赶快把建筑模型建立起来完成任务，而是在图纸中反复查找：钱在哪？财富在哪？宝藏在哪？有了算钱的欲望，算起量来就会两眼放光。算量已经把单位运用充分考虑其中，如清单工程量中塑钢窗、断桥铝合金窗等可用平方米（m^2）单位计量，而木门、玻璃门一定要用"樘"这个数量单位计量。如果认为单位使用无关紧要，反正量算出来面积都一样，这种理解说明算量人还没有进入成熟期，也就是算量时间不足20年，如果谁能找到做造价的捷径那一定是对其他同行的不公平。有些人会问，算量有必要这样斤斤计较吗？实际上笔者算量操作时是能偷懒就偷懒。如计算电气接线盒，笔者的算量秘诀是"省略此项工程量计算"，一个工程项目不计算电气接线盒，误差也就是几十个接线盒，折算成钱就是几百元，谈此经验的目的不是鼓励大家算量时敷衍了事，而是好钢用在刀刃上，有数接线盒的功夫，把灯具、配电箱个数数清楚，价值远超接线盒。在有限的时间内把西瓜、苹果全部收入囊中，回头再慢慢捡芝麻。这就是为什么笔者喜欢清单计价的原因，因为笔者算1mJDG20线管只要综合单价达到22～25元/m就算完成组价任务，不用再像有些人提问的"管线在吊顶里沿梁敷设，吊杆工程量可以用管的总长度除以1.5m间距算出吊杆根数吗？"算完线管还去计算细枝末节的吊杆有些画蛇添足。算量还是那句话，把钱算明白，有计算吊杆的时间把电缆长度多算几遍，收益会更大。

如何能够迅速提高算量的水平呢？这里还真的有诀窍。别人告诉你的都是打开宝藏的密码，而笔者告诉你的是如何寻找宝藏的入口。有一次笔者和同事对量，双方你争我夺互不相让，眼看着一天时间又要流逝，而老板催款的声音急促，面对十多处存在争议的问题，双方都没心情再打口水仗了，于是想了一个快速解决问题的方法，选择其中一个问题当突破口，逐一击破。

1.3 量中自有量中量

算量算量，量中藏量，不算则以，算则丢量。不能说一棍子打死一片，不过这棍子抡过去，打中的一定是大多数，算量的现状就是丢三落四，一套图纸算三遍，保证每一遍都能找出之前的丢项。

本节要说的是看不见的量。看不见的量丢项也是工程造价人员的错误吗？答案是肯定的。看不见的量如何去发现呢，这里有一个清单项目的项目特征描述：

（1）上人型50mm+60mm吊顶轻钢龙骨；

（2）双层9.5mm厚纸面石膏板造型吊顶；

（3）面层10mm×10mm凹槽；

（4）高强石膏嵌缝贴网格布。

看到这组清单项目特征描述，做过装修的人头脑里可能会浮现出这张平面图纸（图1-1）。

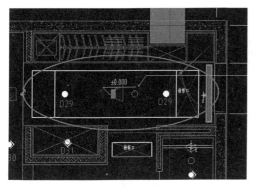

图1-1　想象中的平面图

图1-2　实际效果图

　　但实际展示的却是图1-2场景。

　　上述的项目清单特征描述用于图1-2实际就差两个字，见以上特征描述：（2）双层9.5mm厚纸面石膏板造型吊顶。别看这一个细节，项目清单综合单价相差100%，也就是单价差额200元/m²以上。有人可能会问：图1-2所示吊顶连跌级都没有，虽然块数零碎，但各个块的吊顶标高都在一个平面上，怎么能称为造型吊顶？如果扣除镂空部分工程量，图1-2中的材料用量应该小于图1-1中的材料用量，为什么项目清单综合单价能相差100%？这就是笔者将要说的看不见的量。如果图1-2吊顶没有这些间隙，而是简单的一块平面吊顶，造价与图1-1大致相同；但图1-2所示如同是一整张纸被人为撕碎后，再以非常高的精度拼接成造型（图1-2中的六个尖角指向同一个中心点），装修的效果是要达到从整张→被撕碎→再被拼接的一个全过程，相比图1-1中多出了后面两道工序，自然产生了此地无量胜有量的量，在撕碎和拼接的过程中，消耗了大量的人工工日，因此导致造价增加了一倍。

　　除了装饰装修，在土建、安装专业中也存在大量的看不见的量，如后浇带，人工成本应该在定额人工消耗量的基础上乘以3~5倍。同样是浇筑混凝土，3~5倍的人工消耗量又从何谈起呢？下面分析一下后浇带的施工工序。

　　（1）反工序施工：基础、墙、板等混凝土构件原本应该一次性浇筑完成，但因为物理变化需要，大型建筑要人为预留给建筑一个变形期，本来一次性浇筑的工作内容被人为分隔成两次，后一次相当于反工序施工。工程施工工序对工程成本是无法准确计量的，让不懂工序的人控制成本就是笑谈。

　　（2）措施费的影响：正常的工序施工，有措施项目的保障，如垂直运输有塔吊、施工电梯、混凝土泵车配合。到了最后收尾的零散工序阶段，塔吊、施工电梯已经拆除，混凝土泵车一次进出场费是3000元/次，浇筑30m³混凝土垂直运输单项成本100元/m³。算清楚临界点成本，项目经理找到工长，要求找10个小工把30m³混凝土倒运进地下室，费用3000元，最终成本分析折算回定额人工消耗量，实际与理论就是3～5倍的差额关系。

（3）有人可能会说，定额里有专门的混凝土后浇带子目，其人工含量高于普通的混凝土构件人工含量。定额编制人当时考虑设置这个定额子目就是解决后期反工序的问题。但是，定额编制人考虑的是后浇带实物量部分，二次浇筑混凝土比一次成活人工成本要高，后浇带子目补偿的是这部分人工损耗，反工序施工费用考虑不足，没有考虑之前的措施费项目对实物量的影响。

说看不见的量并不是无的放矢，通过分析可以看出，每个人都站在同一个起跑线上，面对的是看得见摸得着的实物，之所以想象不到工程量背后还有这么多的量，是因为在施工现场停留的时间过于短暂，一说清单量、定额量都会计算，计算每个清单项时就会有算不到位的量。再仔细观察一下图1-2，有人算量时可能直接用内部识别点方法将三角块进行合计处理。实际上每一个三角块石膏板三边都向上翻起，出一个100mm高的立边，最简单的算量方法是既不扣除间隙尺寸，也不增加翻边面积。

除了土建、装饰装修专业，安装专业同样存在看不见的量，如电缆敷设预备长度中的量（图1-3）。

序号	项目	预留长度（附加）	说明
1	电缆敷设弛度、波形弯度、交叉	2.50%	按电缆全长计算
2	电缆进入建筑物	2.0m	规范规定最小值
3	电缆进入沟内或吊架时引上（下）预留	1.5m	规范规定最小值
4	变电所进线、出线	1.5m	规范规定最小值
5	电力电缆终端头	1.5m	检修余量最小值
6	电缆中间接头盒	两端各留2.0m	检修余量最小值
7	各种箱、柜、盘、板	高＋宽	按盘面尺寸
8	电缆至电动机	0.5m	从电机接线盒起算
9	厂用变压器	3.0m	从地坪起算
10	电缆绕过梁柱等增加长度	按实计算	按被绕物的断面情况计算增加长度
11	电梯电缆与电缆架固定点	每处0.5m	规范规定最小值

图1-3 电缆敷设长度附加

电缆设预留长度附加量（图1-3）应该是定额前辈为同行做出的大贡献，如果没有这张图，许多人不会知道电缆在敷设中的具体损耗，如240mm^{2}电缆拐个弯就要损耗2m。实际这些损耗是看得见的，所谓的看不见是对那些坐在办公室只会对着图纸算量的同行而言，附加表中的数据仅适用于工程造价人员计算电缆定额工程量时使用，真正到了现场，购买电缆前要用绳子拉一遍整个电缆敷设路由，以保证每根电缆不会因为计量失误短了一截而整体报废。

最后提一个问题：看图1-1右边的那个条形风口，这个风口应该由哪一个承包商进行安装？为什么？

有人可能回复：空调风口属于安装工序，应该由空调设备安装方完成。可在实际精装修项目里，空调风口安装合同一般交由精装修承包方完成，理由是：空调风口按规范安装是空调设备安装方可以完成的工作内容。但空调风口安装工序在顶棚吊顶之后，空调风口安装需要按规范安装且与吊顶完美结合。根据发包方经验：空调风口安装还是交由精装修工人施工更放心。安装空调风口定额里给的消耗量只是保证按规范安装，没考虑为达到美观效果而产生的人、材、机消耗量。

1.4 马马虎虎提问题，敷衍了事收答案

一个年轻人问大师工程造价应该如何学习，大师手捂胸口，紧皱眉头没有说话。年轻人恍然大悟，大师在暗示其应该认真用心，努力提高。现实中，你们用什么方法对待问题的回复呢？

在紧张的学习和工作中，遇到很多问题是非常正常的经历，"小白"成长为"大黑"就是通过努力解决时常遇到的障碍的过程来不断变黑。有人说工程造价人员的技能是靠项目"喂"出来的，正确答案不如说是工程造价人员靠不断提出问题并解决问题来积累和积淀经验值更准确，一个工期2年以上的综合类大项目，完全能集合70%~80%工程造价通用问题，经历两个类似项目，并且把出现的问题全部梳理清楚，可以达到全面、系统地掌握工程造价理论。

笔者认为工程造价应该是国家出台工程量清单计价规范标准讨论稿，各地区讨论过程中对清单规范中某些条款提出质疑并提出修订意见，工程量清单计价规范最终审核通过并开始执行，各行政地区不必要单独深化一个地区清单规范版本，如图1-4所示。

| 9 | + | 11705 | 大型机械设备进出场及 安拆费 | | 项 | | 1 | | □ | | 0 | | 0 |

| | 工料机显示 | 查看单价构成 | 标准换算 | 换算信息 | 特征及内容 | 工程量明细 | 反查图形工程量 | 说明信息 | |

	序号	费用代号	名称	计算基数	基数说明	费率(%)	单价	合价	费用类别	备注
1	1	A	一、人工费	RGF	人工费		1352.95	13.53	人工费	
2	2	B	二、材料费	CLF	材料费		4146.96	41.47	材料费	
3	3	C	主材费	ZCF	主材费		0	0	主材费	
4	4	D	设备费	SBF	设备费		0	0	设备费	
5	5	E	三、机械费	JXF	机械费		64.34	0.64	机械费	
6	6	F	四、直接费合计	A+B+C+D+E	一、人工费+二、材料费+主材费+设备费+三、机械费		5564.25	55.64	直接费	
7	7	G	五、管理费	A+E	一、人工费+三、机械费	31.1	440.70	4.41	管理费	
8	8	H	六、利润	A+E	一、人工费+三、机械费	6.27	88.86	0.89	利润	
9	9	I	七、社会保险费	RGF	人工费	29.35	397.09	3.97	社会保险	
10	10	J	八、住房公积金	RGF	人工费	1.85	25.03	0.25	住房公积	
11	11	K	九、工程排污费	ZJF	直接费	0.25	13.91	0.14	工程排污	
12	12	L	十、安全文明施工费	ZJF	直接费	5.54	308.26	3.08	安全文明	
13	13	M	十一、检验实验配合	ZJF	直接费	0.11	6.12	0.06	总价措施	
14	14	N	十二、雨期施工增加	ZJF	直接费	0.53	29.49	0.29	总价措施	
15	15	O	十三、工程定位复测	ZJF	直接费	0.05	2.78	0.03	总价措施	
					四、直接费合计+五、管理费+六、利润+七…					

图1-4 清单单价构成

工程造价人员对图1-4并不陌生，一张普通的全费用清单单价构成表，全费用清单只是一个概念，国家并没有大力推广。对于这张清单图表，听到更多的问题是如何操作，曾经看到一个问题就很新颖：为什么套价要把总价措施费放在单价构成费用里计取，按原来的单价构成模板没有这些项的，为什么要加进去。

几年前听到"全费用清单"这一概念时，考虑的问题是：

（1）全费用清单是否能简化计价手续？把1000张10元人民币换成100张100元人民便于携带和清点，全费用清单相当于把10张99元人民币换成9张100元的和1张90元的人民币，未出任何手续简化，相反还增添了烦恼。原来工程量清单综合单价80元/单位，现在变成了100元/单位，再取税金变成了109元/单位，测算成本时首先用109/（1+9%）进行除税，然后再剔除规费、组织措施费等不适于出现在综合单价里的费用，才能获得有价值的成本信息内容。回想一下，当初为什么要把这些与工程直接成本关联不大甚至没有任何关系的费用融入分部分项工程量清单中？

（2）全费用清单是否便于管理？国内家装报价一直沿用全费用清单报价，目的是让业主方能一目了然地知道，铺1m²地砖多少钱，安装一个洁具多少费用。工程项目大多是内行对内行，规费、税金如何计取大家心中有数，分开计算并没有什么操作上的障碍，现在通用清单费用构成中规费清单、税金清单、独立构成费用清单比融入全费用清单要更加清晰、明了。

（3）工程措施费应不应该计入到分部分项工程量清单中？在传统的清单计价运用中，许多人会回答：工程措施费当然应该计入到措施费清单项目中。当出现全费用清单这个概念时，有些人建议将工程措施费纳入到分部分项工程量清单中，成为全费用的一个整体，工程措施费就像一个无家可归的孩子，又像一个孤寡老人，没用时踢出门外，有用时接入家中，进进出出完全看政策规范，工程措施费是工程成本的组成部分，而一些人却对工程措施费到底应该放到什么位置存在疑惑，正确答案是工程措施费计价形式每个人有不同理解，其表现形式应该突出成本费用的归属性。

如模板、专项脚手架等费用就应该并入混凝土构件和其他与专项脚手架关联的清单项目综合单价中。如吊顶脚手架，如果顶棚吊顶综合单价180元/m²，结构顶高度5m，此时组价最好将吊顶脚手架15元/m²措施费单价与顶棚吊顶综合单价合计为195元/m²，一是不容易丢项；二是清晰反映清单项目特征，三是便于区分此项清单与其他顶棚吊顶清单的部位。

作为模板、专项脚手架这类100%的技术措施费，计入分部分项工程量清单比放在措施费清单中更容易控制成本。

而一些与实物量清单项目无法一一对应的组织措施费，如安全文明施工费应该单独列项，不应该混入到实物量清单项目中，放在措施费清单中能更清晰地展示费用性质，如二次搬运费、夜间施工费等。在分析人工费单价时说到夜间施工项目，如写字楼装修人工效率是白天的55%~60%，在组价时业主方无法接受人工单价/（0.55~0.6）的现实，这笔人工降效费用通过夜间施工费转移到措施费清单中可以消除业主看到高价格清单项目时的恐惧。

提问者针对组织措施费的设置提出疑问是对全费用清单的一种反思，说明这位全费用清单的使用人在用理性方式接受新的思想和理论。

一个理论概念是否先进科学，并不是看其出自于哪里，而是看其植根的土壤。在国内，审计人员连一根钉子的存在都会怀疑其合理性，还有多少人在质疑定额含量内的汽油、煤油、棉纱有什么用，是否可以删除等问题，全费用清单如果执行不好会让费用组成变得含糊不清，结算时可能引发更大的争议。

如果说工程量清单计价规范只是一个法规性质文件，税法的法律地位应该高了多个层次（对一些税法问题的提问回复如找甲方、看合同、查行政文件等都是对税法不了解的体现，甲方、行政文件、工程施工合同不会为偷税漏税行为开脱责任），行业内面对税法问题，更多的操作建议是看当地行政文件，却没有人回复应该去认真学习税法。

税法既然如此严肃，操作是否步步惊心？其实难者不会、会者不难，看一个案例：某1760万元的土建总造价要求下调80万元，量不能动、套的子目不能换，怎么下调？回复中，用了千古一答"把进项税率提高n%"。这个回复看似非常荒诞，但这种操作方法100%正确（图1-5）。

（1）看操作能否实现？这里有一组图片模型供参考。

图1-5是以100%的除税价计价的一种最正确的操作方式，图中材料除税价圈内税率为0，材料除税价、含税价都是115元，最终总造价（图1-6）为5039801.13元。

050032@1	材	阳光板		m2	10741.5	400		**115**	115	0	自行进
080323@1	材	40*40*3	镀锌方管	m	11969.1	150		**6.9**	6.9	0	自行进
090711	材	镀锌钢角码		个	65973.27	8		8	8	0	自行进
110060	材	玻璃胶(密封胶)			16685.12			6.9	6.9		

图1-5 除税计价方式

名称	计算基数	基数说明	费率(%)	金额	费用类别
其中：计日工	计日工	计日工		0.00	计日工
其中：计日工人工费	JRGRGF	计日工人工费		0.00	计日工人工费
其中：总承包服务费	总承包服务费	总承包服务费		0.00	总承包服务费
规费	D1 + D2	社会保险费+住房公积金费		286,051.79	规费
社会保险费	A1 + B1 + C31	其中：人工费+其中：人工费+其中：计日工人工费	14.76	208,499.97	社会保险费
住房公积金费	A1 + B1 + C31	其中：人工费+其中：人工费+其中：计日工人工费	5.49	77,551.82	住房公积金费
其中：农民工工伤保险费				0.00	农民工工伤保险
税金	A + B + C + D	分部分项工程+措施项目+其他项目+规费	9	416,130.37	税金
工程造价	A + B + C + D + E	分部分项工程+措施项目+其他项目+规费+税金	▼	5,039,801.13	工程造价

图1-6 工程总造价

下面来验证一下（图1-7），阳光板材料税率输入"8"，相当于用含税材料价栏 115/（1+8%）=106.481元，除税材料单价栏单价变成了106.481元，最后看图1-8打折后总价，即：

总价（图1-6）–折后总价（图1-8）=5039801.13–4916383.94=123417.19元

打折就这么简单，123417.19/5039801.13×100%=2.45%，实现了提问者降价的目的，同时也没有暴露太多的问题。这个答案让不善动脑的人评价就是"答非所问"，实践是检验真理的唯一标准，看到此类回复不应轻易下结论，而是应该动手操作一遍后再提更深入的问题。

（2）说完实际操作再看理论是否合法，图1-5、图1-7中的含税价、除税价只是软件中的变量，税率（除税系数）只是完成含税价/（1+税率）=除税价。在这个过程的实际操作中，将税率调整为0，含税价/1=除税价，这时的含税价=除税价（图1-5），当想对115元这个阳光板材料单价进行降价调整时（如图1-7打92折），只需要将原来0税率调整为8，简简单单地将材料打折。

材	开工程单合材料		m²	9.95	106			8自价
材	阳光板		m2	10741.5	400	**106.481**	115	8自价
材	40*40*3	镀锌方管	m	11969.1	150	**6.9**		0自价
材	镀锌钢角码		个	65973.27	8	8	8	0

图1-7 税率输入"8"结果

其中：计日工	计日工	计日工		0.00	计日工
其中：计日工人工费	JRGRGF	计日工人工费		0.00	计日工人工费
其中：总承包服务费	总承包服务费	总承包服务费		0.00	总承包服务费
规费	D1 + D2	社会保险费+住房公积金费		286,051.79	规费
社会保险费	A1 + B1 + C31	其中：人工费+其中：人工费+其中：计日工人工费	14.76	208,499.97	社会保险费
住房公积金费	A1 + B1 + C31	其中：人工费+其中：人工费+其中：计日工人工费	5.49	77,551.82	住房公积金费
其中：农民工工伤保险费				0.00	农民工工伤保险
税金	A + B + C + D	分部分项工程+措施项目+其他项目+规费	9	405,939.94	税金
工程造价	A + B + C + D + E	分部分项工程+措施项目+其他项目+规费+税金	▼	4,916,383.76	工程造价

信息

图1-8 打折后总造价

人、材、机表中税率（除税系数）确实没有什么用途，用除税价计价直接输入除税价更简单，用不着先输入含税价后再输入税率（除税系数）转换为除税价。问题回复灵活地将一个用处不大的功能转换成打折工具，应该是一个创新，因为增值税进项税额与工程造价没有什么联系，当初软件设置这个功能就是为了除税，现在不用除税而用来打折，公式相同（如果是除税系数法打92折，直接将除税系数改写为0.92，比税率除税更直观），操作简便，大家不妨试用后谈谈感想。

1.5 人人都说会算量，图到手中犯了难

先看看这张顶棚吊顶图（曾经有人提问的实战问题，图1-9），要评价这张图纸复杂程度也不算超难，难度等级算中等，不会算量说明之前根本没有建立起算量的思维方式。

图1-9是这个空间完整的综合天花吊顶平面图，首先普及一下识图知识，计算精装修吊顶一定要打开这张吊顶（图内带标高尺寸）平面图，而不能随意选取一张顶棚其他平面图。

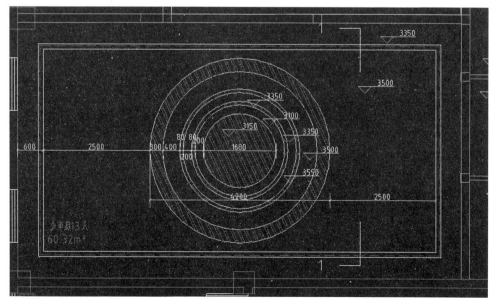

图1-9 顶棚吊顶图

这张图说复杂，是因为标高太多，要计算的构件量太多；说简单，是因为图纸比较对称，而且尺寸标注非常明确，不用任何软件（仅对着这张图片）大致能估算出这个空间整体的顶棚清单工程量面积。看这类眼花缭乱的图纸，要培养出专业的算量思维方式。

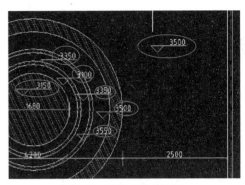

图1-10 顶棚吊顶局部截图

（1）在头脑中建立起模型，针对这张图可以看到，靠右侧有个剖视符号，但节点只针对外圈的灯槽做法，中间的圆形造型并没有看到剖视符号。

（2）如何在头脑中建立起算量模型。把截图局部放大（图1-10），

画圈的就是顶棚吊顶的标高尺寸，数字越大，吊顶越高，从这张局部图中可以看出，这个造型的走势是四周高，标高逐渐下移，中间造型最低。如果最初在头脑中建模困难，可以在纸上画出来节点大样图以帮助建模理解。节点大样画出来如图1-11所示。

（3）对比建模的对错。这张在头脑中建立的模型再次反映纸上的图画得对不对，可以从节点图（这个顶棚节点有待深化），也可从立面图中寻找参考答案，除此之外，还有更科学的对比方法。

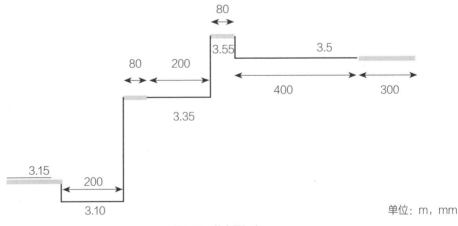

单位：m, mm

图1-11 节点图标高

（4）平、立、剖面尺寸对应。看手绘建模图，3.15m是圆心位置标高，圆心周围一圈是比圆心低50mm的圆环，圆环向中心圆外返200mm围绕中心圆一圈，再向外扩展，是80mm+200mm的两种吊顶面层材料构成的3.35m标高圆环。为了区分这两种材质的吊顶面层，用了粗、细两种线形构图，返出280mm宽后，吊顶标高继续提升，到了3.55m高度后又出来80mm宽的圆环，然后标高下降50mm，继续用不同材料编织出400mm和300mm宽的两个圆环，最终到达四周3.5m的标高处。

通过标高尺寸与平面尺寸，也就是平、立面尺寸对比，可以看出图画的对与错。

节点图面层勾画出来了，计算工程量也变得相对容易和有思路了，只要计算出粗黑线的工程量，用顶棚面积总工程量（粗黑线的工程量）就是细线部分的顶棚吊顶面积。工程量计算出来后，如何列清单？

（1）基层龙骨：按水平投影面积计算，至于这个吊顶形状属于跌级、艺术还是藻井，这种主观判断吊顶形状的问题不在此详述。

（2）基层板：石膏板或木基层板可以分开计算，如果粗线处是由金属、木饰面、玻璃等材料构成，基层可能是木基层板；如果是涂料、壁纸，基层板就是石膏板。基层板在任何地区定额中都是展开计算面积，这张像台阶一样的手绘图，每一个错台处用周长×立板高，可以帮助算量人很明确地计算出立板的展开面积。

（3）面层材料的区分：不同的基层板如果区分出来了，面层材料的量一抄了之，基本不用计算。

（4）外圈灯槽：虽然没看见节点图，但从标高上分析比较像嵌入式灯槽，灯槽可以单独计算，只要按长度计算出来就可以，列清单项目时，在项目特征描述里别忘记标注灯槽的尺寸规格50mm+100mm+50mm（没看到节点图，100mm是笔者估计宽度）。

清单项目编制完成后进入套定额组价的阶段，假如这张截图清单工程量是100m²，基层板展开面积可能是120m²，这时要通过清单含量进行综合单价的调整。同理，面层工序操作也是用含量进行调整，并不用因为按以上（1）~（4）项步骤计算出来的工程量与清单工程量不一致，就将基层单独列清单项目或调整清单工程量（灯槽、窗帘盒、线条等顶棚特殊构件除外）。

最后，请会算量的同行找一个计算器，将这张截图顶棚面积计算出个大概工程量，可与笔者联系核对清单、定额工程量答案并取得计算底稿。

1.6 消防楼梯中的项目分解

消防楼梯在算量组价过程中，看似不应该是难点，但反映出的问题也不少，初学者如果一时掌握不了消防楼梯的全部知识内容，先用死记硬背的方法把消防楼梯的项、量计算问题搞清楚。

（1）土建阶段：消防楼梯面积计算工程量公式=楼梯间净面积–平台面积–500mm宽的楼梯井所占面积。

清单计算规则见图1-12。

定额计算规则：楼梯（包括休息平台、平台梁、斜梁及楼梯的连接梁），按设计图示尺寸以水平投影面积计算。不扣除宽度≤500mm的楼梯井，伸入墙内部分不计算。

土建结构混凝土楼梯，清单工程量计算规则等于定额计算规则。

有人可能会对最后一个踏步加300mm提出疑问［楼梯剖面截图（图1-13）图框1位置，与图框2位置］，见楼梯平面图（图1-14）中可以这样框选面积：用图框1内水平投影面积或用图框2内水平投影面积都可以将"最后一个踏步加300mm"的问题解决，土建算量只需要记住楼梯结构用水平投影面积（以m²为单位）计算，楼梯结构构

E.6 现浇混凝土楼梯。 工程量清单项目设置、项目特征描述的内容、计量单位、工程量计算规则应按表E.6的规定执行。

表E.6 现浇混凝土楼梯（编号：010506）

项目编码	项目名称	项目特征	计量单位	工程量计算规则	工作内容
010506001	直形楼梯	1.混凝土类别 2.混凝土强度等级	1. m² 2. m³	1. 以平方米计量，按设计图示尺寸以水平投影面积计算。不扣除宽度≤500mm的楼梯井，伸入墙内部分不计算。 2. 以立方米计量，按设计图示尺寸以体积计算	1.模板及支架（撑）制作、安装、拆除、堆放、运输及清理模内杂物、刷隔离剂等 2.混凝土制作、运输、浇筑、振捣、养护
010506002	弧形楼梯				

注： 整体楼梯（包括直形楼梯、弧形楼梯）水平投影面积包括休息平台、平台梁、斜梁和楼梯的连接梁。当整体楼梯与现浇楼板无梯梁连接时，以楼梯的最后一个踏步边缘加300mm为界。

图1-12 楼梯清单计算规则

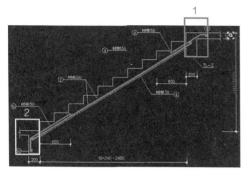

图1-13 楼梯剖面截图

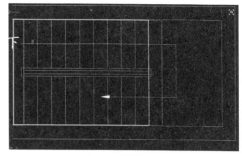

图1-14 楼梯平面图

件如梯梁等只需要先知道就可以，之后再去现场——核对。

（2）装修阶段：相比土建阶段，清单项目、定额子目也会增加一些，但基本是固定的几项。

有人分不清休息平台与楼梯平台，实际计算工程量时可以用平台上有没有门来区分这两种平台，如剪刀楼梯（图1-15）虽然图纸中写着休息平台，其实左右两侧都可以算楼梯平台。清单项目：

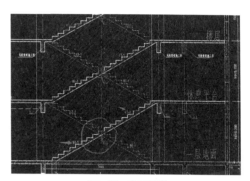

图1-15 剪刀楼梯

1）地面、楼梯：楼梯综合单价显然比地面综合单价要高许多，图1-16所示为楼梯与楼梯平台清单项目及定额组价表，里面已经包含了立面材料的安装费用。楼梯与地面定额含量除面层含量不同外，楼梯块料与地面块料虽然材质相同，但楼梯块料地面中包含了DS砂浆结合层，而地面块料铺装要单独套DS砂浆找平层子目。

2）顶棚：与其他空间做法相同，只是计算工程量时，因为楼梯顶棚是斜面，老式楼梯甚至还是锯齿形，有些地区要乘以系数以增加含量。

3）墙面：与其他空间墙面做法相同，面层装饰工程量在扣减门窗洞口同时，别忘记增加门窗洞口侧壁面积并入墙面计算。

4）门窗：楼梯间门是统一固定的防火门，其后塞口处理费用很高，组价时不要丢项。后塞口定额工程量是以门洞面积为准，并不是实际抹灰的面积工程量，见图1-17防火门清单项目。

13	□ 01110200300 1	项	块料楼地面		1.结合层厚度、砂浆配合比:20mm厚DS砂浆 2.面层材料品种、规格、颜色:600*600 3.嵌缝材料种类:专用瓷砖勾缝剂	m2	10		10			164.03	1640.3	绿1
	11-31	定	楼地面找平层 DS砂浆 平面 厚度20mm 硬基层上	装饰		m2	1	QDL	10	15.66	156.6	19.1	191	绿1
	11-44	定	楼地面镶贴 块料 每块面积 0.16m2以外	装饰		m2	1	QDL	10	127.23	1272.3	144.93	1449.3	绿1
14	□ 01110600200 1	项	块料楼梯面层		1.结合层厚度、砂浆配合比:20mm厚DS砂浆 2.面层材料品种、规格、颜色:600*600 3.嵌缝材料种类:专用瓷砖勾缝剂	m2	25		25			246.83	6170.75	绿1
	11-87	定	楼梯面层 块料	装饰		m2	1	QDL	25	207.04	5176	246.83	6170.75	绿1

工料机显示 单价构成 标准换算 换算信息 安装费用 特征及内容 工程量明细 反查图形工程量 说明信息 组价方案

	编码	类别	名称	规格及型号	单位	损耗率	含量	数量	含税预算价	不含税市场价	含税市场价	税率	合价	是否暂估	锁定量	是否计价	原始含量
1	870003	人	综合工日		工日		0.665	16.625	104	104	104	0	1729			✓	0.665
2	060002	材	地面砖	0.16m2以	m2		1.447	36.175	54.6	54.6	54.6	0	1975.16			✓	1.447
3	060065	材	地砖踢脚				1.18	29.5	15.1	15.1	15.1	0	445.45			✓	1.18
4	400034	商浆	DS砂浆		m3		0.0296	0.74	459	459	459	0	339.66			✓	0.0296
5	090265	材	硬质合金锯片		片		0.0013	0.0325	45	45	45	0	1.46			✓	0.0013
6	400043	商浆	胶粘剂	DTA砂浆	m3		0.0068	0.17	2200	2200	2200	0	374				0.0068
7	840004	材	其他材料费		元		9.554	238.85	1	1	1	0	238.85			✓	9.554
8	840023	机	其他机具费		元		2.898	72.45	1	1	1	0	72.45			✓	2.898

图1-16 楼梯与楼梯平台清单项目及定额组价

12	□ 01080200300 1	项	钢质防火门		1.门代号及洞口尺寸:1200*2200 2.门框或扇外围尺寸:DP砂浆后塞口	樘		2			2		
	8-31	定	钢质防火门	建筑		m2	2.64	1.2*2.2*2	5.28	805.43	4252		
	8-142	定	门窗后塞口 水泥砂浆	建筑		m2	2.64	QDL *2.64	5.28	8.16	43		

工料机显示 单价构成 标准换算 换算信息 安装费用 特征及内容 工程量明细 反查图形工程量 说明信息 组价方案

	编码	类别	名称	规格及型号	单位	损耗率	含量	数量	含税预算价	不含税市场价	含税市场价	税率	合价	
1	870003	人	综合工日		工日		0.062	0.3274	87.9	87.9	87.9	0	28.78	
2	400030	商浆	抹灰砂浆	DP-HR	m3		0.005	0.0264	493	493	493	0	13.02	
3	840004	材	其他材料费		元		0.039	0.2059	1	1	1	0	0.21	
4	840023	机	其他机具费		元		0.208	1.0982	1	1	1	0	1.1	

图1-17 防火门清单项目

5)楼梯挡水(楼梯侧面曲附位置):可以套零星项目,如果与墙面材质和装修工艺相同,一般忽略此项目,将工程量直接并入墙面计算。楼梯间墙面计算非常简单,楼梯间墙面积=(最顶层顶板下表面标高尺寸-最底层踢脚上沿尺寸)×楼梯间周长-门窗、洞口所占面积-楼梯踢脚面积+门窗洞口侧壁面积尺寸。

6)楼梯栏杆、扶手:在消防楼梯中,楼梯栏杆、扶手相对简单,以金属材质为主(消防楼梯内不能使用防火等级A级以外的材料),但楼梯栏杆、扶手并不是同一构件,楼梯扶手一般安装于楼梯靠墙一侧(楼梯平面图中南北两侧墙上安装,见图1-20),楼梯栏杆位于楼梯井位置,即楼梯平面图中间位置,如图1-18、图1-19所示。

图1-18　楼梯栏杆

图1-19　楼梯栏板

图1-20　楼梯扶手

在计算过程中，许多人对楼梯栏杆上的扶手提出质疑，到底应不应该单独计算，楼梯栏杆上的扶手除非与楼梯栏杆材质完全不同外，如金属楼梯木质扶手、木质楼梯石材扶手等搭配时可以分开计算（图1-21），因为这两种材质组合而成的楼梯栏杆有可能由两家供应商提供材料，分开列项组价以便于分包，像截图中（图1-18）的全金属同材质楼梯栏杆，则不需要将扶手与栏杆分开计算；楼梯扶手与栏杆材质不同时，要不要分开列项计算完全看清单编制人对构件成本价格的理解。图1-19中虽然楼梯栏板与楼梯扶手同材质，但楼梯扶手复杂程度构成需要单独列项计算的条件（楼梯扶手价格足够高，必须单独列项来核算工程成本）。如图1-21所示，350元/m的楼梯扶手综合单价并不很常见。

楼梯栏杆描述时只需要注重几个参数：材质、高度、安装方式，扶手安装时注意定额中已经包含扶手托板。

剪刀楼梯一般没有楼梯栏杆，只有楼梯扶手，因为剪刀楼梯中间不是楼梯井，而是一道剪力墙。

7）楼梯踢脚：看楼梯与楼梯平台清单项目及定额组价表中（图1-15）楼梯定额子目中包含了1.18m的块料踢脚含量（楼梯踢脚随楼梯面层材料变化）。楼梯踢脚在定额子目中确实是一个"鸡肋"含量，因为在双跑楼梯中，1.18m含量略显多了一点，在剪刀楼梯中又显然不够，如果人工调整定额含量，许多人还不知道如何计算

10	01150300100 1	项	金属扶手、栏杆、栏板		1.栏杆材料种类、规格;烤漆金属钢管栏杆 2.高度:h=115mm 3.固定配件种类:预埋件安装		15	15		201.87
	15-170	定	楼梯栏杆(板) 烤漆钢管栏杆	装饰	1.15	QDL *1.15	17.25	143.75	2479.69	175.54
11	01150300100…	项	硬木靠墙扶手				20	20		277.87
	15-221	定	硬木靠墙扶手 楼梯	装饰	1	QDL	20	248.25	4965	277.87

	工料机显示	单价构成	标准换算	换算信息	安装费用	特征及内容	工程量明细	反查图形工程量	说明信息	组价方案			
	编码	类别	名称	规格及型号	单位	损耗率	含量	数量	含税预算价	不含税市场价	含税市场价	税率	合价
1	870004	人	综合工日		工日		0.495	9.9		104	104	0	1029.6
2	030062	材	硬木扶手(直形)	105*65	m		1.21	24.2	99.1	150	150	0	3630
3	090410	材	镀锌法兰	Φ80	个		1.277	25.54	4.32	4.32	4.32	0	110.33
4	010049	材	镀锌钢管	25	kg		0.708	14.16	4.93	4.93	4.93	0	69.81
5	010018	材	扁钢	60以内	kg		0.147	2.94	3.67	3.67	3.67	0	10.79
6	090290	材	电焊条	(综合)	kg		0.013	0.26	7.78	7.78	7.78	0	2.02
7	400012	商砼	C20预拌豆石混凝土		m3		0.001	0.02	390	390	390	0	7.8
8	840004	材	其他材料费		元		3.111	62.22	1	1	1	0	62.22
9	840023	机	其他机具费		元		2.121	42.42	1	1	1	0	42.42

(a)

(b)

图1-21 楼梯扶手节点图

楼梯内的踢脚含量。这里说一下计算方法,在楼梯平面图里显示的踢脚算楼梯踢脚,双跑楼梯算三个面(包括休息平台)的踢脚,剪刀楼梯要算四个边的踢脚;楼梯踢脚内的含量既包括三角楼梯的工程量,也包括休息平台上直形踢脚的工程量。楼梯平台中的踢脚还要单独计算直形踢脚工程量。

最后提个问题:

楼梯段中的三角踢脚(不计算价格)工程量应如何计算?

别不以为然摆出不屑一顾的样子,你可能真的算不准!

如果算不出来,请将楼梯段中的三角踢脚水平摆放,再测量长度。

1.7 定额电气线管的明与暗

（1）电气线管的明敷与暗敷，许多人可能会说小孩子都分得出来，但定额中的电气线管是明敷还是暗敷并不是一般人能随意区分出来的。如若不信这里有一组问题（图1-22～图1-25），读者可以逐一做个解答，小心不要掉入陷阱。

问题①：图1-22所示电气线管是明敷还是暗敷？

问题②：图1-23所示用装饰板将电气线管隐藏后，电气线管是明敷还是暗敷？

问题③：图1-24所示墙体剔槽后将电气线管置于其中（未加遮盖），电气线管是明敷还是暗敷？

问题④：图1-25所示墙体剔槽后将电气线管置于其中并抹灰遮盖，电气线管是明敷还是暗敷？

看完图1-22～图1-25再看看一般人对电气线管明敷还是暗敷的理解：

（2）电气线管看不见的都称为暗敷，笔者反问：站在什么角度去看？

①在毛坯房交工时基本看不见室内裸露的电气线管，因此称电气线管是暗敷；在精装修竣工的项目里也看不见室内裸露的电气线管，因此再称电气线管是暗敷就有点外行了，理由如下：

电气定额说明中非常明确，房间吊顶内的电气线管统一按明敷考虑。精装修房间大部分要通过吊顶实现装修效果，在公寓精装修中，因为受层高限制，大部分吊顶设计是在房间四周吊一圈轻钢龙骨纸面石膏板顶，这一圈吊顶除了满足顶棚高差层次从而达到装修效果外，重要的原因是这一圈吊顶是为了掩盖顶棚上布置的各种明露管线。

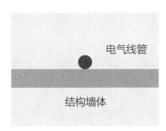

图1-22 电气线管敷设（一）

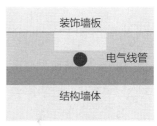

图1-23 电气线管敷设（二）

图1-24 电气线管敷设（三）

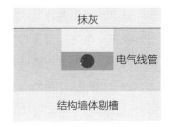

图1-25 电气线管敷设（四）

因此得出结论：电气管线是暗敷还是明敷并不取决于是否能看见。

②电气管线因为定额中有子目，所以就有明敷与暗敷之分，操作时视情况而定。电气线管与水管的差别不在于水管没有暗敷这条定额子目，也不用争议水管敷设方式是明敷还是暗敷，取决于构件套什么定额的第一种分类方式—规范和工艺做法。同样材质的电气线管和水管，电气线管能暗敷而水管只能明敷，是在于二者规范要求不同。

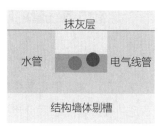

图1-26 电气线管和水管敷设

现在精装修的厨房、卫生间里也看不见电气线管和水管，不能说同在抹灰层下的水管和电气线管（图1-26），水管没有暗敷定额子目，因此就称为明敷，而电气线管因为有暗敷定额子目，就可以套用暗敷子目。

电气定额说明里对电气线管的明敷和暗敷描述得非常简单，更多的是通过定额编制人对新版本预算定额宣贯口口相传，有些说明中的解释往往让人产生错觉。

有些地区电气线管定额说明里描述："电气线管暗敷中包括了剔凿工序。"这里请大家注意"剔凿"与"剔槽"并不是一个概念，电气线管暗敷由于工序时间问题，注定了要先将电气线管先敷设到位后，才能够浇筑混凝土或砌砖墙，就因为有了工序上的微小差别，暗敷电气线管很容易出现混凝土浇筑后线管堵塞问题，这时要想疏通电气线管，就要将结构混凝土"剔凿"开，把堵点疏通后再抹上水泥砂浆。定额工作内容中的"剔凿"指的是电气线管暗敷设时的故障处理措施，而不是指在混凝土（砖或其他砌块）构件上开出电气线管埋设的沟槽。

③最后一种对电气线管明敷、暗敷分类的解释：明敷有支架，暗敷没有支架。这种解释看似很专业，实际细推敲也站不住脚。请看下面一组图例（图1-27～图1-30），如何按照有无支架区分电气线管的明敷、暗敷设工艺？

如果不能用客观的依据将几张简单的电气线管敷设方式描述清楚，简单通过有无支架来定义电气线管敷设方式有些不妥。只能解释为，有支架的电气线管敷设方式一定是明敷，而没有支架的电气线管敷设方式不一定都是暗敷。

本节到此已经将所有想当然对电气线管敷设工艺的解释全部否定，难道电气线管的敷设都要靠主观猜想去套定额了吗？答案当然也是否定的。电气线管明敷或暗敷有非常简单的分类方式，而且绝对不会引发争议，这就要从电气线管的敷设工序上来划

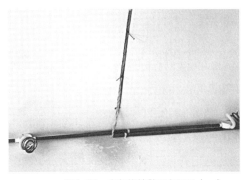

图1-27 电气线管敷设实景图（一）

图1-28 电气线管敷设实景图（二）

图1-29 电气线管敷设实景图（三）

图1-30 电气线管敷设实景图（四）

分其工艺属性。

　　前面问题答案中提到过电气线管形成的时限问题，如果电气线管在土建构件之前完成，这样的电气线管则定义为暗敷，如图1-31所示。

　　反之，都称明敷，如图1-27～图1-30所示。这样定义简单、明确，没有争议，编制定额实际就是要便于操作，并且考虑工序、工艺、材料等多种技术参

图1-31 电气线管暗敷

数，电气线管划分就是按工序划分敷设方式（也就是工序决定工艺，仅限于对电气线管的解释，不要对此解释断章取义、随意运用）。

1.8 EPC模式对传统工程造价思维的冲击

PPP、EPC等一大堆国外工程管理模式被引入我国，可却存在水土不服，如EPC合同性质100%是总价合同，有些人看到此又要提问：不是说清单计价总价合同与固定单价合同合二为一了吗，怎么又出现了一个100%的总价合同模式？

EPC最初是国外的工程总承包模式，拿我国的总承包模式与之对应，无法吻合：

（1）EPC工程是方案中标，而不是我国传统的工程量清单报价低价中标，要中标首先是用方案要打动客户，如国家体育场工程就是EPC执行了前1/3的结果。

（2）EPC项目从设计开始到采购为止，中间才是读者们所说的施工，严格意义上说：设计→施工→采购这叫所谓的全过程工程造价，而目前拥有全过程工程造价能力的人还是少数。

（3）现将EPC项目称之为总承包项目，其实在国内20年前就已经诞生了EPC雏形，这就是家装工程。从家装的整体管理模式上看，从设计→施工→采购完全与EPC项目可以对应，因此可以说家装工程就是EPC的鼻祖。之后，工装项目最多的就是办公室二次装修项目，管理模式更趋近于EPC。

（4）说了半天EPC，设计、施工容易理解，采购又为何物？EPC项目中的采购并不是读者们想象的钢筋、混凝土之类的建筑材料采购，也不是像空调机组、大型变压器这样的与工程相关的设备采购。EPC项目中的采购相当于酒店中的活动家具、电器、床上用品，毛巾、浴巾及洗漱台上的消耗品等采购（也就是运营维护期间的物品采购），这就是EPC的全过程。

（5）EPC承包就是总价合同。投标人报价不是采用非常详细、正规的工程量清单，而是与效果图和文字功能要求相符的估算清单，因为设计方既是施工方又是后期运营维护方（采购阶段工作），报价人对工程项目的实质内容比较清楚，对措施方案的实施也相对明确，对现场环境、业主要求、困难问题相比只做施工的承包方更加清楚，报价就是根据业主（或合同）要求的范围进行总价包干。许多装修工程项目投标过程中，虽然图纸不全，报价时还是要对着图片、照片认真计算能想到的一切工程量，因为一旦交到业主手中，报价金额对错都不可能再进行增加（当然中期履行合同阶段业主提出的变更还是要据实结算），但绝不会像国内实施的EPC承包项目一样，投标报价时没考虑土方放坡，问结算时能不能找业主方索赔。

现在国内的甲方恨不能连根钉子都实行甲供，国外的EPC模式如何在国内生根发芽？国外的EPC只是一种管理模式，照搬的话并不适合国内的市场环境。看看国内的EPC样板工程就能有所感触，小业主入住大厦，一般要对公司新址进行装修改造，获取信息的装修方蜂拥而至，与小业主沟通，勘察现场，量房、出平面设计和效果图方案、出工程量清单报价等一系列前期资料，有耐心的装修公司经过与小业主的多次接洽，最终运气好的一家与客户成功签约，合同价格几乎低于成本价。这就是国内EPC项目的现状，想让EPC在国内良性发展，第一步要让90%的公司消失，留下10%有实力的公司通过提高清单报价，提升质量，规范管理让市场规范。如同回到了20世纪90年代，一线城市就是寥寥几家大公司，大型装修项目被其垄断，可好日子没过上几年，国内的小分包商如雨后春笋般冒出，他们学会了管理模式，学会了先进的工艺做法，利用手中的低成本资源，迅速瓜分装修市场。EPC项目构思再理想，在国内实施有可能还会经历这种"轮回"。

国内招标项目称"EPC"的很多，但真正操作过EPC项目的国内公司主流竟然是广告公司，对了，你没看错，就是广告公司。看似与工程施工沾不上边的广告公司施展了何种方法成为了EPC项目的主角？

（1）也许是国内定额计价模式在工程造价从业人心中根深蒂固的原因，就连传统的清单计价模式在国内实施15年后也发生了微妙变化，一些地区还陆续出台了清单式定额（定额子目带取费的定额），定额计价有要回归的感觉。工程预算定额发展了几十年，最后连定额的发展方向都找不到了。可以得到安慰的是，有些地区已经回归了定额的原貌——消耗量定额（定额里面不带人、材、机单价的那种最原始的定额模式）。可能有些人会问，定额子目带取费有什么不好，消耗量定额又有什么优势？这就要回到定额研究的方向上进行分析，定额研究的是人、材、机的含量，消耗量定额正可以适应定额的研究方向，而带费率的定额有点偏离方向的感觉。

北京新增的编号11-18"渣土外运"定额子目，就是消耗量定额，原始定额子目内人、材、机没有单价（图1-32中人工费单价是因为其他定额字目有870007人工编号的单价，软件自动带出，机械费单价是后来人工输入的），要组价时人工填报单价，或者软件根据人、材、机编码自动将已经有的人、材、机单价自动关联到本定额子目中的人、材、机单价中。这样报价有什么先进之处？通过这样的定额组价，真正实现了自主报价的清单计价原则。原先在执行清单计价时，给投标人设置了这样或那样的

⌐11-18	定	渣土外运 运距15km以内	土建	m3			5	34.73

工料机显示	单价构成	标准换算	换算信息	安装费用	工程量明细	说明信息

编码	类别	名称	规格及型号	单位	损耗率	含量	数量	含税预算价	不含税市场价	含税市场价	税率	含
870007	人	综合工日		工日		0.233	1.165	82.1	99	99	0	
040285	材	弃土或渣土消纳		m3		1	5	0	0	0	0	
800895	机	自卸汽车	5t	台班		0.0328	0.164	0	327.23	382.86	17	
841002	机	其他机具费		%		4	4.6134	1	1	1	0	

图1-32 消耗定额

门槛，实际是违背了清单计价的基本原则，作为长期处于工程造价环境下的人员，思想更多停留在清单、定额的计价框架内，相比没有做过工程造价的广告人员，他们的销售理念更加开阔，投EPC项目的标显得更加成熟和淡定。

（2）说EPC到定额问题里绕了一个大圈子，走的路多了点。解释EPC管理模式的本意不是想说广告人员投EPC项目标时更具优势，而是想告诉工程造价同行所属岗位处于销售环节。用清单或用定额给客户报价，就是为了传递一个交易信息（专业术语为：要约），让客户清晰、明确地看懂报价，理解报价，接受报价才是真正的造价精髓。广告公司与建筑公司相比，设计阶段旗鼓相当，施工阶段劣势明显，采购阶段对建筑公司形成完全碾压之势。反观客户方，设计方案好坏是决策层考虑的问题，工程施工环节属于专业空白没有发言权，只有运营维护环节是客户谈判方最关心的环节，售后服务、运营维护、应急处置等细节往往是谈判桌上津津乐道的话题，广告公司出具的工程施工组织设计方案虽然略显轻薄，但他们提供的运营维护手册确实面面俱到，每个细节时间节点比施工进度表还详细、周到。

作为工程造价人员，一投标就伸手要工程量清单，一组价就抄起工程预算定额这根拐棍，这种水平参与EPC项目竞争，如何与广告公司人员同台竞技。

2

工程预算定额的"寿命"预测

2.1 清单计价中的定额量

有人问，墙面涂料装饰中抹灰基层要不要扣除踢脚所占工程量？

先看图2-1定额计算规则图，墙面抹灰1和踢脚抹灰2是合并计算的，这个在定额说明中也有表述。但是现在是清单计价，墙面是涂料面层，踢脚可能是木踢脚，两个部位面层材料完全不同，虽然基层工艺相同，但清单应该列两个项目来进行组价，计算墙面费用时，只计算墙面抹灰"1"部位的基层与面层的费用，算踢脚综合单价时，计算"2"部位的基层与面层的费用。定额计价是尽可能将工序合并，清单计价是将项目清晰分离，如果墙面清单项目中掺杂踢脚清单项目的抹灰费用，墙面涂料清单综合单价就会增加，而踢脚清单项目的综合单价就会减少，这样操作不算错误，正好应了清单计价原则：踢脚中没有考虑的费用视同在墙面中考虑。但正常的清单计价为什么要这样考虑费用问题呢？按照图2-2计价不是更科学合理吗？

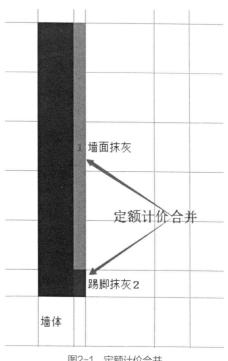

图2-1　定额计价合并

5	⊟ 011407001001	项	墙面喷刷涂料		m2			52	
	12-20	定	底层抹灰(打底) 粉刷石膏砂浆 5mm 现场搅拌砂浆		m2	1	QDL		
	14-703	定	满刮腻子 墙面 耐水腻子 石膏面	✓	m2	1	QDL		
	14-731	定	内墙涂料 乳胶漆 二遍		m2	1	QDL		
	14-732	定	内墙涂料 乳胶漆 每增加一遍		m2	1	QDL		
6	⊟ 011105005001	项	木质踢脚线		m2			1	
	12-20	定	底层抹灰(打底) 粉刷石膏砂浆 5mm 现场搅拌砂浆		m2	1	QDL		
	14-703	定	满刮腻子 墙面 耐水腻子 石膏面	✓	m2	1	QDL		
	11-82	定	踢脚线 木质		m	10	QDL * 10		

工料机显示		单价构成		标准换算	换算信息	安装费用		特征及内容	工程量明细		说明信息		组价方

	类别	名称	规格及型号	单位	损耗率	含量	数量	含税预算价	不含税市场价	含税市场价	税
1	人	综合工日		工日		0.083	0.083	87.9	95	95	
2	浆	粉刷石膏砂浆	1:2	m3		0.0055	0.0055	809.55	809.55	809.55	
5	材	其他材料费		元		0.068	0.068	1	1	1	
6	机	其他机具费		元		0.284	0.284	1	1	1	

图2-2 墙面喷刷涂料和木质踢脚线清单项目计价

如果说从定额计价年代走过的人一时理解不了清单计价这种变化，新从业的人员一定要先搞清楚定额在清单计价中如何正确运用。定额子目是一道工序，清单项目是多道工序的集合，如同截图中显示的一样，墙面涂料是由粉刷石膏、腻子找平、乳胶漆工序组成，其中腻子找平合格工序是两遍砂纸打磨，乳胶漆合格工序至少是一底两面（也可以二底二面）。知道了这些工序以及工序中的各道环节，才能够做到套定额时不丢项（丢项就相当于丢工序，丢工序就相当于丢量，丢量就意味着要赔钱）。讲了半天清单、定额量实际就是围绕工程成本转圈，从不同方位、不同角度揭示工程预算定额是如何反映工程成本的道理。

读者们现在学习的工程预算定额，不管是新旧版本，定额说明、工程量计算规则描述的都是定额编制人对编制定额工序、人、材、机含量时的一个思考，与清单项目结合要有一个灵活运用的过程，如同清单计算规则所定义的土方工程量，就是基础垫层下表面积乘以基础垫层下表面深度到设计地坪的高度，定额在考虑挖土方时，除了清单计算规则之内的土方量，还考虑了必需的放坡量和工作量预留量。笔者不建议清单与定额计算规则合二为一，这里国家清单计价计量标准修订会议给出了答案：2018年7月17日，工程量清单计价计量标准修订初稿协调会议在京召开。《建设工程工程量清单计价规范》等9本工程量计算规范主编单位代表以及工程造价计价依据审查委员会部分专家参加了会议。初步形成10项意见，其中第2条意见建议：

2. 引导行业提高从业素质，体现市场主体定价自主权，各专业工程计量规范的规则原则上应按照设计实体量进行编制，不予编制施工作业面、预留量等应由建设主体自主确定的内容。

清单项目挖土方只是一个项目，但定额对这个土方清单项目的组价（工序）有多种多样的开挖方法，清单项目按定额计算规则考虑放坡及工作面没问题，但如果这个清单土方项目必须用护坡方式施工应如何计算土方放坡工程量？定额是按1：2放坡系数考虑的，这个清单项目因为土质原因必须按照1：3放坡系数施工，这个清单量又应该如何计算？一个版本的定额子目有6000～7000条，清单项目不可能为了适应定额子目也编制几千条，一个清单项目就是多个定额工序的集合，清单土方量只反映实物量部分的土方，如10000m³，其他的措施土方组价时考虑12000m³还是15000m³，是用放坡形式挖土方还是采用护坡桩支护土方，完全是投标人的个人意愿和公司的管理方式，这就是清单自主报价的一个充分体现，无须再教施工单位如何挖土方。

有些人觉得由于清单计价，将原来定额计价的思维方式搞乱了。这里笔者要澄清一点，如果能对定额计价体系非常清晰，清单计价类似于定额计价的一个升级版本，做了几十年工程造价的人之所以搞不明白清单计价，是因为他们连定额计价是怎么回事都没有搞明白。让大家看看图2-3所示清单计价与定额计价的关系。

在图2-3中，编号12-471定额子目单位是"m²"，再看下半部分的人、材、机分析表，轻钢龙骨都是按"m"作为定额含量单位表现的，如果对这条定额子目中所有的

5	□ 011210003001	项	玻璃隔断				m2			2.7	2.7
	12-438	定	玻璃隔断 不锈钢框 全钢化玻璃	装饰			m2		QDL		2.7
6	□ 011210006001	项	轻钢龙骨隔断石膏板吊顶				m2			0.8	0.8
	12-471	定	龙骨式隔墙 轻钢龙骨 75系列 单排	装饰			m2	1	QDL		0.8
	10-82	定	其他保温隔热 岩棉板 50mm厚	建筑			m2	1	QDL		0.8
	12-485	定	龙骨式隔墙 隔墙板 纸面石膏板 单层	装饰			m2	2	QDL * 2		1.6

| | 工料机显示 | 单价构成 | 标准换算 | 换算信息 | 安装费用 | 特征及内容 | 工程量明细 | 说明信息 | 组价方案 | | |

	编码	类别	名称	规格及型号	单位	损耗率	含量	数量	含税预算价	不含税市场价	含税市场价	税率	合价	是否
1	870003 ▼	人	综合工日		工日		0.097	0.0776	87.9	87.9	87.9	0	6.82	
2	080145	材	轻钢龙骨	QC-75 75*…	m		1.793	1.4344	13.4	13.4	13.4	0	19.22	
3	080143	材	轻钢龙骨	LLQ-C75 7…	m		1.227	0.9816	11.7	11.7	11.7	0	11.48	
4	080144	材	轻钢龙骨	QU-75 77*40	m		0.199	0.1592	10.9	10.9	10.9	0	1.74	
5	080142	材	轻钢龙骨	LLQ-U75 7…	m		0.472	0.3776	9.6	9.6	9.6	0	3.62	
6	080146	材	通贯横撑龙骨	Q-1 30*12	m		0.143	0.1144	4.81	4.81	4.81	0	0.55	

图2-3 清单计价与定额计价在对比图

数字逻辑关系搞明白了，也就明白了这条"轻钢龙骨石膏板吊棚"清单项目中的12-485定额子目QDL×2的道理了。不会再有人询问：清单项目与定额子目单位不同，应该如何处理？

对于定额计价与清单计价，很多人在研究定额计价与清单计价二者之间的区别这种没有实际意义的问题，就算找出10000条清单计价与定额计价的差别也只能用于考试，现实中需要读者们研究和掌握的是二者的共同点和关联之处，即如何在清单项目中用定额组价。笔者曾经问过同行一个问题："假如一栋楼是一个清单项目，应该如何组价操作？"实际问题的答案就是把思路拉回了定额计价时期，那时一个单位工程报价由多条定额子目组价集合而成，那时一栋楼可以理解成一个大的清单项目，因为这个清单项目工作内容太多，里面工序太多、太杂，以至于非专业人员无法通过报价看清楚价格内的本质内容。清单计价时期，将原本很大的一个单位工程分解成多个适合人们获取信息的小的清单项目，让非专业人员也能够看懂工程量清单，这就是清单计价相对定额计价的一个进步和升级。

你有千道工序，笔者有一条清单，这就是为什么屋面清单项目下要有如此多的定额子目，因为屋面项目从结构顶板做到最上面的上人面层，隔气、保温、找坡、找平、防水、保护等工序众多，从下至上的定额子目要套8～10条甚至更多，这些工序里有的是定额子目单位与清单项目单位不同，如垫层可能用体积单位，有的是定额工程量与清单项目工程量不同，这就出现了清单含量的比例差别，不管是计量单位不同还是含量差异，原来定额计价时期如果将定额含量这个问题学精吃透了，清单项目组价的这些问题就不再是问题了，采用哲学算量方法用口算就可以搞定。别人算量用算量软件，笔者算量用计价软件就是因为思维方式不同，也许笔者比众多同行早一些认识了清单，早一时走完了定额计价与清单计价的过渡期，转变思维方式可以使脚步更快一些。

下面再看一个问题：材料费还可以查广材网找价格，人工费和机械费怎么找？如果套定额，里面的人工费与机械费与实际不符（与图2-4对比），人工费和机械费是通过市场询价得来的吗？

作为清单项目的费用构成，许多人不知道其中的费用应该包括什么，更不知道用现行工程预算定额组出的综合单价成本与实际费用有多少差异，万一现行工程预算定额真的取消了，遇到图2-4中的格式，会套定额又有什么用呢？许多人会用行政文件来解释定额操作中的问题答案，问题是如果执行法规或行政文件组价后赔钱了，找谁

图2-4 人工费、机械费表

去补偿差价？

总有人在问：全费用清单与普通清单的区别是什么？答案很简单，全费用清单如同买了部手机加大礼包，而普通清单只是一部标配手机，实际上大礼包也是花了钱才得到的。图2-4中的清单项目就是一种全费用清单的模式，全费用清单的全称应该叫：工程量清单项目综合单价全费用。也就是一切与清单项目工序有关的并且费用能一一对应的全部清单项目的相关工程单位造价费用。

这句话一定要看懂，否则会提出一大堆关于全费用清单如何操作的问题。最后补充一句，笔者对全费用清单的看法是多此一举的操作形式，因为组织措施费不应该融入实物量清单项目中，规费和税金没有必要并入清单项目中。

2.2 认识定额中的隔断与隔墙

定额编制说明里有一个构件名词叫间壁墙，可偏偏定额编制人又给定额操作人出了一个选择题：定额说明中的这种构件（间壁墙）是属于定额章节子目中的隔墙还是隔断？在此就要先做个模型分析，再进行选择。

图2-5是一个墙体的模型，图2-6看似与图2-5相同，但仔细看还是有许多不同点，图2-5与图2-6就是这道选择题中的提示图形。

北京2012预算定额"楼地面章节"出现了一次"间壁墙"的概念：

（一）整体面层按设计图示尺寸以面积计算。扣除凸出地面构筑物、设备基础、室内管道、地沟等所占面积，不扣除间壁墙（墙厚＜120mm）及＜0.3m²柱、垛、附墙烟囱及孔洞所占面积。门洞。空圈。暖气包槽、壁龛的开口部分不增加面积。

"间壁墙"为什么会出现楼地面章节定额说明里，而墙柱面章节定额说明、定额子目里只有"隔墙""隔断"的概念，并无"间壁墙"的说法。"间壁墙"在定额执行过程中，注定就是一个结，而且这个结已经越来越紧，几乎无解了，现在借助模型，笔者试着来解释一个"间壁墙"这个概念。

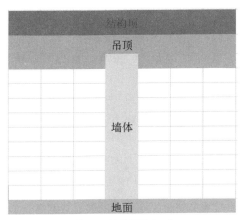

图2-5 墙体模型（一）

图2-6 墙体模型（二）

楼地面章节中描述：整体面层不扣除间壁墙，从图2-5模型中可以看出，墙体在地面之上建立，并没有破坏地面，墙下的地面面层是真实存在的工程量，本来也不应该扣除。

看完楼地面章节的间壁墙，再看一下天棚章节定额说明的间壁墙特点：

（一）天棚抹灰按设计图示尺寸以水平投影面积计算。不扣除间壁墙、垛、柱、附墙烟囱、检查口和管道所占的面积，带梁天棚的梁两侧抹灰面积并入天棚面积内，板式楼梯底面抹灰按斜面面积计算，锯齿形楼梯底板抹灰按展开面积计算。

（二）天棚吊顶

（1）吊顶天棚按设计图示尺寸以水平投影面积计算。天棚面中的灯槽及跌级、锯齿形、吊挂式、藻井天棚面积不展开计算。不扣除间壁墙、检查口、附墙烟囱、柱垛合管道所占面积。扣除单个>0.3m²的孔洞、独立柱及与天棚相连的窗帘盒所占的面积。

从图2-5模型看，天棚抹灰确实与墙体没有发生任何关系，因此说不扣除间壁墙可以对应上定额说明。通过楼地面与天棚定额说明结合模型分析间壁墙，完全可以还原一个真实的间壁墙实体（图2-7）。

图2-7 间壁墙实体图

如果看到图2-7这张图还没有间壁墙的概念，图2-8所示的就是间壁墙或称为隔断墙。

间壁墙总结一条：上不顶天，下不立地，只要是地面先于墙体完成，地面上的墙体就可以称间壁墙。在此采用最常用的玻璃隔断清单项目组价（工程量暂定1m长，玻璃隔断高$h=2700mm$，结构层高$h=3300mm$）为大家作示例（图2-9）。

轻钢龙骨隔断石膏板吊楣一项在玻璃隔断吊顶与结构顶之间起封闭隔断作用，这项在图纸中一般不常见，算量时容易忽略，组价时注意不要丢项，因为工艺做法同玻璃隔断完全不同，最好不要并入玻璃隔断清单项目中，石膏板吊楣工艺做法同轻钢龙骨纸面石膏板隔墙（图2-9）。可以配合节点图2-10理解。

（a）

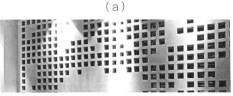

（b）

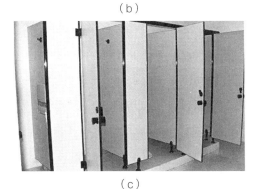

（c）

图2-8 间壁墙（隔断墙）

5	□ 011210003001	项	玻璃隔断		m2			2.7	2.7
	— 12-438	定	玻璃隔断 不锈钢框 全钢化玻璃	装饰	m2	1	QDL		2.7
6	□ 011210006001	项	轻钢龙骨隔断石膏板吊楣		m2			0.8	0.8
	— 12-471	定	龙骨式隔墙 轻钢龙骨 75系列 单排	装饰	m2	1	QDL		0.8
	— 10-62	定	其他保温隔热 岩棉板 50mm厚	建筑	m2	1	QDL		0.8
	— 12-485	定	龙骨式隔墙 隔墙板 纸面石膏板 单层	装饰	m2	2	QDL * 2		1.6

	工料机显示	单价构成	标准换算	换算信息	安装费用	特征及内容	工程量明细	说明信息	组价方案				
	编码	类别	名称	规格及型号	单位	损耗率	含量	数量	含税预算价	不含税市场价	含税市场价	税率	合价	是否
1	870003 ▼	人	综合工日		工日		0.097	0.0776	87.9	87.9	87.9	0	6.82	
2	080145	材	轻钢龙骨	QC-75 75*…	m		1.793	1.4344	13.4	13.4	13.4	0	19.22	
3	080143	材	轻钢龙骨	LLQ-C75 7…	m		1.227	0.9816	11.7	11.7	11.7	0	11.48	
4	080144	材	轻钢龙骨	QV-75 77*40	m		0.199	0.1592	10.9	10.9	10.9	0	1.74	
5	080142	材	轻钢龙骨	LLQ-U75 7…	m		0.472	0.3776	9.6	9.6	9.6	0	3.63	
6	080146	材	通贯横撑龙骨	Q-1 30*12	m		0.143	0.1144	4.81	4.81	4.81	0	0.55	

图2-9 轻钢龙骨隔断石膏板吊楣

为什么北京2012定额楼地面章节只在整体地面小节定额说明里强调不扣除间壁墙，其他小节如：地毯、木地板算量时为什么不明确说明扣除或不扣除？如果地毯、木地板地面上立的是图2-10中的隔断，本来就不用扣除，因为图中看到的隔断几乎都是在地毯、木地板地面工序后施工，不用扣除；如果隔断墙是砌筑墙体，砌筑墙体不能在地毯、木地板地面之上砌筑，要砌筑须先于地毯、木地板地面工序前施工，计算工程量时以图示尺寸自然就不会计算砌筑墙体所占的地面面积。

但砌筑墙体可以在水泥砂浆地面形成后施工，在没有隔断墙之前完成整体地面找平的工作，成本要低于先立墙体、再做地面找平的工序，所以楼地面章节在整体面层说明里特地嘱咐一句间壁墙扣减问题。

说完了隔断（间壁墙）顺便再简单介绍一下隔墙。对照图2-5、图2-6模型，许多人应该能对隔墙下一个定义：顶天立地。

隔墙必须要顶天立地，不管是轻体砌块墙、龙骨墙，还是成品水泥制品板墙，隔墙这种规范工艺要求除了满足强度需求之外，还有防火、隔声等优点，有些人认为隔墙砌筑高度是超过吊顶200～300mm，那是很久以前的做法，别说是隔墙，就是玻璃隔断吊顶上也要尽量用防火等级高的材料将吊顶与结构顶之间的空隙封闭严实（如玻璃隔断节点图2-10），现在规范要求不能将隔墙只做过吊顶以上标高200～300mm。

隔墙与隔断除了技术参数上的区别外，主要区别还在工序上，隔墙一般在地面基层形成前完成，相当于装修进场放完线就立隔墙（所有装修隔墙几乎都是在电气线管之前完成），隔墙不立起来，整个建筑平面布局就没法形象地展示出来，图2-11～图2-13所示都称为隔墙，因为与模型图2-6工艺做法相似。

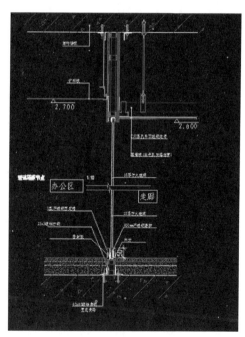

图2-10　玻璃隔断节点图

图2-11　GRC水泥压力板隔墙

图2-12　轻钢龙骨隔墙

总结：间壁墙与剪力墙存在相似之处，有概念，但没定额子目，不禁想起当年老师讲课时的举例，一领导问下属预算员："你们干的框架-剪力墙结构工程，预算子目里为什么没有剪力墙？"看完此文，当再被问起清单项目里为什么没有间壁墙时，又应该如何应对？

图2-13　砌筑隔墙

2.3 如何解决清单定额的转换问题

有一个苗木定额中如图2-14问题：审计一个项目，这样做合理吗？含量应该是36×10；他是10.5×36。

先解释一下提问者所谓的10.5×36出处公式：378/36=10.5。

定额含量36株/m²是清单项目特征中（鸢尾草）的栽植密度，是已知含量，但提问人的问题缺少了另一个应该让大家知道的已知量，那就是定额含量，因为图2-14中主材（鸢尾草）的定额含量已经显现（箭头位置），说明定额含量被人为改动过，现在不知道E1-219这个定额子目原定额含量是多少，只能用假设方式推导这个问题的正确答案了。

先看一下其他人的答案回复：如果是做控制价预算的，需要看看你们那边有没有

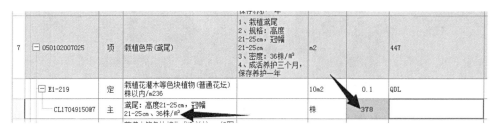

图2-14　苗木清单项目

定额规则说明需增加5%的消耗量。这个答案回复人显然是被问题绕进去了，或者说回复人对清单与定额的转换问题也没有搞清楚。先说10与10.5的关系，从定额子目中可以看出，10或10.5并不是定额主材（鸢尾草）的含量，10是定额单位，是个常量（也就是有固定数值不能随意变动的量），10.5解释成定额单位存在5%的消耗量的说法显然不成立，定额的消耗量只能体现在定额的人、材、机含量栏，定额含量同样是个常量，也就是造价三大定理之一前提所说的不变的是含量。定额含量是按规范化的工序、工艺按平均先进的法则测算出来的，如果说主材（鸢尾草）的含量是10株/m²或10.5株/m²是规范施工方法，清单项目特征中给出的36株/m²显然与规范相距甚远，如果清单项目特征中出现一个不规范的参数，会给投标人做不平衡报价一个海阔天空的天地。虽然不做园林绿化专业，但笔者认为E1-219子目中主材（鸢尾草）的定额含量应该与36株/m²相差不多。

图2-14中清单项目操作人这样组价，显然是有问题的，这个问题的核心错误并不是说组价人随意修改了定额主材含量的消耗量系数，而是组价人没有搞清楚作为现在的清单计价，套定额应该如何去迎合清单项目特征里的内容，假如E1-219这个定额子目原主材定额含量35株/m²，定额含量与清单参数之间出现一个种植密度差，清单含量处的正确公式（0.1那栏）为0.1/35×36，而不应该直接调整主材（鸢尾草）的定额含量。如果只调整主材（鸢尾草）的定额含量只是对主材做了一个密度差的费用补偿，而在清单含量里把系数调整到位，不仅主材密度差费用得到补偿，定额中其他费用（人、机费用）也得到相应提高。

一个问题揭示出组价人没有明白，提问人没搞清楚，回复人也没有搞懂。清单计价实施了15年时间，清单与定额的融合还是处于油水分离状态，学习清单、定额还是用点专业术语，关于清单与定额转换的问题，实际天天在发生。如：天棚条形铝扣板吊顶里有2mm厚聚合物水泥防水涂料防潮层要怎么套清单和定额呢？

通过这个问题，可以揭示大家经常存在的一个问题：清单丢项、漏项。如果问题写进清单项目特征描述，"2mm厚聚合物水泥防水涂料防潮层"就不叫清单漏项，这个工序的费用应该并入到天棚条形铝扣板吊顶清单项目里（厨房因为潮气大，结构顶做防水防潮处理防止水汽上升到上一层空间），套定额时：

（1）天棚结构层基层处理（防水腻子找平或混凝土天棚打磨），因为做防水涂膜要保证基底清洁、平整。

（2）天棚2mm厚聚合物水泥防水涂料，如果定额里没有天棚防水涂料子目，可以借用墙面2mm厚聚合物水泥防水涂料子目。

（3）天棚条形铝扣板吊顶。

实际这条清单项目编制人就是偷了个懒，把两个不相关联的工艺做法组合在一起，如果结构顶是平面，这样组合投标人也不费事，但如果结构顶上有梁，天棚2mm厚聚合物水泥防水涂料的工程量因为加上梁侧面防水面积，导致防水防潮工序的工程量与清单项目条形铝扣板吊顶工程量不符，这时就要在清单项目中做个QDL×清单含量系数的处理程序（QDL，清单工程量软变量代码）。

此项清单含量系数=聚合物水泥防水涂料面积/条形铝扣板吊顶清单面积。

清单与定额转换问题如果出成奥数题，小学生也能轻松应对。工程造价人员只要将含量这个概念始终装在脑中，一切难题都可以通过含量的变换组合破解，但有一个前提，必须在手工算量精通的基础上才有可能将含量建模于脑中，只会在软件上画图的人，脑子里是装不下逻辑思维公式的。所以未来BIM技术的发展趋势并不是想象的那样率先淘汰手工算量群体，最先下岗的造价人一定是只会运用BIM软件画图建模的人。

定额有相对固定的定额含量，定额组价就需要定额工程量与清单工程量进行对应，如同钢筋清单项目单位以"根"计算，定额单位以"kg"计算，已知1m长钢筋7.5kg/m，一根钢筋9m长，清单工程量是50根，定额工程量=7.5×9×50=3375kg，反映在计价软件中就是定额子目对应的含量栏里填写7.5×9=67.5，这时在工程量栏中会显示出QDL×67.5，意思是：50根钢筋重量=3375kg。

2.4 为什么离不开工程预算定额

进入清单计价时代了，定额还有什么用？废除定额照样能做清单报价这类说法和问题在许多工程造价同行心中都留有质疑。本节以案例形式为大家解释为什么现在做工程造价的人离不开定额？

问题：一个开挖面积310m²的地下消防水池单方造价760元/m³是不是高了？

这个问题展开来有点像一栋楼单方造价1960元/m²够不够等指标体系的问题。回答消防水池的单方造价问题，这个水池如果深5m，760元/m³可能高点，如果深20m可能单价就低了。在深入解释单方造价之前，先来了解一下工程量清单项目这个概念，工程量清单项目是工程造价再基础不过的一个概念，但是国内造价人员并没有真正理解其内涵和深层次的意义，甚至还认为工程量清单的核心就是清单项目特征描述，连清单计价中的一个基本概念本质都没有正确答案。如果不信，这里提几个问题看看谁能提供正确答案：

（1）提出工程量清单项目的人是在为谁服务？

（2）工程量清单项目到底能解决什么问题？

（3）面对着工程量清单项目如何建立起正确的报价思路？

先从上面第（3）个问题开始回答：

①如果用10min验证消防水池单方造价760元/m³的问题，只需要计算两个量：即混凝土工程量和消防水池体积，假设这个消防水池规格20m×15m×5m，体积＝1500m³，如果消防水池壁、底、顶混凝土厚度按500mm考虑，混凝土与水池体积含量比约0.32m³/m³。如果混凝土每立方米综合单价计算到2000元/m³，综合单价（混凝土与水池体积含量比）折合640m³/m³，再加取费和税金基本能达到760元/m³的标准。算到此有人会问，2000元/m³混凝土综合单价靠不靠谱？

②再给30min估算2000元/m³混凝土综合单价靠不靠谱的问题。单独的抗渗混凝土工序综合单价700元/m³，钢筋按100kg/m³，混凝土含量估算也是700元/m³。再有就是土方，清单工程量土方1500m³，定额计算规则实际挖土方估算3000m³，挖填按20元/m³计算，折算到消防水池混凝土体积内是126元/m³，1000m²模板+超高费+止水螺栓费用按150元/m²计算，折算到混凝土体积中316元/m³，1000m²防水按220元/m³折算，通过几个关键指标分析，混凝土含量估算价为2062元/m³。

③如果再给3h算量时间，可以将消防水池钢筋量算出比较准确的含量值，再与当初估算的100kg/m³混凝土含量的差异进行对比，可以让消防水池混凝土单方造价值更接近实际。读者会发现，随着时间的推移，通过验算消防水池单方造价指标是否准确时，始终在做一件事，即算量，由大到小地将工程量逐一分解、细化，通过这一系列工作之后，笔者们可以回答以上的第（2）个问题了，工程量清单项目到底能解决什么问题？

让工程量清单项目为人类解决问题，首先要会正确设置工程量清单，消防水池问题的提问人设置了一个稍大一点的工程量清单"消防水池"项目。单位消防水池体积，在使用这个清单项目时笔者发现这样设置清单项目不能明确地测算成本，因此笔者又将工程量清单做了改动，变成了"消防水池混凝土"清单项目，因为报价时间只有10min，只能设置这一个清单项目并进行估价；当交卷时间延长了30min后，笔者又设置了"土方挖填"、"防水"、"混凝土模板"项目；当时间再次延长，又设置了"钢筋制安"项目。也就是说设置工程量清单项目大、小、繁、简并没有统一的定律和格式。只要有时间、有精力，这个消防水池清单项目仍然可以继续细化分类，如土方可以分为"挖"、"填"两项清单，所以工程量清单项目其特点之一：唯一性。这就是上面所说的，同样是消防水池，5m深的和20m深的综合单价不可能相同。

消防水池有大有小，有深有浅，每一个消防水池在组价中有没有规律可循？这就揭示出本节要说的核心问题：用相对固化的工程预算定额去操作带有唯一性质的工程量清单项目。

定额是在特定范围内完成规范、合格的单位工序所正常消耗的人、材、机数量。这是对工程预算定额最精确的概念解释。定额概念就是这么简单，但概念里每个词拿出来都可以深入讲解，本节只解释定额概念里的"工序"二字。

一个清单项目大、小、繁、简指的就是工序的多与少、繁与简的关系。一个清单项目里如果工序混杂无序可循，报价时一定非常难以测算成本，将来在施工过程中更是无法科学控制成本，因此，我们划分清单项目（有人将其说成"开项"），就要严格遵循工序这一环节：

（1）一个清单项目内不能有间隔的工序，如，①垫层；②找平层；③面层，这三道工序按排列组合顺序列清单项可以一道工序列一个清单项目，也可以三道工序列一项清单，也可以①、②项或①、③项组合，唯独②、③工序不能组合成一个清单项目，这就是清单项目工序的连续性。

（2）清单项目设置最好不跨工种，一个清单项目内容最好是由一个承包主体完成，如果把木工、瓦工、油工混杂在一个清单项目中。首先，这个清单项目全部完成需要时间较长；其次，在清单项目实施过程中如果各工种人员发生变化需要结算费用，拆分项目工序也是一件非常耗时费工的事情。

（3）分析工序的衔接紧密程度来划分工程量清单项目。如在顶棚吊顶清单项目中许多人为了省事把乳胶漆也放到天棚吊顶项目内，顶棚吊顶是木工完成的工序，乳胶漆是油工做的工序，吊顶后刷乳胶漆之间的时间段内，其他如安装专业在天棚上开各种灯具、设备孔洞、石膏线条安装等，之间有许多道其他工序要完成，顶棚吊顶与刷乳胶漆两道工序时间连接并不是十分紧密，相比支模板和浇筑混凝土虽然也是两个不同的工种工序，笔者认为倒是应该放在一个清单项目中为好，因为这两道工序间除了模板验收程序，再没有其他工序穿插其中。

（4）成品项目要一气呵成，成品构件最好列为一个清单项目，如接待台安装项目，一个接待台会有几个工种（或几个分包供应商）介入产生10多道工序，但接待台作为清单项目必须是一个项目。如果拆分成多个项目，清单计价就会变成定额计价模式，业主方看完清单后会一头雾水地质疑，大堂里的接待台跑哪去了，工程造价人员以顾问的身份解释，接待台从木胎制作，到石材安装、玻璃安装、金属线条安装、木饰面安装分为了五个清单项目列在工程量清单里，业主方听完解释，马上作了一个决定：为找回接待台，必须换掉咨询公司。

一个接待台值多少钱确实要像第一个咨询公司那样把每道工序拆分开计算，但一个接待台的成品费用，绝对不是几道工序的单价之和。

总结一条，"工序"的概念，最终必须要落实在一个"量"字身上，做工程造价理解不了"量"这个字，最终会感觉做造价真的很累。工程里的"量"不仅仅是清单工程量、定额工程量这些带特定计算规则的量，让初学者学习定额，并不是学会如何套某个定额子目就达到目的，而是套的定额子目里包含的工序与实际清单项目首先要100%吻合；其次再分析工序里的定额含量与实际是否相符。工程预算定额最大的功绩是帮助初级造价人员快速建立起清单项目工序构成的概念；再次帮助非专业人员能够迅速地预测出工程成本（准确率≥80%）。对于消防水池笔者也没有真正接触过，预测成本完全是借助定额工序的消耗量测算出来。

最后，这个问题还是留给读者自己探讨吧：提出工程量清单项目的人是在为谁服务？

答案：为业主服务。如业主找到门生产厂家，要求更换一樘防盗门（门尺寸1000mm×2100mm），供应商听完业主要求后报价：一樘防盗门2100元/樘。报价时他们绝对不会说：我卖的防盗门1000元/m²。这就是一个简单的清单报价案例，揭示出的是工程量清单项目的服务对象。

2.5 "魔术般"的人工费（一）

从事工程造价行业的人对定额人工单价与市场人工单价可以说非常好奇，为什么现在市场人工单价300元/d，而定额计取的人工费工日单价才100元/工日？这个问题让无数的造价同行在老板严厉的质疑声中充分感受到"尴尬"一词的含义。通过这个问题，细心的读者可能已经发现，笔者故意将人工费单价的单位做了微调。如果把前者看成一个苹果，后者就是一串糖葫芦，虽然拿出单个的个体放在一起没法相比，但笔者将两种水果的单位做了变幻，现在不是简单的个体相比了，而是将数量以一比多，把"一个"和"一串"放在天平上，发现二者的质量相差无几。今天就要提示魔术的内幕。

（1）定额人工费

$$定额人工费 = 定额含量 \times 定额人工工日单价 \times 定额工程量$$

一个公式里出现了3个关于定额的概念：

①定额工程量是个变量，这里不做过多解释。

②定额人工工日单价，其性质也属于变量范畴。中国的建筑行业，定额人工工日单价始终在本地区定额人工费单价调整文件中，但100元/工日的信息指导价与300元/d的市场实际价之间的差距还是始终绕不过去的坎，对此有人解释为：定额人工费含量远大于实际人工含量。还有人直接拿出实物量举例说明：实际一个瓦工一天能砌筑3m³红砖，远远大于定额含量。下面通过图2-15看一下北京地区"2012预算定额"的红砖内墙定额子目里的人工费定额含量。

定额子目4-3砌筑1m³红砖内墙，定额综合工日是1.517工日，如果真能实现一天3m³砖的水平，1.517×3=4.551工日，如果定额单价100元/工日，一天一个瓦工加一

| | 4-3 | 换 | 砖砌体 内墙 | | 建筑 | | | m3 | 1 | QDL | 1 | 538.07 |

	编码	类别	名称	规格及型号	单位	损耗率	含量	数量	含税预算价	不含税市场价	含税
1	870002	人	综合工日		工日		1.517	1.517	83.2	150	
2	040207@2	材	烧结标准砖	⋯ 240*115*90	块		306	306	0.58	0.58	
3	400054	商浆	砌筑砂浆	DM5.0-HR	m3		0.2652	0.2652	459	459	
4	840004	材	其他材料费		元		6.047	6.047	1	1	
5	800138	机	灰浆搅拌机	200L	台班		0.044	0.044	11	11	
6	840023	机	其他机具费		元		4.782	4.782	1	1	

图2-15　砌筑定额人工费含量

个壮工实现人工费收入455元，在外地四线城市基本上人工成本持平。不讨论用北京定额到外地开支合不合逻辑的问题，这里可以做个试验，让相信这个说法的人亲自找一个神级瓦工师傅，自己受点累当回小工，把3m³红砖及砌筑用的水泥、砂子、水从20m外搬运至瓦工师傅脚下，再和灰上料协助瓦工师傅完成所谓的企业市场定额，一块标准红机砖2.5kg/块，3m³红砖1500块以上，加上辅助材料，一天的搬运量约5t，瓦工师傅要完成1500次以上"弯腰""下蹲""起身"的连续动作，你们觉得一天砌筑3m³红砖的人腰疼不疼？兜了半天圈子终于将第③个要解释的定额概念提前解释明白了。

③定额含量：前两个概念都是变量概念，唯独定额含量是常量的概念，所谓常量应该是一个相对固定的数值，这就是人们常听到的定额含量不能随意更改的数学解释，但理解相对固定，笔者要用一句非常生动的话：站那像根电线杆似的。定额含量就是这么一个动与静的结合关系。

笔者学习定额时老师曾说："量上不足价上补，价上不足量上找。"在当时定额计价的年代，定额含量、定额单价都是不能随意更改的常量。定额人、材、机含量不足时，定额编制人会考虑将定额人、材、机单价适当提高点；定额单价不足时，定额编制人会通过定额计算规则的约定，将定额工程量放大几个百分点弥补定额单价不足的损失，如小于0.3m²的孔洞不予以扣除，实际就是有意让构件定额工程量计算上占一些便宜。单纯定义定额人工含量大于实际市场人工含量从而降低定额人工工日单价这种以偏概全的说法一定不能服众。北京市定额人、材、机含量相对其他城市应该属于中等偏上水平，尽管如此，一些如拆除工序、砌筑工序人工含量还是大面积亏损，导致现在没有哪个施工单位愿意以套定额结算方式单独承包二次结构的工作内容。除了定额人工含量，还有哪些因素影响市场人工费的单价？

（2）规费：现在工程项目报价，规费属于不可竞争费用，规费构成约等于人工费的20%以上，或是工程总造价的4.2%左右。因为劳务人员人事关系与建筑公司并非一体，劳务人员上交的社保（五险一金）是由建筑公司以工费形式支付给劳务方人员，由他们个人去交纳社会保险，规费的20%实际是在补贴定额人工单价与市场人工单价的差价。

（3）机具费：现在劳务方承包工程项目，是要求自带工（机）具上岗的，虽然在定额单价组成中，机具费比例不是很大，但这笔费用也是应该作为人工费补偿给劳务人员。

（4）加班费：定额是以8h工作时间计算的，也就是8h工作时间=1个工日，市场人工假如8h工资240元，一小时相当于30元，加班一小时的工资=30×8/6=40元/h，工人一天干10h拿到手里的工资=240+40×2=320元。这就是我们经常听到的工长嘴里的埋怨："现在工人都300多元一天了，这个单价我做不了。"

（5）综合工日：定额里用的是综合工日概念。什么是综合工日？看图2-15，砌筑2m³红砖定额工日约3个工日，这3个工日的组成=2个瓦工+1个壮工，也就是一个壮工要为2个瓦工师傅和灰、供料，保证瓦工师傅脚下有砖有灰。如果瓦工8h工资240元，壮工8h工资180元，砌筑2m³红砖人工费用=240×2+180=660元，折回定额单价=660/3=220元/工日。通过上述分析，定额人工单价与市场人工单价从原来的100元与300元质疑声中变成了120元与220元的关系了，差额由原来的200元变成了100元。

2.6 "魔术般"的人工费（二）

人工费单价差的解释：

（1）措施费对人工费单价差产生的影响：在工程造价中，建筑超高有超高费、夜间施工有夜间施工费、冬雨期施工有冬雨期施工费等，这些措施费用在造价中是能单独体现的，其中构成包括人工费，如某项目夜间施工费计取10000.00元夜间施工费，在此测算一下临界点人工工日数量，市场人工单价还是按240元/8h计算，夜间施工时间一般是从晚18：00～次日凌晨6：00，也就是12h工作时间，这12h实际工资按两个班（工日）计算，一个工人干一宿工资480元，从工时计算夜间与白班施工的工时比例为12/16=75%，夜晚与白天工效比按工长自述也就是75%，夜班干活是很不出活的（工效太低）。如果把白天一个工的效率放到夜班=240×0.75×0.75=135元，夜班只能完成白天135/240×100%=56.25%的工作效率，当初为了弥补工效差，措施费中计取了10000元夜间施工费，测算临界点人工工日数量公式=10000/（240−135）=95工日，工程项目的总工日数=95/（1−56.25%）=217工日，如果这个项目总工日数超过217个工日，提取的10000.00元夜间施工费就是赔钱，一般的写字楼二次装修项目按30天工期计算，217个工日平均到每天是3.5个工人上班。其他降效费以此类推，折算用工程预算定额消耗量计算，人工工日单价按定额单价100元/工日计算，此项目人工费收入=217×100+10000=31700元，假设每天3.5个工人按3：0.5比例分配大、小工，大工工资总额=3×30×480=43200元，小工工资总额=0.5×30×360=5400元。大、小工合计工资=43200+5400=48600元，收入与支出的比例=31700/48600×100%=65.23%，分子分母同乘以3发现比例关系变成了195：300，195相当于预算人工工日单价，300相当于回到了市场单价（这里未分析规费因素），组织措施费对人工单价是有一定影响的。

（2）各类因素对人工效率的影响：有人说定额含量确实对定额人工工日单价有影响作用，在此详细解释一下。在20世纪80年代初，大批返城知青进入到建筑公司成为各个建筑专业岗位的操作工人，那时的人挣30元/月的工资，但工作态度任劳任怨，定额人工含量定得多低，也能满足30～40元/月的工资水平，转眼到了20世纪90年代中期，当年的红卫兵已经到了过四奔五的岁数，取而代之的是从农村走出来的20多岁的年轻壮劳力，企业40多岁的正式工一天挖不了3m长的电缆沟，而农进城务工人员撸起袖子一气就能挖出1m，这批劳动力最初融入城市带来了大量的力气，占领了建筑行业大量操作岗。时间又向后推移20年，当初20多岁的年轻壮劳力头上已经布满苍苍白发，而他们的后代正开着电动车送外卖、送快餐，没有年轻人愿意接父辈的班做壮工，施工工地上当年推砂、运砖的身影，只可惜他们已经不再强壮。这里先列举几个假设模型分析50年来影响定额人工含量变化的因素：

1）因劳动力体能素质下降，造成重体力劳动工序人工单耗量增加50%，效率与消耗量成反比，效率越低，消耗量越大。就拿砌筑工程举例，一个师傅一天砌筑3m³砖也许是60年前的记录，但现在因为身体素质等原因，工人不愿意从事高强度体力劳动，导致记录改写为1.5m³/工日砌砖定额量，可以看出人工降效对定额工日消耗量影响巨大，因此说像人工挖土、砌筑、拆除等高强度需要靠人工体力完成的工序，套定额大面积亏损从案例上给出了答案和解释。原来1个工人一天挖5~6m³土方就靠人工操作，现在工长一算，5~6m³土方要5个人挖一天，合计人工1000元，找一台挖掘机1h挖完，费用也是1000元，用人工还是用机械能很容易算清楚账，但我们的同行经常在问：挖5~6m³土施工方结算要一台挖掘机台班，我能给他们吗？定额人工挖1m³土单价不过30元/m³，从成本考虑到底应该怎么给？

2）机具改造提高了人工效率，如铺贴瓷砖，原来一个工地就一台云石机（还是笨重的台式机），工人切砖就要从楼上将瓷砖搬到楼下机具旁操作，一来一回、上下往返浪费了大量的时间和体力。现在铺砖，人手一台切割机，切砖、倒边拿来就操作，不需要来回搬运瓷砖上上下下，效率提高了30%。原来靠手工作业的工序，现在改机具操作从效率上能提高30%左右（如铺砖），虽然实际铺砖瓦工工资与定额工日单价比已经达到360：100，但因为机具效率问题，定额单价上可以增加30元左右。

3）质量要求提高，工效降低40%。同样的工程量，现在装修工艺与验收标准和60年前相比，工序繁杂程度远远超出之前标准，如墙面腻子找平，60年前直接用混合砂浆往墙上一抹灰，初凝前再来一遍压光工序后就开始喷大白；现在的工序需要2~3遍耐水腻子找平、砂纸打磨、阴阳角找垂直等大量提高质量的工序，做过装修的人都知道，垂直、平整精度提高1mm，人工消耗量可能会增加一倍，现在验收墙面平整度不是用传统国家标准规范用2m靠尺，检验这一范围内偏差2mm以上的部位，取而代之以钢丝、红外线等先进工具和电子仪器来验收墙面平整度，以前的所谓偷工减料里的"偷工"实际上就是以牺牲工序质量为代价而降低人工成本的一种方法，因为在报价时，腻子找平工序有人报价18元/m²，与报价38元/m²的两个投标人在竞争时，招标单位不要急于直接选低价中标，一定要到投标方的施工现场采集18元/m²和38元/m²的质量数据回来后向投资人汇报，让决策者去做质量风险的评估，最终选择能接受的投标报价及合作伙伴。因质量验收标准提高而定额消耗量标准未改变导致的人工费消耗量差35%~40%。

4）工人技术水平提高，工效相应提高。60年前铺贴瓷砖的工人不谈质量，单工效这项与现在天天贴砖的工人相比，熟练程度至少差30%。现在专门承包贴瓷砖工作的夫妻组合，贴厨卫墙、地砖一天10h基本能完成20m²的工程量，从过去到现在因工人技术水平上升，工效也相差30%以上。

5）社会分工的细化，提高了工效。如安装石膏线，原来两个木工一天能完成80m石膏线的安装工作，现在安装石膏线、贴壁纸，甚至打胶都有了专业人员，这类人员一年360天只干这一种工作，胶枪到他们手中能写出狂草，不管胶缝宽窄、水平或立面都可以一气呵成，速度快、质量高，还省胶。正是因为专业分工越来越细，使人工消耗量成本也相应降低，节省约10%人工成本。

6）建筑材料的工厂化率提高，使许多定额人工消耗量不用在施工现场发生。如灯具现场组装，现在购买的灯具拆开包装就可以直接安装，不用单独为灯具重新安装整流器等接线工序，但套用定额时，定额内的人工消耗量里却包括这类人工消耗，因此说施工方赚了定额人工含量，指的就是这些方面能占点便宜，土建工序占的便宜不多（在门窗材料工序占点便宜，有时候还被甲供材料了），安装工序占的便宜稍微多点。

以上几个要素分析只是抛砖引玉的提示，每一个比例只是数学模型演示，如果一定要让笔者解释其依据，不如自己拿着秒表对施工现场工人的工时效率做一个信息记录。每个人对人工费的理解，每个公司对人工管理水平的不同，当然还会有其他许多影响人工消耗量的因素，如果把20世纪定额人工消耗量作为基数，今天的人工消耗量就是基数与诸多因素的连乘关系。

工程预算定额人工含量50多年基本没变，确实有点刻舟求剑的意境，现在因为受正、反面因素的相互作用，人工含量差并不像人们想象的能达到1∶3的比例，一定会有偏差。由于现在分工越来越细，许多可以占人工费便宜的工序被分包出去了，剩下那些如砌筑、抹灰、找平等工序，套定额只能是赔钱，有人提议为什么不重新编制工程预算定额？原因如下：第一，费用问题，编制一个基础型子目（如抹灰、布管、钢筋），估计费用要5位数，一整套10多个专业定额基础子目每章节平均以5个计算，一个专业70~80个基础子目，还有700~800个非基础型子目差不多每个也要花费4位数费用，一个专业定额编制费需要200万元以上。第二，有人说现在的200万元不算多，假设钱可以到位，但测定、编制工程预算的人在哪里？现在谁有组织编制工程预算定额的能力？200万元花出去了，得到的有可能只是一个抄袭版，什么问题也解决不了。第三，就算钱到位了，人也找齐了，最后还有一关：编制出的定额要经有关部门审核，审核团队的能力水平也需要商榷。

2.7 定额中的材料

工程预算定额由人、材、机三部分费用组成，统称工程直接费。

工程直接费用是指与直接工程相关的支出，是工程支出的主要部分。它由直接工程费和措施费组成。其中材料费在工程直接费用中占有最大的比例。

要学会套定额，就要在套定额之前像算量建模一样，先在头脑里将定额中的材料费建立模型。如何建立计价模型，打开一条定额子目，就可以看到人、材、机表中的材料明细，笔者相信没有谁会对这些材料认真地分过类别。下面就搭建一下定额中材料费有不同的性质：

（1）定额材料：构成工程实体的材料。

（2）限额材料：不构成工程实体但却是工程必须用到的材料（定额人、材、机表中其他材料费一项记录的大部分材料就是此种材料，当然其他材料费中也有定额材料内容）。

（3）周转材料：大型工具等。

定额材料容易理解：钢筋、混凝土等；限额材料是定额计价体制下的概念，现在出现概率不多，但工程造价人员应该知道，限额材料是工程必备但不构成工程实体的材料（如砂纸、锯片等），限额材料属于辅助材料范畴，但辅助材料不限于限额材料，定额材料也有辅助材料（如钢筋绑丝等），周转材料大家都比较熟悉，也叫大型工具，也可以理解为大型、高价值的限额材料。

问题一：带止水环的对接螺栓属于哪种性质的材料？

除了按材料性质划分定额中的材料，还有根据材料形态划分：

（1）原材料：水泥、砂、石、钢筋等。

（2）半成品材料：商品混凝土、干拌砂浆、成形钢筋、埋件等。

（3）成品材料：门、窗、固定家具等。

随着绿色施工的推广，现在建筑工地上使用原材料的机会越来越少，半成品材料和成品材料种类越来越多，就连水泥、砂子等这类传统建筑材料，也要被商品混凝土、干拌砂浆所代替。

讲完定额中材料的区分方法，再来看"北京2012预算定额"的编制思想先进在哪里（图2-16～图2-18）。

图2-16～图2-18三条定额（有土建环节，也有装修工序）里，共同特点是人、材、机表中主材、辅材干干净净，应该有的一样不缺（如门定额），特殊五金单独套定额，可合页不算特殊五金，定额里就有门合页的含量；不应该有的材料一样没有，如DS砂浆地面找平，有些其他地区的人问：地面砂浆找平定额里木板是作什么用的？地面砂浆找平用到的限额材料有：传统刮杆（木板做的）、木抹子（木板做的），但北京市许多定额子目里这些价格低的限额材料几乎没有体现，一切皆包含在其他材料费中。作为工程预算定额编制人，应该有一个材料性质的概念，如不构成工程实体

	4-61	借	有梁板(100mm以内)预拌混凝土		土建			m3	1	QDL	

工料机显示　单价构成　标准换算　换算信息　安装费用　特征及内容　工程量明细　说明信息　组价方案

	编码	类别	名称	规格及型号	单位	损耗率	含量	数量	含税预算价	不含税市场价	含税市场价	税率
1	870007	人	综合工日		工日		1.879	18790	82.1	82.1	82.1	0
2	400009	商砼	C30预拌混凝土		m3		1.02	10200	410	410	410	
3	840004	材	其他材料费		元		4.241	42410	1	1	1	0
4	888810	机	中小型机械费		元		0.313	3130	1	1	1	
5	840023	机	其他机具费		元		2.926	29260	1	1	1	0

图2-16　混凝土有梁板定额

	11-31	定	楼地面找平层 DS砂浆 平面 厚度20mm 硬基层上		装饰			m2			

工料机显示　单价构成　标准换算　换算信息　安装费用　特征及内容　工程量明细　说明信息　组价方案

	编码	类别	名称	规格及型号	单位	损耗率	含量	数量	含税预算价	不含税市场价	含税市场价	税率	合价
1	870003	人	综合工日		工日		0.068	0	87.9	87.9	87.9	0	
2	400034	商浆	DS砂浆		m3		0.0202	0	459	459	459	0	
3	840004	材	其他材料费		元		0.135	0	1	1	1	0	
4	840023	机	其他机具费		元		0.265	0	1	1	1	0	

图2-17　地面DS砂浆找平层定额

	8-3	定	木门 实木装饰门		建筑		m2		0
	8-5	定	木门 夹板装饰门		建筑		m2		0

工料机显示　单价构成　标准换算　换算信息　安装费用　特征及内容　工程量明细　说明信息　组价方案

	编码	类别	名称	规格及型号	单位	损耗率	含量	数量	含税预算价	不含税市场价	含税市场价	税率	合价	是
1	870003	人	综合工日		工日		0.259	0	87.9	87.9	87.9	0	0	
2	370012	材	实木装饰门		m2		1		1100	1100	1100	0	0	
3	090331	材	合页		个		1.83		5	5	5	0	0	
4	090429	材	塑料膨胀螺栓	M8*110	个		6.727		1.13	1.13	1.13	0	0	
5	840004	材	其他材料费		元		17.262		1	1	1	0	0	
6	840023	机	其他机具费		元		1.335		1	1	1	0	0	

图2-18　木门定额

的材料不应该将材料名称、含量出现在定额子目里的材料费表中（价格在其他材料费中体现），北京定额就是一个样板。

采用这种思想编制出来的定额既容易学习，又便于上手操作，不易产生不必要的争议。如一位同行说投标时用的定额子目里（图2-19）有汽油、煤油，结算时甲方一定要扣除这些定额子目中的材料。当年编制定额子目时，这道工序确实要用到汽油、煤油（起清洁、擦拭作用），但现在施工现场不允许有易燃、易爆品。当年清洁、擦拭的工作也交由专业公司做深度保洁。当年使用的汽油、煤油改换成了其他化学特性的清洁剂。以前编制的定额子目材料表中的这些过时材料，现在虽然不会使用了，但并不能说在结算时就可以随意取消这些材料品种，这样做的性质相当于在修改定额含量。

某外地定额人、材、机定额子目见图2-19。

笔者这里再提示一条：不变的是含量，变化的是单价。以混凝土有梁板定额举例：如果C30混凝土改成抗渗型C30PS预拌混凝土，定额人、材、机表会发生以下变化：

（1）C30预拌混凝土名称变成C30PS预拌混凝土；

（2）C30预拌混凝土材料单价从410元/m³改换成425元/m³。

定额人、材、机明细表不管是C30预拌混凝土还是C30PS预拌混凝土，定额含量没有半点变化，总结一句话：定额中变换材料就这么简单，如果不会，那是你把问题想复杂了。

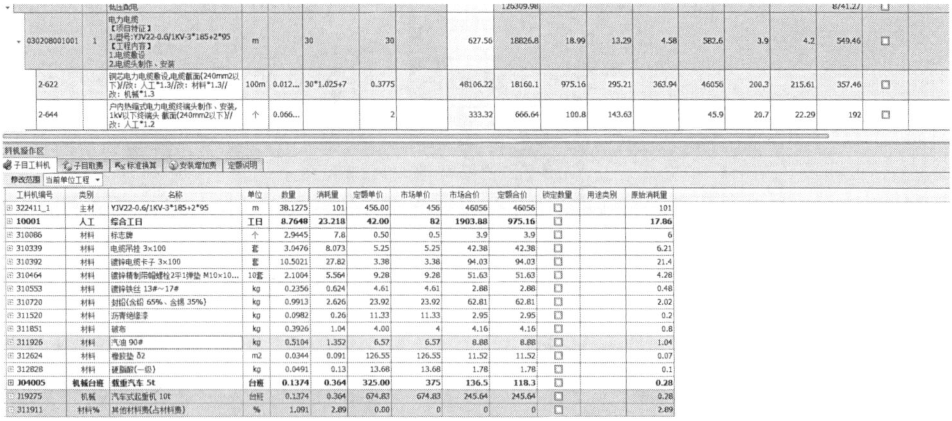

		低压配电							126309.98							8741.27	☐
030208001001	1	电力电缆 【项目特征】 1.型号:YJV22-0.6/1KV-3*185+2*95 【工程内容】 1.电缆敷设 2.电缆头制作、安装	m		30	30		627.56	18826.8	18.99	13.29	4.58	582.6	3.9	4.2	549.46	☐
2-622		铜芯电力电缆敷设,电缆截面(240mm2以下)//改：人工*1.3//改：材料*1.3//改：机械*1.3	100m	0.012...	30*1.025+7	0.3775		48106.22	18160.1	975.16	295.21	363.94	46056	200.3	215.61	357.46	☐
2-644		户内热缩式电力电缆终端头制作、安装，1kV以下终端头 截面(240mm2以下)//改：人工*1.2	个	0.066...		2		333.32	666.64	100.8	143.63		45.9	20.7	22.29	192	☐

料机操作区

子目工料机 | 子目取费 | 标准换算 | 安装增加费 | 定额说明

修改范围 当前单位工程

工料机编号	类别	名称	单位	数量	消耗量	定额单价	市场单价	市场合价	定额合价	锁定数量	用途类别	原始消耗量
322411_1	主材	YJV22-0.6/1KV-3*185+2*95	m	38.1275	101	456.00	456	46056	46056	☐		101
10001	**人工**	**综合工日**	**工日**	**8.7648**	**23.218**	**42.00**	**82**	**1903.88**	**975.16**	☐		**17.86**
310086	材料	标志牌	个	2.9445	7.8	0.50	0.5	3.9	3.9	☐		6
310339	材料	电缆吊挂 3×100	套	3.0476	8.073	5.25	5.25	42.38	42.38	☐		6.21
310392	材料	镀锌电缆卡子 3×100	套	10.5021	27.82	3.38	3.38	94.03	94.03	☐		21.4
310464	材料	镀锌精制带帽螺栓2平1弹垫 M10×10...	10套	2.1004	5.564	9.28	9.28	51.63	51.63	☐		4.28
310553	材料	镀锌铁丝 13#~17#	kg	0.2356	0.624	4.61	4.61	2.88	2.88	☐		0.48
310720	材料	封铅(含铅 65%、含锡 35%)	kg	0.9913	2.626	23.92	23.92	62.81	62.81	☐		2.02
311520	材料	沥青绝缘漆	kg	0.0982	0.26	11.33	11.33	2.95	2.95	☐		0.2
311851	材料	破布	kg	0.3926	1.04	4.00	4	4.16	4.16	☐		0.8
311926	材料	汽油 90#	kg	0.5104	1.352	6.57	6.57	8.88	8.88	☐		1.04
312624	材料	橡胶垫 δ2	m2	0.0344	0.091	126.55	126.55	11.52	11.52	☐		0.07
312828	材料	硬脂酸(一级)	kg	0.0491	0.13	13.68	13.68	1.78	1.78	☐		0.1
J04005	**机械台班**	**载重汽车 5t**	**台班**	**0.1374**	**0.364**	**325.00**	**375**	**136.5**	**118.3**	☐		**0.28**
J19275	机械	汽车式起重机 10t	台班	0.1374	0.364	674.83	674.83	245.64	245.64	☐		0.28
311911	材料%	其他材料费(占材料费)	%	1.091	2.89	0.00	0	0	0	☐		2.89

图2-19　外地定额人、材、机子目

再举一个装修的例子：玻璃隔断定额（图2-20）。

在两个不同空间所使用的玻璃隔断（图2-21、图2-22）有可能长着不同的样子。

图2-21清单项目描述：12mm厚钢化玻璃隔断，拉丝不锈钢框。

图2-22清单项目描述：5mm+5mm双层钢化玻璃隔断内夹百叶帘，铝合金边框。

面对这两种表面不太一样的玻璃隔断，笔者套定额选择子目一定会选择定额编号12-438子目万能玻璃隔断定额，大不了改名称、改单价，就是不改定额含量。

工程预算定额到笔者手中就如同面团，想怎么成形就怎么捏，实际上使用的技巧就是通过材料变化达到笔者想要表达的思想。

本书不是在教同行如何套用定额，如果只是单纯地告诉别人什么构件套哪条定额子目，等到定额改版，还要重新教一遍。笔者说玻璃隔断套定额，不是简单地重复玻璃隔断套12-438子目，而是在告诉大家如何分析定额，如何运用定额，如何编制定

5	□ 011210003001	项	玻璃隔断			m2			2.7
	12-438	定	玻璃隔断 不锈钢框 全钢化玻璃	装饰		m2	1		QDL
6	□ 011210006001	项	轻钢龙骨隔断石膏板吊棚			m2			0.8

工料机显示		单价构成	标准换算	换算信息	安装费用	特征及内容	工程量明细	说明信息	组价方案				
	编码	类别	名称	规格及型号	单位	损耗率	含量	数量	含税预算价	不含税市场价	含税市场价	税率	合计
1	870003	人	综合工日		工日		0.4	1.08	87.9	87.9	87.9	0	9
2	080253	材	不锈钢框全钢化玻璃隔断		m2		1	2.7	420	420	420	0	
3	840004	材	其他材料费		元		6.347	17.1369	1	1	1	0	
4	840023	机	其他机具费		元		8.76	23.652	1	1	1	0	2

图2-20 玻璃隔断定额

图2-21 钢化玻璃隔断

图2-22 双层玻璃隔断夹百叶

额。如果将来企业要编制企业内部定额，你心里都会非常坦然，面对这样一个装修构件你会轻松应对，不就是玻璃隔断嘛，外框面积加损耗系数就是定额含量，不管隔断是几层玻璃组成、内部夹丝还是夹麻、外框是金属还是木饰面，反正只需要计算一个成品材料的单价就可以。

套定额变得越来越简单，当年笔者从老师那学到不少，如：越复杂的构件套定额越简单，套一组固定家具，只需要按家具的用途，在定额子目里选择衣柜、书柜、文件柜等，清单项目单位与定额单位不需要一致，只要在清单含量里的单位将"m"转换成"m²"即可。

搞清楚工程材料的性质、特点、费用属性等，才可以正确管理工程材料，将来在套用定额过程中就可以正确分析，合理组价。

问题二：马凳筋属于工程实体材料吗？

答案：马凳筋属于工程实体材料，因为马凳筋虽然叫措施筋，但是进入了工程实体并永久保留在其中。

2.8 定额子目中的措施工序

关于实物量定额子目中包含措施工序的说法，许多人可能是第一次听说，套定额时，会经常遇到如模板、脚手架等完全反映措施费的定额子目，其实套用定额时如果认真观察定额内容就会发现，定额内容中出现过许多次类似放线、清理基层等这些并不是工程实物量的工作内容。这些工序虽然不构成工程实体，但这些工作内容是构成工程实体必备的程序。因为构成工程实体前后必须要做这些琐碎的工作，所以说这些措施工序被定额编制人固化到了定额子目中。最常见的如混凝土浇筑后或水泥砂浆铺设后的养护工作，就是一个非常典型又必不可少的工序，但往往是在施工时容易被省略的措施工序（图2-23）。

图2-23 淋水/闭水试验

措施工序绝不是可有可无的存在，这些工序构成了一个完整的定额子目费用体系，做完防水后，做淋水或闭水试验就是检验质量的一道措施工序（图2-23）。

这个定额子目里的土方挖掘后清理边坡（图2-24），又是安全措施费的一种投入，虽然工程造价人员没有认真研究过定额里的措施工序内容，但定额却始终在帮助初级从业人员，如果彻底放弃现在的工程预算定额，许多同行操作图纸中看不见的项、量不知道要丢多少费用。

现行工程预算定额确实存在许多问题，但既然在使用，就要用一种接受的心态去对待所用的政府指导性文件。现在的工程审核人员如同定额审计人员一样，结算时会说定额中的棉纱、汽油等材料实际中没有发生，要予以扣除。如果没有依据，就请不要随意改动原来定额编制人编制的定额子目里的内容。定额中的棉纱、汽油等材料属于限额材料，不构成工程实体，应该用于擦拭完工成品用的材料，随意扣减材料相当于在偷工减料。作为施工方人员，结算时遇到此类扣减问题，应该予以反击，但施工方人员因为本身能力水平差距，也一时被点中穴位，不知如何是好。因为这种错误结论在某些项目结算中取得了局部胜利，导致这类错误被当作经验无限扩大。

定额中一些构件形状上的变化会引起性质上的改变，如图2-25（a）压顶与图2-25

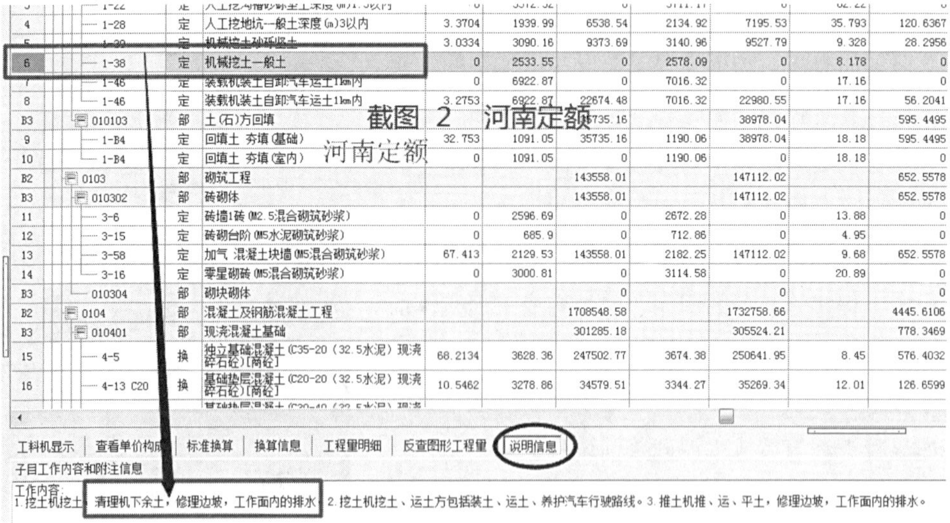

4	1-28	定	人工挖地坑一般土深度(m)3以内	3.3704	1939.99	6538.54	2134.92	7195.53	35.793	120.6367
5	1-39	定	机械挖土砂砾坚土	3.0334	3090.16	9373.69	3140.96	9527.79	9.328	28.2956
6	1-38	定	机械挖土一般土	0	2533.55	0	2578.09	0	8.178	0
7	1-46	定	装载机装土自卸汽车运土1km内	0	6922.87	0	7016.32	0	17.16	0
8	1-46	定	装载机装土自卸汽车运土1km内	3.2753	6922.87	22674.48	7016.32	22980.55	17.16	56.2041
B3	010103	部	土(石)方回填			[illegible]5735.16		38978.04		595.4495
9	1-B4	定	回填土 夯填(基础)	32.753	1091.05	35735.16	1190.06	38978.04	18.18	595.4495
10	1-B4	定	回填土 夯填(室内)	0	1091.05	0	1190.06	0	18.18	0
B2	0103	部	砌筑工程			143558.01		147112.02		652.5578
B3	010302	部	砖砌体			143558.01		147112.02		652.5578
11	3-6	定	砖墙1砖(M2.5混合砌筑砂浆)	0	2596.69	0	2672.28	0	13.88	0
12	3-15	定	砖砌台阶(M5水泥砌筑砂浆)	0	685.9	0	712.86	0	4.95	0
13	3-58	定	加气 混凝土块墙(M5混合砌筑砂浆)	67.413	2129.53	143558.01	2182.25	147112.02	9.68	652.5578
14	3-16	定	零星砌砖(M5混合砌筑砂浆)	0	3000.81	0	3114.58	0	20.89	0
B3	010304	部	砌块砌体			0		0		0
B2	0104	部	混凝土及钢筋混凝土工程			1708548.58		1732758.66		4445.6106
B3	010401	部	现浇混凝土基础			301285.18		305524.21		778.3469
15	4-5	换	独立基础混凝土(C35-20（32.5水泥）现浇碎石砼)[商砼]	68.2134	3628.36	247502.77	3674.38	250641.95	8.45	576.4032
16	4-13 C20	换	基础垫层混凝土(C20-20（32.5水泥）现浇碎石砼)[商砼]	10.5462	3278.86	34579.51	3344.27	35269.34	12.01	126.6599

图2-24　河南定额

（b）线条只是一个阳角的增加，但套定额时就会是两个完全不同章节的子目。

再比如高度上的变化，会出现超高增加，最常出现在模板、脚手架、墙体砌筑定额子目内，定额编制人在编制定额时为什么要这样考虑，实际就是因为构件形状变化、高度变化引发了措施费的增减，如模板、脚手架可以用增减子目来解决问题，通过本章节定额子目增减来满足费用增减的需要。当无法用单纯的定额子目增减来表示费用的变化时，就要用其他方法解决费用不成正比例关系增减的问题，如借用其他章节定额子目，或新增一个定额小节内容来适应定额费用的变化等。

了解和掌握定额中的措施费工序对于套用定额是非常有帮助的，至少可以避免如有些人套腻子找平定额子目时，在工序中没有看见砂纸材料，就质疑腻子找平定额内容到底包不包括打砂纸工序呢？回答这个问题又要回到工程措施费这个概念来探讨为什么在工程施工中要在工程实体之外花费如此多的费用问题。把工程措施费当成结算核减项目的真正意义在于工程项目投标就在拼措施费，措施方案的科学性、合理性决定措施费的成本高低。招标投标过程中，对手、同行间的博弈在图纸内容上（也就是工程实物量上）都是透明价，唯一能够用来竞争的就是措施费用，谁能像吹糖人一样将混凝土吹出图纸形状，谁就能大幅度降低成本，如果没有这个本事，施工中也别出现蜂窝、麻面，否则，到时返工反而加剧成本增长。

7. 压顶定额适用于突出一道线的压顶，突出二道线的压顶按线条定额计算。

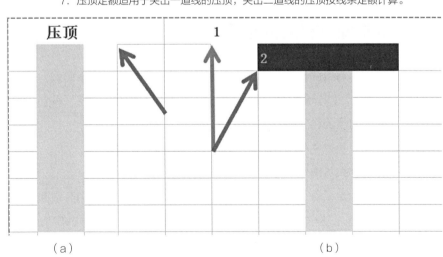

图2-25 压顶和线条图

现阶段科学技术与管理水平都迈上了新台阶，措施费项目越来越多地在挑战传统定额工序，如先在地面上做吊顶，成型后吊到图示天棚吊顶标高处固定，同样能满足天棚验收交工条件，这种做法的优点是提高了施工安全性和人工工效，缺点是保持复杂吊顶整体吊运不变形，难度和风险系数较大，作为新工艺在不降低安全、质量等前提下，实现降低成本只有让复杂吊顶整体吊运成本小于脚手架租赁成本+人工降效成本才有意义（这项新工艺对脚手架搭设没有影响，都要完成脚手架搭设）。对于某些审计人来说，他们会认为组价时脚手架30d租赁工期，实际搭设使用了10d，要扣减20d的租赁费用，这种做法会严重阻碍新技术和新工艺推广实施。

这类吊顶天地呼应的方法，如果在地面施工，直接在地面上做出模型，天棚造型在地面翻样，不需要通过红外线放尺寸大样，直接在地面对着模型放样，大大提高效率。一个整体吊装工艺把地面施工套天棚定额有机结合起来。

讲清楚定额子目内的措施费，再讲解一下措施费性质的定额子目。请看下面问题：

施工升降机基础属于什么费用？属不属于技术措施费？电梯基础的钢筋、混凝土、模板是都属于技术措施吗？

（1）费用定性：施工升降机属于措施费中的垂直运输费，固定施工升降机的基础自然就是垂直运输费中的一个组成部分，虽然定额套用设备基础（或独立基础），钢筋、模板也与其他实物量构件套用定额相同，但其组成施工升降机基础费用始终就是垂直运输费用。

（2）垂直运输费在大多数地区定额中以建筑平方米（m^2）为单位计算定额经验单价，以建筑平方米为基数的措施费用属于组织措施费，不属于技术措施费。

2018年7月17日，工程量清单计价计量标准修订初稿协调会议在京召开。初步形成10项意见，其中两项为：

⑦各专业工程计量规范的项目设置中取消工作内容部分。

⑧措施项目费中模板清单并入分部分项工程混凝土清单。

（3）第⑦项说的是项目工序环节不在清单项目描述中列示，作为有经验的承包人应该知道如何将工程量清单中的各个项目达到合格标准，因为投标函中的承诺就是"合格"工程，工程施工合同中质量也要求达到"合格"，所以也就要请报价人的投标报价达到合格标准。

（4）第⑧项将传统意义上的措施费安放位置做了调整，措施费项目不一定要计入到措施费项目清单中，也可以计入到分部分项工程量清单里。

（5）最后分析一个讨论题：带止水环的对拉螺栓、马凳筋是否算工程实体材料？判定其是否属于应该从以下几方面考虑：

1）是否存在于工程实体内？答案：是。带止水环的对拉螺栓、马凳筋在浇筑混凝土后显然是不可能再被抽出重复利用。

2）是否有工程施工图纸？这里的工程施工图纸概念绝对不限于设计院所出示的施工蓝图，除施工蓝图外还包括图集、规范数据、现场交底图例、施工组织设计方案图形等"深化图纸"。对"深化图纸"这个概念搞土建结构或安装的人可能不太熟悉，实际在装修、幕墙等专业项目中已经成为常态化概念，甚至在工程施工合同中经常有条款约定，"由于深化图纸产生的增加费用，结算时不予以调整"。答案：带止水环的对拉螺栓、马凳筋是有图纸或规范指导施工的。

（6）措施项目也许就是措辞问题。带止水环的对拉螺栓、马凳筋同螺栓固定架、钢筋垫块甚至管道支架的性质都是大同小异。图2-26中的实际螺栓固定架与设计蓝图中的地脚螺栓图纸显然不同，设计师之所以只画一个弯钩螺栓是因为每条螺栓的固定方式不同，如果画在施工蓝图中，实际施工不一样会产生变更之类的文件资料，于是设计师就把如何固定地脚螺栓的方案交由施工方自行设计，这就是以上第2）条所说的施工深化图纸。答案：带止水环的对拉螺栓、马凳筋虽然名字叫措施费，实际就是一个工程实体的组成部分，因此可以断定：带止水环的对拉螺栓、马凳筋属于工程实物量材料。

最后，之前所说的土方性质：同一

图2-26　螺栓固定件

坑里挖出的土有实体工程的土方，也有措施土方，"新清单规范"工程计量部分讨论稿将放坡、工作面土方写进了清单工程量计算规则中，这是不是措施费进入工程实体的一种形式呢？

笔者之前所强调的需要将模板计入到混凝土清单项目综合单价中，你们能想到这是为什么吗？

工程中特殊材料的操作技巧

3.1 材料不会算怎么办

首先提出一个问题：带止水环的对拉螺栓及马凳筋属于什么材料性质？

答案：属于"定额材料"。

依据："定额材料"的特性是构成工程实体，带止水环的对拉螺栓及马凳筋看上去是措施项目材料，但不同于模板、脚手架，这些材料一次投入使用，并永久存留于工程实体内，如同新式地漏中的水封（老式地漏就是一块算子盖板，放在一个带返水弯头的铸铁管件上，只起漏水和过滤作用），新式地漏比老式地漏增加了防臭功能，也是一项新材料改进措施，漏水、过滤、防臭功能于一身的地漏也属于定额材料。

本节要讨论的问题同样是工程材料的概念，同时也是造价同行疑问比较多的问题。

（1）在简易计税里人、材、机如何快速载入价，如果载入含税市场价，但广材网里信息价是不含税的，怎么办？

（2）为什么主材价里的预算价为0？

（3）请问信息价、市场价和专业测定价是不是以信息价为准？三者之间有何关系。

看到这几个问题，同行们一定有似曾相识的感觉，做工程造价，常用材料的信息价都快能背下来了，还有什么不清晰的概念吗？那么请先试着回答下面几道判断题：

（1）建筑物配电室内的变压器是设备，不是工程材料。

（2）信息价是政府发布的价格信息，市场价是供应商发布的价格信息，二者不是一个主体，发布的价格信息没有联系。

（3）工程结算中如果有合同中没有的新材料，可以到某电商里找到相应的品牌、型号材料的价格来作为组价依据参考。

（4）工程材料从甲地到乙地的运费应该与甲方协商一个运输价格。

（5）大批量的石材、瓷砖切割、磨边、倒角套什么定额子目？

（6）外窗价指分包800元/m²成活价，报价按暂估价材料组清单项目综合单价。

在公布答案之前先看以下概念：

工程信息价=工程预算价。政府定期提供工程人、材、机价格服务，但在实际操作时，还是有疑惑：北京地区编制预算机械费是按照定额价还是按照信息价？但是有时定额价与实际价格会相差很多。

清单计价从2003年开始，清单计价最基本的原则之一就是"自主报价"，工程造价人员就是制造合理价格的操作人员，当发现政府指导价有失误时，有选择正确价格的权力。如果连错误都不敢纠正，造价=造假，这一问题如果让施工方造价人员处理，想都不想就会将机械费单价调整为市场价，所以说，施工方具有培养与市场最接近造价理念的环境。

预算价=市场价×（1+采购保管费率）。

信息价与市场价虽然制定主体不同，但政府主体本身不生产和销售工程材料，建筑材料单价信息都来自于市场，政府只起到去伪存真、筛选分类、加权平均等工作，把假冒伪劣材料价格从信息中剔除，留下合格、优质的品牌材料作为信息价基数依据。此外，信息价中包含采购保管费，让人感觉信息价比市场价材料单价要高n%。

材料市场价=出厂价（或到岸价+手续费+关税+消费税）+国内运费+运输损耗+包装费+装卸车费+装卸损耗+加工费+加工损耗。

大部分一般纳税人性质的施工单位投标报价时，只考虑公式内材料费用因素，如果小规模纳税人要用含税价计价，就用材料市场价×（1+税率），括号里的税率是增值税进项税额的税率。公式内比传统工程材料概念多了两项费用内容组成（加工费+加工损耗），以及这两项费用发生后间接产生的其他费用：加工运费费+加工运输损耗+加工包装费+加工装卸车费+加工装卸损耗等。建筑材料二次加工费用在材料费中占比越来越大，不仅存在于装修阶段的石材、瓷砖切割、磨边、倒角，在结构中也大量存在，如商品混凝土、预制构件、钢结构等材料。不熟悉这类半成品材料，在组价过程中会产生许多疑问：材料是甲地价格，施工在乙地，运费怎么计算？通过工程材料前面通用公式分析，材料运输距离1000km也好，10000km也罢，清单综合单价里的材料费单价是材料到施工现场卸车后的价格，材料经过"万水千山"是供应商考虑的问题，施工方只负责材料进场后验货、收方、付款等程序，路途中的各种风险是由供应商承担。

工程材料与市场销售材料在价格上存在巨大的差异，绝不是随便打个电话或在某建材平台上抄几个价格一填了之。现在材料询价、采购商务谈判实际如同清单项目的组价，如外窗800元/m²的单价构成，在与供应商谈判时从原料选用、到加工周期、再到安装工艺（加上配套工艺如窗附框、后塞口处理等）、收口范围、成品保护、售后服务等都要一一落实，如果漏项某个供应商不负责的工序，总包方还是要自费完成原本应该由供应商完成的工作内容。最后，别忘了向供应商索要增值税专用发票。

材料信息价中，政府不可能知道哪一个施工方、哪一种工程材料需要单独加工，因此材料信息价中没有材料加工费+加工损耗费用的组成，这并不是政府的错误，但是编制招标控制价或对甲方投标报价时要看清图纸，把材料费用组成考虑全面，不要丢弃应该计价的要素。由材料加工问题又可以引申出另一个经常出现的疑问：商品混凝土信息价中包括不包括泵送费？如果说商品混凝土必须考虑罐车运费是合理的想法，但商品混凝土与泵车并没有必然联系，浇筑混凝土可以用泵车，也可以用吊车，甚至可以使用溜槽，选用什么方式进行混凝土垂直运输，完全是措施方案的问题，政府无须在商品混凝土材料单价里考虑泵送费用。如果谁想找依据，可以用工程材料理论解释：工程材料价格是进入施工现场的材料落地价，并不是运送到施工部位的材料价格，所以商品混凝土信息价里不可能包括泵送费。如果哪个地区信息价把15～20元/m³的泵送费计入商品混凝土材料费里，并且在施工中没有使用泵车，结算时还会被审计要求退还泵车费用，无形中增加了结算难度。材料费单价该计入的一项都不要少，与工程材料无关的费用要单独考虑，如泵送费可以计入商品混凝土材料费中，但一定不要无中生有地将不会发生的措施费用随意计取，如果施工组织设计方案中强调建筑物某些部位混凝土浇筑要通过泵车垂直运输，最简单的方法是在商品混凝土材料费单价中加15～20元/m³泵送费，投标时不计价视为已经包含在清单项目中，结算时是要不到钱的。

工程材料在工程直接费中占60%左右的比例，无论其名称叫"工程实体设备""工程主材"，还是"工程辅助材料"，性质都是工程材料范畴。也不管工程材料的管理方式为甲供材、甲控材、认质认价材料、未计价材料等，只要是施工方负有责任，投标报价就要正常取费。甲供材如果不让取费，施工方务必要搞清楚是谁的责任。

最后公布一下前面6道判断题答案，选择结果都是"错误"，如果有选择正确的，一定要加强工程造价的理论学习，这里的理论不是考试的理论，而是实战理论。

3.2 甲供材如何操作

"甲供材料"，简单来说就是由甲方提供的材料。这是在甲方与承包方签订合同时事先约定的。凡是甲供材料，进场时由施工方和甲方代表共同取样验收，合格后方能用于工程。

以上是字面解释，绝大多数人也是按此解释来操作甲供材，但真正意义上的甲供材不仅如此，名词解释应该定义："承包方委托发包方购买、加工、运输、装卸材料而最终承诺用工程款抵扣材料款的全过程活动。"这就是甲供材本质的概念，相比某些教科书的解释，这个概念能经受住实际操作的检验。看完甲供材的概念，承包方可能会在心里问："从来没有书面授权或口头承诺答应过发包方供应什么材料，明明是发包方自己想采购材料，怎么最终性质成了承包方委托发包方购买材料?"甲供材性质既然这样定义，一定可以从法律上解释清楚。这要从招标文件说起，招标文件在法律上可以定义为要约邀请，如果招标文件上明确有甲供材料的种类，投标人自上交投标保证金之时起，就以自身的行为完成了甲供材料采购的委托工作，因为，在法律上行为比书面和口头更具有法律效力。交投标保证金的行为证明了投标方对招标文件的认可，同理，对招标文件的构成内容之一甲供材也同样认可。

甲供材性质先明确了，之后的操作才能有正确的方向。

甲供材的名词概念诞生了并能被承发包双方所接受，下一步看如何能被实战检验且不会被实战颠覆。首先着重分析其特点。

（1）对于承包方，可以从甲供材中受益多少：

①可以减少材料的资金投入和资金垫付压力，避免材料价格上涨带来的风险。这一条是最明显的，甲供材可以为承包方缓解压力。

②甲供材质量与施工单位无太大的关系，施工单位只需例行公事地进行检查，如果保修期间出现问题，承包方甚至连保修责任都可以推得一干二净，甲供材可以为承包方规避风险。

③甲供材可以成为承包方工期延误的口实，如果甲供材没有按计划提供，发包方在工期上就失去了话语权，甲供材可以为承包方提供推卸责任的把柄。

（2）发包方能获取的利益：

①甲供材料可以更好地控制材料的进货来源，保证工程质量。这是甲供材的第一大理由，甲供材的诞生和发展就是来源于承包方供应材料的"二次经营"战略，甲供材可以避免承包方偷梁换柱的行为。

②甲供材料可以在设计材料不是很明确的情况下，便于正常组织招标投标活动。这种情况在装修工程中非常普遍，设计方案迟迟不能定案时，为了不耽误工期，可以先组织招标投标，之后再定夺材料，甲供材可以争取一定的工期时间。

③甲供材可以降低资金的风险，如果10种材料都让承包方采购，发包方就要向承包方支付这10种材料的预付款，承发包双方一旦出现信用危机，资金风险是巨大的，如果采取甲供材料方案，10种材料发包方向10个供应商提供材料预付款，出现信用危机造成的损失会大大降低，甲供材可以降低资金风险。

（3）说完甲供材的好处，下面分析一下甲供材的弊端：

①承包方失去了材料操作的利润空间。如果材料由承包方报价，合同中材料单价一定会高于实际采购材料单价，之间的单价差就是材料实现的利润，甲供材阻断了承包方的材料实现利润空间，这是甲供材对承包方造成的最大损失。

②承包方对材料管理的责任增加。甲供材竣工结算时承包方一般要以实际领用数量×甲供材料结算单价×0.99退还甲供材料款（0.01是施工方留下的材料保管费），如果实际领用数量超过了合同数量，承包方的直接损失一目了然且无法回避，项目经理部会承受很大的材料管理压力。

③发包方甲供材要承担一系列责任，主要是质量、工期、保修、维护等责任，这是甲供材管理方承担的最大风险。因为甲供材是承包方委托发包方的行为，发包方此时的角色是承包方的材料采购员，因此，承担责任也是在所难免，毕竟作为回报，发包方可以占有承包方在甲供材料里的利润。

④在材料价格波动不稳定时，发包方要承担材料涨价引起的风险。

⑤甲供材引发承包方的消极态度，配合上出现不协调的状况。很难与承包方要求的供货期限、供货数量、供货地点、检验标准达成完全一致，如果不一致就会出现索赔，超支的费用对于发包方就视为损失，如甲供材料复试费，对于甲供材料，承包方

不会花大费用去进行检验，一些材料的复试费用是很高的（如瓷砖、石材放射性检测费），如果甲方要求承包方出具此类材料检验报告，承包方一定会向发包方提出索赔签证，增加双方的结算难度，甚至影响到施工进度。

⑥甲供材加大了管理成本，增加了许多手续。在竣工结算期间多了一道甲乙双方对量的程序，影响双方的结算时限；在招标阶段对招标方清标工作无形中也增加了一定压力，需要核对投标方在投标文件中甲供材单价是否做了手脚。

⑦甲供材实际是把发包方推到了工程管理的最前沿，要求发包方自身要有很强大的工程管理经验。工程中门、固定家具等材料经常出现甲供问题，因为这些材料需要现场复尺测量、工厂加工制作、施工现场安装调试等一系列工序，单独加工还容易操作，带上测量、安装工序后与其他装修、安装工序间必然出现收口偏差，如果有经验的供货商、发包方与承包方有前瞻性沟通，出现问题协调起来还相对容易，如果等出现问题再进行协调，就会非常困难。因为甲供材而造成甲方被迫支付额外的预算外费用，甲供材就失去其降低工程投资成本意义了。实际工程中，加工订货材料，如门、家具等材料即便是乙供都是问题多多，甲供更是困难重重，发包方许多材料采用甲供手段操作，是很不明智的管理方式，与其说出专人协调承包方与供应方责任，不如把供应方推给承包方去管理，再去狠抓承包方的供货质量。

（4）甲供材的操作方式

甲供材的操作方式按排列组合划分有多种形式，以下各步骤的操作前提是甲供材料计入承包方合同总价，营业税体制下甲供材必须计入总造价，现在是增值税体制，虽然甲供材金额可以在税前退出，但笔者还是建议在税后退还甲供材费用，没有这个前提以下所有操作都不存在。

1）甲供材料并负责安装（成品甲供）：

①招标投标阶段：此类材料投标时不要去套定额，因为甲供材料在招标文件中是有明确的单价，套定额很难凑到招标文件里的材料单价，因此直接在其他项目清单（专业工程暂估价）里输入材料单价最省时省力（这样操作甲供材不计取其他费用，只计取税金），如甲供外窗800元/m^2厂家负责安装，就如同家里买一台电器、买一套家具搬进来就可以用，不需要乙方再添加其他安装费用。

②竣工结算阶段：此类材料竣工结算时先冲减专业工程暂估价里的甲供外窗投标金额，再按发包方提供信息，按甲供材料实际单价×实际数量×（1+税率）作为结算

金额（甲供材也会出现材料价差），竣工结算后只需要按竣工结算金额-清单结算数量×甲供材实际单价×（1-协商采购保管率）计算（或者收取以收取总包管理费形式也可以）。

结算例题：招标文件规定：甲供外窗800元/m²厂家负责安装，数量1000m²，结算单价850元/m²，其他同招标文件，税率10%。

公式①，冲减甲供材：-1000×800×（1+10%）=-880000元

公式②，结算实际甲供材：1000×850×（1+10%）=935000元

公式③，不考虑其他结算因素，实际甲供材结算金额：880000（合同金额）-880000（结算冲减）+1000×850×（1+10%）=935000元

公式④，税后退还甲供材公式：935000×（1-保管费率）或935000×（1-总包管费率）

2）甲供材料乙方安装：这是甲供材的最主要形式，还是分四个阶段考虑：

①招标投标阶段：如果招标方决定某些材料甲供，在招标文件中一定会给出甲供材的单价，投标方在填报投标文件时，甲供材要按招标文件规定的单价填报，这种操作类似于暂估价材料，只是暂估价材料填报后在软件人、材、机表中是打钩，甲供材料在人、材、机表中填完全甲供，甲供材料与暂估价材料在投标文件中不能填报错单价，"2013清单规范"列了许多条款，就是没有说明投标报价时甲供材料与暂估价材料如果投标方填报错误如何处理。

②合同签订阶段：甲供材料在合同签订阶段最主要的一项工作是确认损耗率，发包方为了省事且将来竣工结算时有依据可查，往往喜欢用定额损耗来做约定，在精装修标准精益求精的今天，定额损耗已经远远不够应对材料损耗，如果是灯具、洁具这种以"个""套"为单位的材料还可以执行定额，如果是厨卫铺瓷砖且要求墙地对缝，铺瓷砖损耗率一般会达到20%左右，原来定额中的2%~3%损耗率是远远不够损耗需要的。

③项目管理阶段：甲供材在项目管理阶段发包方是比较紧张的，如果甲供材料延期，将来工期的官司是打不清的；承包方在此阶段，要做的就是记清领用甲供材的数量，将来竣工结算时能清楚地对账。

④竣工结算阶段：甲供材竣工结算阶段分为三道工序：第一道程序是对账，甲乙双方通过对账，澄清承包方的甲供材料实际领用量；第二道程序是甲供材料单价调

整，这个过程同暂估价材料、甲指乙供材料、认质认价材料步骤和操作方式相同，只是甲供材不用多方确认材料单价，只需要发包方给个单价金额，承包方结算时调整材料价差就可以。价差=甲供材料领用量×（确认甲供材新单价–甲供材合同单价）×（1+税率）；第三个程序是甲供材退款，这个程序许多人说不清楚，搞不明白，在此以公式为准：

甲供材退款金额=甲供材料领用量×甲供材竣工确认单价×（1–双方协商采保费率）

如果甲乙双方事先没有协商采保费率，可以按1%计算（这是惯用比例）。这个程序操作时间也是一大问题点，许多人搞不清楚竣工时甲供材退款金额应该在什么时间完成，在此明确一下退款程序：竣工结算金额–甲供材退款金额。这个公式明确了甲供材退款时间应该在甲乙双方竣工结算确认之后进入甲供材退款程序，这与之前甲供材的名词定义完全相符："承包方委托发包方购买材料，之后将钱款金额留下应该留取的比例后，实数归还给发包方。"之间不存在一分钱对不上的账，说明这种方式操作方法是完全合情、合理、合法。

为什么说甲供材在增值税体制下可以税前退还，而营业税体制下必须在税后退还？

如果甲方是一般纳税人，甲供材在税后退还，100万元甲供材相当于计取了11万元增值税销项税额，甲方看似多交了11万元的税金，实际不如说甲方用11万元购买了乙方进项税额发票，如果税前退还了100万元甲供材金额（忽略采保费），11万元进项税额发票甲方也无法取得，对于甲方来说，甲供材税前还是税后退还，税金是相同的，不存在重复交税问题。

之所以建议税后退还，从法理上讲，有一个责任问题，税后退有以下意义：

第一，操作程序可以与甲供材概念相吻合；

第二，法理上对乙方的责任更加明确，乙方对甲供材承担的责任可以从财务账面上清晰可见。

下面针对甲供材在操作时遇到的难点解释一下：

（1）招标投标阶段甲供材应不应该取费问题：如果招标文件没有明确甲供材如何取费，甲供材取费同其他材料取费比例是一样的操作方式，即便是明确了不让取费，营业税制下税金也一定要计取，因为这是国法，招标文件再大也大不过法律。

（2）甲供材单价调整的问题：甲供材单价调整在竣工结算的方法与其他材料相同，但也存在不同之处，其他材料的单价确认需要在项目管理甚至合同签订阶段就已经开始白热化争执，但甲供材单价显得平静许多，承包方不用为甲供材料单价考虑更多，发包方在竣工结算时规定多少就按多少去调整，不用多说一句多余的话。

（3）甲供材数量确认的问题：甲供材竣工确认数量应该以承发包双方确认的领用数量为准，而不是什么清单量、定额量。

（4）甲供材退款税金如何处理：从竣工结算阶段的两个公式来看，甲供材退款与税金没有任何联系，所以说甲供材退款不关税金的事，这与甲供材名词又完全符合，发包方没有为购买材料多交一分钱税金，承包方退款时也不用多退发包方一分钱税款。

（5）甲供材发票原版由谁留存：这个问题没多少人做过分析，但搞明白这个问题，以上问题就迎刃而解。甲供材发票原版营业税体制下由承包方留存，解释如下：

①承包方要上交工程各项税费，没有材料发票无法抵扣成本。

②发包方购买材料，承包方已经将购货款退还给发包方，发包方留存材料发票没有意义。

③从名词解释上看：承包方委托发包方购买材料，发包方完成采购任务拿发票向承包方交账是合情、合理、合法的，税后退还甲供材这种操作正好满足概念上的条款：结算后用工程款抵扣甲供材。

再回到现在增值税体制下，分析甲供材发票的去留问题：

①根据增值税"三统一"的原则，谁签合同，谁支付（或接收）货款，谁开具（或保留）增值税发票，合同、资金、发票是统一的，在营业税体制下，发包方把发票直接交给承包方抵账是实现不了的（因为发票上开具的是发包方的公司名称）。

②发包方取得的发票无法到达乙方，但材料却要经过乙方，这就要用到一个新的概念：最终消费者。甲供材的最终消费者是发包方，因为是最终消费者，甲方购买材料的进项税额应该转化为成本，而不能再次被抵扣，招标文件里的甲供材单价应该是含税价，说到此有人会不解地问，投标方在组价时，还要不要对甲供材单价除税？答案是不需要除税，甲供材招标文件单价对投标方而言就是除税单价。

③有些人会继续追问，现在甲供材都不用计入工程总造价了，并且还出具了相关部门的文件。甲供材不计入工程总造价实际对甲方并不是一件幸事，原因是责任问题。

我们知道，工程项目从图纸变成实物的过程，就是建筑材料与施工工艺的物理转化过程，人为将建筑材料与施工工艺割裂，将来工程项目一旦出现质量（或安全）问题，特别是出现后者，没有哪一方能为此负得起责任，为了推卸责任，必然是相互扯皮，工程项目历经数载风雨，出现事故分析原因时，到底是材料的问题，还是施工工艺的问题？很可能就出现一个无头官司，最后各打五十大板。

最后解释一下财税〔2016〕36号文中的清包工条款，笔者分析这一条款的对象，财税〔2016〕36号文这段条款所指的甲供材并不是发包方与承包方之间的甲供材（也就是概念中的甲供材），而是总包方与分包方之间的材料供应模式，因为总包方在工程项目施工中永远是承担主要责任，不存在总包方提供材料后，与分包方施工工艺之间有什么说不清的责任问题，总包方与分包方本来就是领导与被领导的关系，责、权、利本身就非常明确。而发包方与承包方是平等的关系，工程项目出了问题，发包方做了本身不应该自己做的事情，承包方当然不必为发包方承担责任。

综上所述，甲供材之所以在造价行业执行的如此混乱，是造价行业本身没有一个正确的甲供材定性说明，许多人存在概念性误差，会操作的人也没有系统地整理过甲供材的全部操作程序。

3.3 甲方认质认价材料如何操作

发包方对材料认质本来是项目管理的一个操作流程，但加上了"认价"二字性质发生了根本性变化。本来应该由承包方承担的材料价格风险，瞬间转移到了发包方身上，从而引发了一系列的操作流程变化。

甲方认质认价材料程序本来应该在招标投标阶段至合同签订之前完成，房地产商在操作这一流程时，要求是非常苛刻的，投标方材料所送样品达不到设计方要求，即便招标人下发了中标通知书，中标方也拿不到承发包施工合同。但在某些资产投资的项目中，这一流程往往会在项目管理阶段实施，就是这样一个简单的时间差，使承发包方之间产生了无限的变化空间。说甲方认质认价材料要直接从项目管理阶段说起。

（1）甲方认质认价材料名词的出处：因为设计材料在招标投标阶段不能确定，工期又不能顺延的情况下，只能先签订合同，承包方进场后边施工边确认材料的一种做法。这么一解释大家心里可能豁然开朗，这不是"三边"工程吗？一点没错，这就是

"三边"工程，因为有了"三边"工程，才发明出甲方认质认价材料这一管理流程。

（2）材料的受益人：首先承包方受益是化解了材料价格的风险，保证了甲方认质认价材料至少不赔钱。

（3）为什么甲方认质认价材料能合法化？此种材料的管理流程有这么明显的弊端，在实施过程中极易引发争议，之所这种材料管理方式频繁出现在工程施工合同条款中，业内有人揭秘，一个3000万元的项目，招标控制价只有1300万元，目的是吓跑不知情者，知情者按套路报价，以低于招标控制价1300万元的价格中标后，在工程项目管理阶段（施工阶段），以重新认价方式，对投标报价的材料单价进行调整，价差调整的合法依据是清单规范中相关条款。下面是现行国家标准《建设工程工程量清单计价规范》GB 50500—2013清单部分条款：

9.7　物价变化

9.7.1　合同履行期间，出现工程造价管理机构发布的人工、材料、工程设备和施工机械台班单价或价格与合同工程基准日期相应单价或价格比较出现涨落，且符合本规范第9.7.2、9.7.3条规定的，发承包双方应调整合同价款。

9.7.2　按照本规范第9.7.1条规定人工单价发生涨落的，应按照合同工程发生的人工数量和合同履行期与基准日期人工单价对比的价差的乘积计算或按照人工费调整系数计算调整的人工费。

9.7.3　承包人采购材料和工程设备的，应在合同中约定可调材料、工程设备价格变化的范围或幅度，如没有约定，则按照本规范第9.7.1条规定的材料、工程设备单价变化超过5%，施工机械台班单价变化超过10%，则超过部分的价格应予调整。该情况下，应按照价格系数调整法或价格差额调整法（具体方法见条文说明）计算调整的材料设备费和施工机械费。

9.7.4　执行本规范第9.7.3条规定时，发生合同工程工期延误的，应按照下列规定确定合同履行期用于调整的价格或单价：因发包人原因导致工期延误的，则计划进度日期后续工程的价格或单价，采用计划进度日期与实际进度日期两者的较高者；因承包人原因导致工期延误的，则计划进度日期后续工程的价格或单价，采用计划进度日期与实际进度日期两者的较低者。

9.7.5　承包人在采购材料和工程设备前，应向发包人提交一份能阐明采购材料和工程设备数量和新单价的书面报告。发包人应在收到承包人书面报告后的3个工作日内核实，并确认用于合同工程后，对承包人采购材料和工程设备的数量和新单价予以确定；发包人对此未确定也未提出修改意见的，视为承包人提交的书面报告已被发包人认可，作为调整合同价款的依据。承包人未经发包人确定即自行采购材料和工程设备，再向发包人提出调整合同价款的，如发包人不同意，则合同价款不予调整。

9.7.6 发包人供应材料和工程设备的，本规范第9.7.3、9.7.4、9.7.5 条规定均不适用，由发包人按照实际变化调整，列入合同工程的工程造价内。

本来"清单规范"第9.7条款是很人性化的法规条款，充分考虑了市场风险，以减轻承包方因低价中标后遇到施工期间材料涨价而造成更大的经济损失的一种补偿措施，但同时也为围标、串标开辟了一块"温床"。第9.7.1条是前因，第9.7.2～9.7.6条是后果，即便是"温床"，如果是严格按照清单规范第9.7条执行，也滋生不出太大的腐败，但在执行这一条款时，出现了操作上的变异。如第9.7.2条明确规定："应按照合同工程发生的人工数量和合同履行期与基准日期人工单价对比的价差的乘积计算或按照人工费调整系数计算调整的人工费。"现以实际操作举例：承包方原合同地砖报价30元/m²，施工期间送来一块30元/m²和一块300元/m²地砖让发包方认质认价，发包方选择后者也在情理之中。之后，承包方动用了第9.7.5条款："承包人在采购材料和工程设备前，应向发包人提交一份能阐明采购材料和工程设备数量和新单价的书面报告。发包人应在收到承包人书面报告后的3个工作日内核实，并确认用于合同工程后，对承包人采购材料和工程设备的数量和新单价予以确定。"加之前面说过的材料报备等二次经营手段，这款地砖的价格确认价格可能远远超过300元/m²，原本应该对30元/m²的地砖做材料调价处理的流程，不知不觉演变成了材料变更，最可悲的是审计方，为500元/m²材料差价与承包方唇枪舌剑数小时，最终达成了480元/m²的差价审计结果，拥有审计确认的竣工结算文件，材料变更行为变得更加合法化，与此同时，承发包双方之间也在分享着180元/m²的材料利润收益。

接下来简单地介绍一下甲方认质认价材料管理的操作流程，这个流程与暂估价材料操作顺序一样，之后在暂估价材料操作中还要继续重点研究，这里给出笔者对工程施工合同中几条常用条款的理解供大家参考：

（1）为了甲方有时间进行材料设备价格对比，乙方须在材料和设备使用前，填写材料认价单（也就是乙方执行清单规范第9.7.5条款）。

（2）乙方对于材料和设备，必须填写两种以上品牌和价格，以供甲方进行对比。

（3）甲方根据材料设备的性能和价格调查，确定一种品牌和价格，然后甲方把询价告知乙方（甲方询到的价不会低于500元/m²）。

（4）双方协商一个合理价格作为结算价格（审计方为500元/m²材料差价与承包方唇枪舌剑数小时，最终达成了480元/m²的差价审计结果）。

3.4 甲指乙供材的操作

甲指乙供材料（设备）也叫甲控材，官方对此概念没有定义，在这作个简单的定性：甲指乙供材料是甲方指定材料品牌、型号规格等技术参数，乙方按照甲方要求的材料技术参数采购的行为。

甲指乙供材料比甲供材定性要容易得多，从字面上就可以直接翻译出性质，为什么会在建筑行业出现这个名词，还要从此种方法的操作优缺点来分析。

甲指乙供中，乙方始终处于被动地位，没有什么优点可以总结，唯一的优点就是不用担心其他竞争对手在投标时过度压低材料价格。主要优点在甲方，表现在：

（1）可以确保设计效果，避免低档材料影响设计初衷：特别在精装修工程中，如石材选用，同样的天然石材因品质不同可分为A、B、C等多个档次，不确定材料样板就无法预料施工方在工程施工中购买哪个等级的材料，从而也无法保证后期的装修效果。

（2）可以达到设计使用功能，避免功能性打折影响业主方使用，这种例子在安装工程中常见，如购买一台彩电，只标明屏幕尺寸大小，采购时谁都会找最低价的材料、设备购买，可能就忽视了如3D效果、环绕立体声等特殊功能，不规定品牌、型号很难保证使用方的功能性需要。

（3）可以达到个人的某些需要，这里提示一个名词"材料报备"，指上级供应商为了保护下级经销商的利益，对经销商指定的材料型号进行价格封锁，只有材料报备的经销商可以获得材料的最低单价，其他经销商查阅已经报备的材料单价时，只能看到市场价，获取不了最低的材料进货价格，从而失去了材料供应的竞争优势，实际上就是材料报备经销商垄断了此型号材料的经销权。

此种材料管理方式有优点就会有弊端，最大的弊端就是材料提前公开确定容易给经销商留出封锁材料、设备单价的时间，从而提高材料价格，增加投资成本。

甲指乙供材料操作同样要分四个阶段（招标投标、合同签订、项目管理、施工结算）分析，在此仅列出两个重点阶段：

（1）招标投标阶段：甲指乙供材料必须在招标文件里明确，否则其性质就会变成施工期间的认质认价材料，操作方法也不尽相同。甲指乙供材料分为"多选一"和"一对一"两种方式。

甲指乙供"多选一"：在招标文件中，列出多个材料的品牌、型号供投标方任选其一（一般是三种），但选用材料不能超出此范围，这种操作方式多用于财政投资的招标工程。

甲指乙供"一对一"：在招标过程中，招标方提供材料实物样板，投标方根据实物的品质、品牌、型号填报材料单价，中标方按招标方材料封存样品提供同样技术参数的材料样品（这个过程叫材料封样），施工过程中采购材料时，施工中不能单方更改已经封样的材料的品质、品牌、型号，这种方法房地产商最为常用，目的是防止承包方在材料采购上有更多的操作空间。

这类材料在投标时经济标的操作方法：投标方对此种材料操作应该与其他材料一样，如招标文件无明确规定，材料该怎么取费就怎么取费，需要提醒的是，房地产商规定使用的材料，他们一定会最先得到材料价格，所以这种材料在投标时，单价涨幅上没有太大空间，一般计取5%~8%的采购保管费比较合理；如果此类材料占工程造价比例过大，总价让利要考虑好比例关系，因为此类材料不像甲供材、暂估价材料单价固定，如果投标方最终以总价让利方式竞争，此类材料单价会同比例下浮，最终计算失误会导致材料投标价格低于市场采购价，导致工程项目亏损。

（2）竣工结算阶段：如果合同中没有明确材料单价可以调整的相关条款，结算时，此类材料的单价竣工结算时是不能随意调整的，这与甲方认质认价材料操作有所不同。

（3）营改增之后，一般纳税人投标，甲指乙供材料与其他普通材料一样，也要按除税价计价，在竣工结算时，如果甲方在签订完工程施工合同后更改了原来招标投标时所用的甲指乙供材料，所用新材料按材料变更操作（施工工艺不变的情况也是按材料变更操作），如更换瓷砖颜色导致瓷砖材料单价变化（其他瓷砖的技术参数指标未改变）的情况就叫材料变更，而不能称材料调整单价，所以不能仅仅是按材料调整价差方法操作。

甲指乙供材料操作的误区：甲指乙供材料最容易与甲方认质认价材料操作相混淆，原因是甲指乙供材料在施工阶段甲方是要参与材料的认质程序，但没有认价这一环节，而甲方认质认价材料不但在施工期间要认质，而且还要认价，这是二者之间的本质区别。前者材料涨价风险全部由承包方承担，而后者，风险全部由发包方承担，由这两种材料的不同操作方式，从以上两种材料的操作方式不同可以得出造价的一个经典结论：凡是在合同签订阶段之前确定的人、材、机单价，价格风险由承包方承担，凡是在合同签订阶段之后确定的人、材、机单价，价格风险由发包方承担，前提是人、材、机单价竣工结算时不可随意调整。

3.5 未计价材料如何操作

（1）未计价材料：简单地说，就是其价格未计算在定额基价内的材料。特点是：定额人、材、机含量表中只规定了材料的名称、规格和消耗数量，单价上没有填写单价，有的地区纸质版定额在人、材、机表单价栏划上横杠，其价格由定额执行地区的信息价格或市场价格决定。这种材料是定额特色的材料，主要用于装修和安装工程中的面层材料和主要材料，这种材料的表示方法同样适用于企业内部定额，将来随着工程预算定额日趋走向正轨，将由消耗量定额取代现在常用的工程预算定额，那时定额操作人员会发现，定额子目所有人、材、机含量表中，人、材、机单价栏里都是空白，所有的人、材、机将全部变成未计价形式，由投标人自行填报人、材、机单价，真正实现工程量清单计价投标方自主报价的原则。

（2）定额中设置未计价材料的目的：由于此种材料因为品牌、型号、规格的变化，会引起材料单价的大幅度变化，如电气材料中的灯具，给水排水材料中的洁具等，同样叫做筒灯、射灯、坐便，因形状不同、型号不同、品牌不同等诸多不同因素，造成材料价格差异巨大，定额人、材、机单价栏中标明单价没有针对性，失去了单价的意义，所以索性空白，由定额使用人按市场价格去自行考虑填报。

（3）未计价材料的操作：未计价材料只是一个名词而已，其特点主要是价格变化幅度比其他一些常规材料大，经济标计价程序如取费等同其他材料一样，操作起来可能需要手工输入材料单价，比起计价软件直接显示单价要多一个操作步骤。一些新手在遇到新名词后有些发懵，问一些超出正常思维以外的问题，为打消初学者的疑惑在此澄清一下：

问题一：未计价材料能不能改定额含量？未计价材料的单价是自主填报的，如果认为定额中给定的定额含量满足不了实际施工需要，可以在单价中消化定额含量不足带来的成本问题。如瓷砖的定额含量是3%，而实际损耗可能会达到23%，这没关系，在瓷砖的单价上乘以（1+20%）就可以了。

问题二：未计价材料能不能结算时调整？只要合同条款里没有约定材料单价可以调整，竣工结算时就不可以调整。未计价材料很大部分会是前几讲所提到的甲指乙供材料和甲方认质认价材料，如果能与这几种材料管理方法挂上钩，操作时可以顺理成章地与这几种材料操作接轨。

问题三：未计价材料用信息价可不可以？未计价材料的价格变化幅度非常大，信息价提供的材料单价也没有什么针对性，只是一个大概参考值，最好根据设计要求或招标方规定，满足材料品牌、型号、规格等技术参数要求去到市场询价。

问题四：清单项目组价中出现未计价材料，投标时要不要报价？未计价材料也是材料，投标时需要报价，不报价视同材料单价为0，有可能被判定为低于成本价而作为废标处理。

问题五：未计价材料的费用如何确定？材料费的确定需要知道材料费的组成部分，具体公式：

材料费＝材料出厂价＋运费＋运输损耗＋装卸费＋装卸损耗＋搬运费＋搬运损耗＋材料合格检测费＋包装费＋供应（或经销商）销售费用＋供应（或经销商）利润＋合格证检测费＋税金（营业税体制或小规模纳税人投标时计入材料单价）

问题六：营改增后未计价材料如何操作？在营业税体制下（或小规模纳税人），未计价材料计价是以含税价计价，如果一般纳税人计价，要以材料除税价计价，问题五公式可改动为：

材料费＝材料出厂价＋运费＋运输损耗＋装卸费＋装卸损耗＋搬运费＋搬运损耗＋材料合格检测费＋包装费＋供应（或经销商）销售费用＋供应（或经销商）利润＋合格证检测费

问题七：未计价材料一定是主材吗？主材、辅材没有一个明确的定义，主材、辅材的身份是根据施工部位、用量、范围决定的，而不是人为定义的，只能说未计价材料大部分属于主材范畴。是不是主材这里有一段哲学解释，相信对大家有帮助：

如果工人往墙上敲钉子，钉子就是这道工序的主材。

如果工人用钉子往墙上钉板子，板子就是这道工序的主材，钉子成为了辅材。

如果工人往钉好的板子上安装饰面板，饰面板又成了主材，基层板、钉子都成了辅材。

如果工人往饰面板上镶嵌钻石，显然主材的身份又将改变。

只能说未计价材料一般以主材对待，因为其价格变化幅度大，所用部位也一般在明面，不管是甲方还是乙方都会对此足够重视。

未计价材料本身没有什么太多的知识点可以研究，但它的难点在于它的变化，如变脸魔术一样，一念之间就能成为甲供材、暂估价材料、甲指乙供材料、甲方认质认价材料等，正因为变得太快，许多人脑子跟不上变化速度才导致许多操作上问题，所以学习造价理论上一定要把握住方向，操作时才不会误入歧途。

3.6 暂估价材料如何操作

暂估价材料在工程施工中使用非常普遍，因为其操作起来灵活，在工程中往往能起到润滑剂作用。

先看一下暂估价的定义（《建设工程工程量清单计价规范》GB 50500—2013）。

2.0.7 暂估价

招标人在工程量清单中提供的用于支付必然发生但暂时不能确定价格的材料、工程设备的单价以及专业工程的金额。

定义的前半句话没有疑义，后半句指的是专业工程暂估价，但暂估价材料与专业工程暂估价操作方法、工作性质完全不同，二者有着本质的区别，这里讨论的是暂估价材料，以后再说专业工程暂估价。

暂估价材料对于承包方可以说优势多多，归纳起来有以下几点：

（1）材料价格不存在风险：因为暂估价最终结算需要调整单价，所以，承包方不用担心材料涨价带来的利润损失。

（2）投标时不用耗费时间询价：投标时确定材料单价会占用投标方很多资源，投标工作时间紧，任务重，不用材料询价可以节省出许多精力做其他事情。

（3）便于项目管理阶段承包方的二次经营活动：现工程投标一般是低价中标，清标过程中，接二连三地让利谈判对承包方的利润打压是巨大的。为了弥补投标损失，在施工阶段也就是项目管理阶段，承包方会使出浑身解数来进行二次经营，暂估价材料就是二次经营的主要课题之一。说暂估价材料是润滑剂，就是此阶段承发包双方可以讨价还价，利用暂估价材料大做文章，进行二次经营活动。

对发包方用暂估价材料方法也有一定优势：

（1）在设计方案材料暂时不能确定时，可以顺利组织招标投标工作，不会因为设计方案不完美而耽误工期。

（2）发包方个人可以在暂估价材料认价过程中为个人创收提供操作空间。

暂估价材料在操作中也有其弊端：

（1）投资成本不容易控制，因为暂估价材料的风险完全在发包方。因为材料涨价或材料档次升级导致投资成本增加的工程案例非常多。

（2）项目管理阶段认价之路非常漫长、艰难，以下是"2013清单规范"对暂估价材料和专业工程暂估价认价的操作流程的约定，第9.8.1～9.8.4条是在项目管理过程中发生的，第9.8.5条是在竣工结算阶段实施的。

9.8 暂估价

9.8.1 发包人在招标工程量清单中给定暂估价的材料、工程设备属于依法必须招标的，由发承包双方以招标的方式选择供应商。中标价格与招标工程量清单中所列的暂估价的差额以及相应的规费、税金等费用，应列入合同价格。

9.8.2 发包人在招标工程量清单中给定暂估价的材料和工程设备不属于依法必须招标的，由承包人按照合同约定采购。经发包人确认的材料和工程设备价格与招标工程量清单中所列的暂估价的差额以及相应的规费、税金等费用，应列入合同价格。

9.8.3 发包人在工程量清单中给定暂估价的专业工程不属于依法必须招标的，应按照本规范第9.3节相应条款的规定确定专业工程价款。经确认的专业工程价款与招标工程量清单中所列的暂估价的差额以及相应的规费、税金等费用，应列入合同价格。

9.8.4 发包人在招标工程量清单中给定暂估价的专业工程，依法必须招标的，应当由发承包双方依法组织招标选择专业分包人，并接受有管辖权的建设工程招标投标管理机构的监督。除合同另有约定外，承包人不参与投标的专业工程分包招标，应由承包人作为招标人，但招标文件评标工作、评标结果应报送发包人批准。与组织招标工作有关的费用应当被认为已经包括在承包人的签约合同价（投标总报价）中。承包人参加投标的专业工程分包招标，应由发包人作为招标人，与组织招标工作有关的费用由发包人承担。同等条件下，应优先选择承包人中标。

9.8.5 专业工程分包中标价格与招标工程量清单中所列的暂估价的差额以及相应的规费、税金等费用，应列入合同价格。

清单规范第9.8.1、9.8.2条是针对暂估价材料而言的，第9.8.3、9.8.4条是针对专业工程暂估价的约定。在此只讨论第9.8.1、9.8.2条的操作流程，总结规范得出结论。

（1）规范中的操作流程概念不明确，从字面条款可以看出，第9.8.1～9.8.4条款中前半段说的是认价流程，后半段说的是结算流程，第9.8.5条已经概括了暂估价材料应该如何结算，第9.8.1～9.8.4条款中的后半段话略重复。

（2）规范对暂估价材料如何操作虽然用了很长的篇幅，但并没有说到问题的关键，暂估价材料的实质思想就是"认价"，暂估价材料认价的过程就是为工程竣工结算拉开的序幕。承包方认不好价容易赔钱，发包方认不好价容易成本失控，双方如何通过认价，打造暂估价材料润滑剂的效果是承发包双方要认真沟通的问题。规范中强调的是暂估价材料要通过招标或不招标确定价格，其实这只是形式上的文章，暂估价材料既然在合同中约定了，承发包双方都不会掉以轻心，各自的询价工作一定会紧锣密鼓地开展，最后是走一个招标流程还是实施议标定价意义都是一样，最后需要确立一个双方都能接受的材料单价。实际施工中一般是两种形式确立。

①发包方先确认材料，出具一个材料单价由承包方确认。

②承包方推荐材料和相应的材料单价，由发包方确认。

③可以进行公开招标，承、发包方为评标人，材料供应商为投标方。

清单规范第9.8.5条有较强指导意义。

前面说过，暂估价材料认价过程漫长而艰难，不管认价程序选择以上①～③项哪种形式，过程都少不了关键的口水战程序。下面介绍几个战术程序环节：

①暂估价材料确认时间：是在材料进场之前。承包方如果将材料运进场再找发包方确认单价，永远也卖不出好价钱了。

②暂估价材料确认的价格组成：前面点到为止地提过材料的价格组成内容，在暂估价材料认价过程中，材料单价组成一个环节也不能失误。

a. 首先强调税金（营业税体制或增值税小规模纳税人），暂估价材料是由承包方采购的材料，购买材料时要获得材料发票才算完整交易，供应商开发票是要交增值税的，由于增值税是价外税，供应商报价时为了好听、有竞争力，故意报个不含税的价格，如果供应商在承发包方面前报出材料单价100元/个，没有说明不开发票，发包方有可能以100元/个为基数与承包方确定材料单价，购买时承包方提出要开材料发票被告知需要加6%～17%的税，如果承包方忽略了税金因素，将来购买材料不能取得发票，给财务工作增添麻烦，在这里顺便说明，营业税体制下工程中计取的税金与材料开发票所交的税金不是一个税种，材料开的是增值税发票，建筑工程开的是营业税发票，之间没有重复交税的问题；增值税体制下由于小规模纳税人不能以进项税额抵扣销项税额，所以材料进项税也构成小规模纳税人材料的成本。

b. 第二是检测费：供应商为保证材料质量，都会给材料贴上合格证标签，贴这个标签相对应花费的检测费用供应商会计入材料单价中，但工程施工中，监理过程文件中明确要对建筑材料做复试检测，这部分费用是由承包方负担，在暂估价材料认价中，这部分费用要摊销进材料单价中，否则会引起不必要的检测费争议，这项费用不能忽略。

c. 第三是材料损耗：在精装修工程中，材料损耗越来越成为价格的焦点话题，合同中一般以定额损耗为标准，但20世纪70年代的工艺做法已经不适应现在材料的装修精度要求，装修损耗成倍增加，如墙地砖损耗已经达到定额损耗的10～15倍，这样的损耗率让承包方是无法承受的。应该在材料单价中消化掉这些损耗费用，计价时一定要用材料单价×（1+实际损耗率）。

d. 材料加工费：供应商所报的材料单价不会包括材料加工费，如瓷砖报价是针对600mm×600mm规格的瓷砖报价，如果现场使用是300mm×600mm规格的，就要求供应商在每块瓷砖上切割一刀，这一刀的加工费用要摊销在0.36m^{2}的瓷砖单价之内。

e. 采购保管费：暂估价材料采购保管费是要计取的。

f. 其他费：如措施费，如果采购了10000m^{2}地砖，由于施工现场不能进车，只能从200m外用手推车倒运，二次搬运费用定要计入材料单价中，双方最好不要办理此洽商，在竣工结算中会遇到许多节外生枝的问题，复杂的事情简单办，把几元钱的材料二次搬运费用直接计入到材料单价中，甲乙双方签字确认不存在什么错误。相反一味生搬硬套文件，遇到此类情况承包方想办理洽商，说明承包方一定是郑人买履；发包方想办理洽商，说明发包方是在刻舟求剑。

暂估认价材料认价的学问还有许多，在此不一一解释了，总之还是前面所讲，暂估价材料用好了是润滑剂，可以解决许多棘手的问题，只有在实践中多加运用才能悟出其中的深刻道理。

（3）暂估价材料在竣工结算中的操作：

暂估价材料在竣工结算阶段单价调整操作程序与甲供材公式相似，但不相同，主要有两点不同：

①甲供材单价调整不是竣工结算必须经历的程序，甲供材单价就算调整也不用办理承发包双方的认价手续，而暂估价材料单价调整必须在竣工结算文件中体现，即使暂估价材料确认单价与招标文件暂估单价相同，也应该在项目管理阶段承发包双方办理完暂估价材料认价手续，在竣工结算文件中体现出单价差0元的调整记录。

②甲供材竣工结算材料数量以实际领用量为基数，用不着通过审计，承发包双方可以直接按领用材料台账确认即可；而暂估价材料是以竣工结算材料数量为基数，之间要经过多次审计才可以认定，这个竣工结算材料数量比较特殊，是暂估价材料需要说明的又一个重点。竣工结算材料数量不是清单工程量，也不是定额工程量，而是组成清单项目的材料含量×（1+合同损耗率），如顶棚工程，清单工程量是100m²，组价时考虑到立板等展开面积为120m²，这120m²就是组成100m²清单项目的材料含量，但展开面积虽然是120m²，不等于买120m²的石膏板就可以完成此项清单工作，施工中由于各种因素造成的材料损耗，实际石膏板用量=120m²石膏板清单材料含量×（1+损耗系数），损耗系数不管是运用政府发布的指导性定额含量还是企业自有的内部定额消耗量，投标方报价时一定要加以考虑，否则定额单价或清单综合单价也组不出来。结算时，损耗的材料要同样参与价格调整，损耗系数不能再变动，竣工结算计算材料数量时只能用合同损耗率。得出材料数量=组成清单项目的材料含量×（1+合同损耗率）。

说完暂估价材料竣工调整单价，有人会问，前讲说过的甲方认质认价材料把原合同的30元/m²的地砖换成了300元/m²的地砖是属于材料变更，暂估价材料在认价操作中同样会出现把原合同内的30元/m²的地砖换成了300元/m²的地砖情况，这种情况怎么就算材料调整单价而不是属于材料变更呢？回答这个问题还是要站到法律高度，要不总是有人较真问笔者依据在哪。

先说甲方认质认价材料：甲方认质认价材料单价在投标时由投标方报价（属于要约），招标方确认（属于承诺），在签合同前已经完成了要约和承诺程序，合同程序是没有疑义的，关键问题是出在实物与文字的对应关系上。如果合同签订前，承发包双方确认了30元/m²地砖实物，之后发包方认质程序，也只是确认批量进场的地砖与签合同前确认的30元/m²地砖样品质量是否一致，而不应该去认300元/m²的地砖质量，正因为在合同签订前缺少了实物样品确认的程序，才导致项目管理阶段出现了甲方认质认价材料的操作方式，发包方提出用300元/m²的地砖，实际是对招标投标阶段投标方用30元/m²地砖承诺的否定。用300元/m²的地砖实际上是发包方向承包方发出的一个新的要约邀请，承包方提出500元/m²又是一轮新的要约，最终审计确认480元/m²是对新要约的承诺，这一过程实质就是在办理材料变更。

再看暂估价材料：暂估价材料单价是招标方规定的，应该定义为要约，投标方在投标文件里计取招标方规定的暂估价材料单价是属于承诺，这就是为什么笔者说的对投标方更改暂估价材料单价行为要给予严惩的理由，因为要约要对应承诺才能生效，要约要对应新的要约承诺方就变换了位置。暂估价材料认价实际是发包方向承包方发出了新的要约，承包方进行最终承诺的过程。

经过这番分析看出了问题所在，甲方认质认价材料是发包方否定了自身承诺而向承包方发出新的要约；暂估价材料是发包方否定了对方的承诺而发出了新的要约。理论上比较难以解释，举例说明一目了然。乙对甲说："明天你请我吃饭。"甲回复同意，之后乙发现第二天有事，便对甲说："明天饭局取消，改后天是否可以。"甲回复同意，这就是暂估价材料的操作过程；再看下一个饭局，甲对乙说："明天我请你吃饭。"乙回复同意，之后乙发现第二天有事，便对甲说："明天饭局取消，改后天是否可以。"甲回复同意，两个饭局形式相同，内容相似，但仔细看发现，第一个饭局乙是发起人，乙是更改人，甲始终是承诺人；第二个饭局甲是发起人，乙是更改人，乙否定了自己答应过的事情，这就类似于甲方认质认价材料操作。

说到此，暂估价材料的重点基本已经澄清，有些细节问题再举例说明一下：

（1）暂估价材料是否参与取费？这个与甲供材料一样，招标文件没有明确不让取费就可以参与取费。

（2）投标时暂估价材料没按招标文件规定单价计入组价文件，结算时如何处理？这个问题先提出个假设，如果暂估价材料比招标文件规定的单价高而计入组价文件，

100%是投标方的操作失误，性质可以归结于粗心；如果暂估价材料比招标文件规定的单价低而计入组价文件，99%是投标方有意行为，是公然对招标方要约发出的新的要约而不是应该回复的承诺；如果清标时发现此问题，应该将投标文件做废标处理，如果因招标方失误将暂估价填报错误的投标方定为中标方，结算时应该按照就高原则执行，即：如果投标文件暂估价单价填报比招标文件规定的暂估价材料单价高，竣工调价时按投标文件暂估价单价执行；如果投标文件暂估价单价填报比招标文件规定的暂估价材料单价低，竣工调价时按招标文件暂估价单价执行调整。"2013清单规范"对暂估价材料纠错的约定却只字未提，有待改进。

　　暂估价材料没按招标文件规定单价计入组价文件与甲供材没按招标文件规定单价计入组价文件性质不太一样，甲供材没按招标文件规定单价计入组价文件，竣工结算时不用多解释，直接用甲供材领用数量×甲供材最终确认单价就可以，不用规定孰高孰低原则，投标方敢在投标文件中将甲供材单价调低，实质是承诺让利行为，不像暂估价材料是提出新的要约，让利行为在许多环节都可以进行，何必在甲供材单价上做文章，甲供材投标时修改单价是没有意义的。

　　（3）带有暂估价材料的清单项目，结算时出现工程量的变化如何处理？前面对暂估价材料结算数量已经做了定义，结算数量=组成清单项目的材料含量×（1+合同损耗率），不管带有暂估价材料的清单项目数量如何增减，最终都要确认竣工结算材料数量，会算清单量，会算定额量，也就只是掌握了六七成算量的技能，需好好把暂估价材料竣工结算量算清楚。

　　（4）暂估价材料在增值税体制下认的价包不包括进项税，一般纳税人计价，普通材料是以除税价计价，暂估价材料招标文件给出的单价视为除税价，投标时不用再进行除税处理，认价时同样认除税价，确认价格中不用包含税金；小规模纳税人合同中，暂估价材料认价要按含税价认价。

3.7 专业工程暂估价如何操作

　　专业工程暂估价不应该是材料范畴内研究的内容，但因为名称特别，总有人与暂估价材料相混淆，在此也应该澄清一下。

　　专业工程暂估价定义：专业工程暂估价是招标人在工程量清单中提供的用于支付

必然发生但暂时不能确定的专业工程项目预提金额。专业工程暂估价是根据工程实际和招标文件要求估算。投标报价时应按招标人列出的金额填写，不得更改，其实质是体现会计核算中谨慎性原则而设置的一个暂估项目概念，性质同暂列金额。

按其定义可以客观地说明专业工程暂估价的性质，其实质是必须发生，但招标投标阶段无法确定的工程项目，而不是像暂估价材料那样是单独指材料。下面还是分阶段介绍专业工程暂估价操作程序：

（1）招标投标阶段：

在清单规范中，专业工程暂估价招标投标是计入其他项目清单中，定义里明确了："投标报价时应按招标人列出的金额填写，不得更改。"这与暂列金额操作程序一样。投标时，专业工程暂估价不用再考虑计取包括税金在内的其他费用（营业税体制和增值税体制下操作相同，不用再计取税金），这点是许多人的疑点。专业工程暂估价投标时费用计入其他项目清单，暂估价材料投标时费用计入分部分项工程量清单，二者费用报价清单不同。

（2）项目管理阶段：

专业工程暂估价操作的难点是在此阶段，因为有必须要做的工作：

①深化图纸并得到发包方确认：专业工程之所以要以暂估项目价形式体现，主要原因就是图纸深化困难，有些工程部位不达到完成面，无法确定图纸尺寸、设备选用规格、工艺做法等，最简单的如饮水机系统，如果建筑图连饮水间的平面位置都没确定，饮水机厂家也无法出具完整的深化图纸。

②设备选型要得到多方认证：专业工程分包商推荐的设备，经过业主方认可后，还要与总包方协调，如空调主机尺寸安装后影响了吊顶高度，空调主机的型号可能还要另选。

③专业工程分包与总包的配合：专业工程分包多在装修工程中与装修公司接触，施工时对装修完成面如吊顶、墙面会造成一定的破坏，在装修返工费用上与装修单位可能发生争议。

④专业工程暂估价在项目管理阶段要完成确认手续：因为有"暂估"二字，操作过程与暂估价材料相同，必然要在项目管理阶段（施工阶段）完成确认手续，否则到竣工结算阶段无法认价。与暂估价材料不同的是，专业工程暂估价不仅要确认材料、设备单价，还要确认相关的施工项目，如安装饮水机，除饮水机设备外，还有管道、

保温、出水口、台面等其他相关的配套项目。具体需要确认的内容如下；

a．经发包方确认的深化图纸；

b．经发包方确认的文字性变更、洽商资料，内附工艺做法、施工组织程序、节点图、措施项目等内容；

c．经发包方确认的材料、设备单价、数量、技术参数等资料；

d．经发包方确认的各种费用，如调试费、补偿其他专业费用、其他隐形的措施费用等。

（3）竣工结算阶段：

如果项目管理阶段把专业工程暂估价确认手续办齐，竣工结算阶段应该比较顺利。但有一点要注意，专业工程暂估价事先是有投资估算金额的，虽然不准确，但也不能变化太大，专业分包供应商应该按专业工程暂估价金额制定方案，选取设备，不要向业主方推荐与专业工程暂估价档次不相符的材料、设备，如果是财政投资，一旦费用突破投资概算，甲乙双方很难达成一致结算意见。

（4）专业工程暂估价操作时的注意事项：

①遵守组价原则，如空调、消防工程是专业工程暂估价，实际组价时，如要组同等安装工艺、材料规格、型号的管线，要执行电气工程的综合单价，取费应该参考电气、给水排水等安装工程费用计取。

②一般纳税人计价人、材、机同样按除税价计价。

③竣工结算时按招标文件同等金额冲减合同内的专业工程暂估价金额（如果专业工程暂估价没有计入合同金额不用冲减）。

3.8 何为主材与辅材

材料费占工程总造价的40%～45%，占直接费成本约60%。大家在谈定额计价、成本控制时是否清楚工程材料是如何划分的。下面由此为题深入地探讨一下工程中的材料：

（1）以材料构成划分

①定额材料：构成工程实体的材料，如钉子，虽然小，它钉在了墙板上，连接了墙板与龙骨，构成了墙面的一个组成部分。

②限额材料：不构成工程实体的材料，砂轮锯片，个头不小，可使用时化成了火星没有构成到工程实体中，只能待在限额材料行列中。

③周转材料：可以反复使用，在使用中逐渐摊销的材料。

以上第①、②款是定额计价时候的名词，俗称定限额材料。构成工程实体的定额材料容易分析出来数量，而限额材料却很难控制，施工单位为了简化承包方式，便于成本环节控制，将第②款限额材料逐渐以人工费形式体现（也就是许多限额材料出现在劳务合同当中），电动工具包括电动工具中的耗材（如砂轮锯片费用），一般都由清工劳务班组购买，其费用折算在了人工费单价里，这样施工单位可以节省一笔管理限额材料的费用，也在一定程度上扰乱了人工费单价，使许多人产生为什么实际市场上人工单价300元/d，而定额综合人工单价才100元/工日的疑问。

（2）按材料的价格和用量划分

①主材：价格高，数量大，使用部位重要。

②辅材：价格低，用量少，使用部位隐蔽。

工程用的主、辅材除甲乙双方有约定外，定额使用人想怎么定义就怎么定义，用不着为主材、辅助材料性质而纠结。

（3）根据材料的加工程度划分

①原材料：需要现场加工后才能安装的材料，如水泥、砂子需要搅拌在一起才能使用。

②半成品：不需要现场过度加工就可以安装，如门窗、石材工程板等。

③成品：搬运到位就可以使用的，如活动家具等。

④现在的工程材料多半以半成品形式出现在现场，包括砂浆都是以预拌砂浆、干拌砂浆为主，从原材料到半成品之间的工序，实际是在工厂完成的，如一块石材荒料，经过粗切割、精切割、倒角、磨边、背胶、防护等工序，到施工现场后价值已经翻了几番，有些人拿着造价信息中的材料单价看，明明写着大板单价200元/m²，怎么结算材料单价到了800元/m²，石材的事一两句话说不清楚，以后留着慢慢说吧。

（4）国内工程建设特色的建筑材料

①甲供材料：在降低投资成本的同时，发包方承担了巨大的风险。

②暂估价材料：是工程施工中的润滑剂。

③甲指乙供材料：甲方指定品牌，乙方采购的材料。

④双甲指供材料：在增值税体制下，甲供材的一种变异形式。

在EPC合同模式下，这些名词是不会出现的，国内的合同中几乎能见到这些名词的身影，说明了国内建筑行业的混乱程度迫使或者说是诱使建设方管理了他们并不擅长的程序，搅得本来就经验不够丰富的造价人更是晕头转向搞不清这些名词如何去正确操作。如甲供就是这种现状下被迫产生的材料管理模式。

（5）按材料标准划分

①国标材料：规格、尺寸、技术参数能达到国家规范标准的材料。

②非标材料：规格、尺寸、技术参数不能达到国家规范标准的材料。

之所以会出现这两种材料，罪魁祸首就是低价中标，建设方沉浸在选择了最低价中标人的同时，就开始享受了非标材料所带来的漫长的风险承担过程，一盘电气安装用的铜芯导线，两头用卡尺量线径都能达标，可中间80m却像被拉伸过一样，细了许多，本来挺好听的名字不锈钢，却被分成了201、304等多种型号。

不管怎么说，材料是死的，要做好以下几点：

（1）客观因素尽量克服：如一些工程石材，质地松脆，搬运、安装时损耗增加，在保管上做好防护，使用时轻拿轻放可以减少损耗。

（2）主观上避免人为因素造成材料损失：如避免复错尺、下错料，说白了就是加强管理。

（3）管理上加入科技含量：如12m长的定尺钢筋，下料时按3m、9m下料，实现下料环节0损耗。

（4）分清原因，取足费用：如墙面贴墙砖，损耗率有时高达25%，细分损耗原因有：设计损耗、加工损耗、安装损耗、成品管理损耗四种，有些损耗避免不了，如前两面种，投标时要考虑到取足损耗费用，后两种要加强管理，做好成品保护，减少安装过程中的损耗。

3.9 特殊材料操作组合运用

工程项目中每一种特殊材料单独的特性与操作方法已经介绍完了，在实际工程施工中，这些材料可能会综合出现在工程项目里，遇到多种材料同时出现并组合运用，有时甚至在中途变换性质，在此就要分析各种材料如何发生的变化及变化发生时应对的措施。材料变化要以一种材料为基准材料，其他围绕此材料来变化研讨，我们就把甲供材作为基准材料，因为各种材料最基本的最终归属点就是甲供材。

先说最终归属点：最终归属点就是各种形式的材料管理模式可能引起变化的最终模式。如暂估价材料、甲方认质认价材料等，当承发包双方对需要在项目管理阶段确认材料单价过程中出现价格争议时，可能影响工期的正常施工，发包方不可能无限制延长工期而与承包方谈判材料价格，承包方也不可能停工待料，双方此时就要找个最快捷、最合理的方式化解矛盾，将有价格分歧的材料转成甲供材（因为甲供材不存在材料单价争议），发包方可以控制住投资成本，承包方可以避免供料风险，这就是材料管理模式的最终归属点。

把甲供材定义为材料管理模式的最终归属点与甲供材的性质完全相符，再次回忆一遍甲供材名词解释："承包方委托发包方购买、加工、运输、装卸材料而最终承诺用工程款抵扣材料款的全过程活动。"在暂估价材料、甲方认质认价材料等材料管理模式中，"认价"是一项艰巨的工作，承发包双方对一种材料单价达成一致意见可能要跑多个建材市场，找许多供应商询价、投标，有时好不容易甲、乙双方在价格上达成了协议，却被第三方审计"横插一脚"的案例不在少数。认价过程中任何一个环节出现分歧都无法达成最终协议，如材料损耗率、采保费率，甚至材料应税发票的开具都可能导致意见不统一，这时不管发包方或承包方提出材料甲供建议，实质上都是名词解释中所描述的"承包方委托发包方购买材料"的管理模式转变。

材料管理模式的变化对操作会产生什么难度：需要在项目管理阶段确认单价的材料转变为甲供材应该说是材料操作的简化形式，因为甲供材竣工结算时不需要承发包双方确认材料单价，相比暂估价材料、甲方认质认价材料手续上要简便许多，有些人就会提问：投标时，材料不是按甲供材操作模式进行的，结算时如何变化？这个问题很简单，只要把握住原则，就很容易操作，下面一一介绍：

（1）暂估价材料转甲供材：暂估价材料投标时招标文件会给出单价，投标时与甲供材操作方法差不多，转成甲供材后，项目管理阶段省略了认价程序，添加了领料手续，竣工结算时完全按甲供材操作方式结算就可以。

（2）甲方认质认价材料：这种模式操作起来更简单，项目管理阶段省略了认价程序，添加了领料手续，竣工结算时完全按甲供材操作方式结算就可以。提醒一句，这种操作方式甲方的风险和责任是非常大的。

（3）甲指乙供材料：前面说过，"凡是在合同签订之前确认的材料单价，风险由承包方承担"。风险由承包方承担的材料不应该转变为甲供材，在实际操作中会出现发包方直接给供应商付款的情况，但这种操作不能叫甲供材，应该叫甲方代理付款，这种情况出现的原因是承包方与供应商出现信用危机，供应商被迫将债权追溯到承包方的甲方（也就是发包方），要求其代理履行还债责任，发包方将应该支付给承包方的工程款直接支付给供应商的行为，与甲供材的性质对应不上，因此不能叫甲供材，只能称甲方代理付款，这种性质的支付方式，在增值税体制下将来可能会成为主流。

（4）未计价材料：未计价材料操作与甲指乙供材料的操作差不多，关键还是风险承担的责任者划分，一些投标方为低价中标，故意将主材单价压得很低，从而吸引发包方的眼球，一旦中标，所供材料不能满足发包方或设计方的效果要求，于是就极力怂恿发包方将材料甲供，将本应该自身负责的风险，推脱给别人，这时发包方如果将材料甲供，实际就是上当或者说是故意上当。

甲供材在充当材料进料管理最终归属点的过程中又揭示出这么多隐藏的知识，到底还有多少奥秘有待探讨。

（1）甲供材领用数量里的奥秘，有三种情况：

1）甲供材实际领用略大于或等于"竣工结算材料数量"（这个名词在暂估价材料里出现并作了详细解释，甲供材数量对比同样要用到这个名词），这种情况体现出承发包方的最佳材料管理，有个案例说，承包方领用钢筋比发包方清单工程量多5t，发包方老板大发雷霆，说承包方偷卖了钢筋。钢筋不像洁具、灯具这种以"个""套"为单位的成品材料可以严格控制数量，钢筋属于原材料，不是领多少就一定可以安装多少，中间有个加工环节，加工中难免出现材料加工损耗，如果一个工程，图纸工程量用1000t钢筋，实际领用1005t，说明承包方成本管理非常到位，值得奖励，而不是大发雷霆。

2）甲供材实际领用远大于"竣工结算材料数量"：出现这种情况说明承包方材料管理或造价管理出现了失误，要严肃查找原因。如洁具、灯具这种以"个""套"为单位的成品材料，定额损耗率非常低，一般只有1%~2%，如果安装10个坐便器损坏了一个，损耗率就是10%，远远大于定额损耗率，如果材料甲供，一栋楼损坏一个坐便器，这个项目中安装坐便器的工程量清单项目中的安装利润基本要拿出来补偿材料损耗了，许多人问成品保护费应该如何计取，从这个例子可以看出，成品保护费应该具有成品保险费的作用，造价人员总说自己会算量、组价，其实这种技能算得了什么，真正的高手在一丝轻风略过耳边时能预感到沙尘暴的来临，说材料又拐到了措施费，说明造价行业的相通性和变化性是无法用公式简单画等号。

3）甲供材实际领用小于"竣工结算材料数量"：出现这个问题比出现上一个问题情况还严重，至少说明三个可能存在的问题：

①承发包双方材料领用账目不清：需要双方仔细核对账。

②发包方图纸工程量计算错误：需要双方仔细对量，最有可能是措施方案用料没有统计在内。

③承包方为省工而少用材料：如果以上①、②项情况不存在，承包方跳进黄河也洗不清了。

甲供材阶段统计的问题：有些工程由于工期长，材料单价各期波动不一，甲供材最终单价如何确定许多人搞不清楚，其实这个问题非常容易，首先还是承发包双方核对领用材料账目，材料量准确了，购买材料的总金额从财务账上可以轻松获得，最后用采购材料的总金额除以材料总量得出平均单价，这与按阶段去加权平均，得数一样，方法要简单得多。

（2）甲供材不计入工程总造价如何操作：甲供材不计入工程总造价就把甲供材单价调整为0，或者是单独统计出甲供材金额再从材料费中扣减此部分，计价软件程序也是这么设计的，在此不是研究如何在软件中操作不计价甲供材，而是要研讨不计价甲供材要注意的事项。分为两种情况：

1）甲供材不计损耗，用多少领多少，这种情况多出现在清包工工程中，清包工合同中材料损耗风险一般不会加于劳务方，应该是发包方承担。

2）甲供材计损耗率：这种情况多出现在房地产商工程项目中，这是甲供材最高境界的体现，也是承包方最难控制的风险。操作模式许多人不会，下面分阶段介绍一下：

①投标时，甲供材本身金额不计入投标报价，但甲供材损耗率×甲供材单价×清单甲供材数量要计入投标总价，如果甲供材损耗率考虑过高，影响中标竞争力；如果考虑过少，会造成甲供材领用量超过清单工程量，直接出现材料亏损。

②签订合同时：投标时计入投标总价的（甲供材损耗率×甲供材单价×清单甲供材数量）这部分金额，签订合同时不计入合同总价，介绍这个知识点的原因，是回答

许多人不清楚"中标通知书的金额与合同金额是否必须一致"？答案：中标通知书的金额与合同金额不需要一致。

③竣工结算时：竣工结算时，同样双方要先核对材料领用数量，如果材料领用数量小于或等于结算清单数量×（1+投标损耗率），不扣承包方超领材料款；如果材料领用数量大于结算清单数量×（1+投标损耗率），超过部分要扣减超领材料款。需要解释的结算清单数量×（1+投标损耗率）相当于前面所说的"竣工结算材料数量"。

甲供材的形式变化多种多样，选用哪种是发包方说了算，不管选用哪种管理模式，对甲乙方管理水平都是一种考验，管理机构用好算好甲供材料不是简单的事情，下面用一道实战案例加深对材料管理的认识和理解。

甲方合同里注明了A工程项目混凝土甲供，甲供材合同单价C20混凝土为390元/m³，C30混凝土为420元/m³，甲供材竣工结算后按图纸量乘以（1+定额损耗系数）退甲供材款（损耗系数2%，材料保管费1%），实际施工中乙方往B工程项目挪用了xm³混凝土，结算后图纸混凝土工程量C20是5000m³，C30是10000m³，但甲方发现实际数量与图纸工程量不符，C20实际领用量5500m³，C30实际领用量11000m³，要求乙方解释原因。乙方早就有备而来，拿出了塔吊方案图，地面平整图，3个塔吊基础共用C30混凝土100m³，地面硬化平整共用C20混凝土50m³，方案进场后就上报了，甲方不签字并不等于可以不认账，现在就要有个说法，甲方无奈也只能在事实面前低头。但扣除这些措施费用还是对不上账，乙方又说：现在的混凝土罐车大都不足量，每车亏点就是积少成多了，甲供材，甲方也有责任，供应损耗就平分吧。甲方只好又吃了一个哑巴亏。假设乙方实际混凝土损耗率为1.5%，混凝土罐车没有亏方，乙方挪用的混凝土数量是多少？假设措施费用是乙方应得利益，乙方应该退还甲方多少甲供材料款？乙方不计利润税金，在混凝土一个项目工程直接费上获利多少？其中结算成绩占多少比例？

最后对材料价格作个名词解释：

材料预算价格：材料预算价格是指材料从其来源地到达施工工地仓库后出库的综合平均价格。其价格组成：

①材料原价（或供应价格）；

②包装费；

③运杂费；

④运输损耗费；

⑤采购及保管费；

⑥检验试验费。

材料二次搬运费属于建筑安装工程费用中的其他直接费。材料预算价格一般由材料原价、供销部门手续费、包装费、运杂费、采购及保管费组成。

材料预算价格的一般计算公式：

材料预算价格=（材料原价+供销部门手续费+包装费+运杂费+运输损耗费）×（1+采保费率）

①材料原价是指材料的出厂价格、进口材料抵岸价或销售部门的批发价和市场采购价。

②包装费是为了便于材料运输和保护材料而进行包装所需的一切费用。包装费包括包装品的价值和包装费用。凡由生产厂家负责包装的产品，其包装费已计入材料原价内，不再另行计算，但应扣回包装品的回收价值。包装器材如有回收价值，应考虑回收价值。地区有规定者，按地区规定计算；地区无规定者，可根据实际情况确定。实际包装物材料回收价值约等于0，相反为处理包装物材料耗费的垃圾清运费已经远远大于包装物回收价值，所以扣除包装物材料回收价值金额忽略避免又制造不必要的结算争议。

③材料运杂费是指材料由其来源地（交货地点）起（包括经中间仓库转运）运至施工地仓库或堆放场地上，全部运输过程中所支出的一切费用，包括车船等的运输费、调车费、出入仓库费、装卸费等。

④材料运输损耗是指材料在运输和装卸搬运过程中不可避免的损耗。一般通过损耗率来规定损耗标准。

材料运输损耗=（材料原价+材料运杂费）×运输损耗率。因为材料运杂费同样要为材料运输损耗花费一定费用。

⑤材料采购及保管费是指为组织采购、供应和保管材料过程中所需的各项费用。包括采购费、仓储费、工地保管费、仓储损耗。

材料采购及保管费=（材料原价+运杂费+运输损耗费）×采购及保管费率

上述费用的计算可以综合成一个计算式：

材料预算价格=［（材料原价+运杂费）×（1+运输损耗费）］×（1+采购及保管

费率）。实际现在建筑材料因为材料半成品、成品种类不断增加，加工及加工损耗也应该计入材料费单价之中，此外还有一些需要耗费措施费的材料，如泵送混凝土，如果之前能确定混凝土一定为泵送，混凝土泵送费可以直接计入材料单价，相当于材料运输费，只不过平时所说的材料运输费是材料水平运输费用，混凝土泵送费是垂直运输费用，这么一解释逻辑关系立刻明了，不管材料水平还是垂直运输费用，应该统称材料运输费，材料运输费用应该计入材料单价之中。

⑥检验试验费是指对建筑材料、构件和建筑安装物进行一般鉴定、检查所发生的费用，包括自设试验室进行试验所耗用的材料和化学药品等费用。不包括新结构、新材料的试验费和建设单位对具有出厂合格证明的材料进行的检验，对构件做破坏性实验及其他特殊要求检验试验的费用：

检验试验费=∑（单位材料量检验试验费×材料消耗量）

当发生检验试验费时，材料费中还应加上此项费用，属于建筑安装工程费用中的其他直接费。

以上预算价格解释可定义为材料预算价格的通用版本。随着施工工艺日新月异，建筑材料成品化是一个趋势，许多材料本来在施工现场完成的工序现已经移至厂房完成，材料价格里，应该加进专用费用，如石材加工费是一笔不小的开支。加工费和加工损耗应该也加在材料费中，还有装卸费，原来装卸费用很少，现在占的比例越来越高，这项费用也要重点考虑。

检验试验费不包括新结构、新材料的试验费和建设单位对具有出厂合格证明的材料进行的检验，对构件做破坏性实验及其他特殊要求检验试验的费用。这里的"具有出厂合格证明的材料"，是指供应商已经做完材料试验并拥有材料合格证，如果进现场后再做材料复试需要单独计取费用。

与材料预算价格关联的名词包括：

（1）供应价：材料供应价=材料预算价×0.99（因为材料供应价不包括材料保管费（但包括材料采购费），而材料预算价包括材料采购保管费。材料的采购保管费虽然是一个综合名词，实际是两个阶段的概念：一是采购阶段耗用的费用，如材料采购人员的工资、汽油费、过路费等；二是保管阶段耗用的费用，如库管人员的工资、库房内货架搭设费用等。在市场经济中，供应价逐渐被预算价所取代，材料的价格更加接近市场。

（2）信息价：材料信息价本应该反映商品在市场中的真实价值，但现实中可能与实际距离很大，特别是营改增后，含税价不含价搞得大家一头雾水，信息材料价和定额当期材料价之间理论上是一致的，都包括采购保管费，将来定额逐渐转化为消耗量定额模式，人们在套用定额时，更依赖于信息价来填充定额内的人、材、机单价。

（3）材料计划价：这是财务上用的材料核算的名词。目的之一是为了在材料账务处理上方便操作而使用的一种方法。怎么操作是财务人员的范畴，用什么价格作为材料计划价是本节的内容。材料预算价因为其相对稳定、客观，作为材料计划价最合适不过。

最后，说一下主材与辅助材料的概念。主材与辅助材料是个相对的概念，对总包方来说，钢筋、混凝土是主材，对清包方来说，钉子、绑丝就是主材，站在不同的角度，会定义出不同的主材与辅助材料。如果下一个通用定义：

①量大、价高的是主材（这两个前提符合其一就可以），如艺术吊灯整个项目数量为1，但价格几十万元，显然这也要算主材。

②主材的特征就是能吸引人们眼球的建筑材料，就可以定义为主材。

4

"生死"工程措施费

4.1 深化工程措施费

工程措施费是解释大家天天见，又视而不见的现象。工程措施费大家反映难，是因为措施费项目在工程施工图中看不见，在工程实体中摸不着。前面章节的内容旨在把看不见的费用让大家看清楚，摸不着的费用以实物量形式摆在大家面前。

工程措施费，是指为完成实体工程项目施工，发生于该工程施工前和施工过程中非工程实体项目的费用，由施工技术措施费和施工组织措施费组成。

这是工程措施费的定义，非常准确地对工程措施费作了概括。下面对其概念进行分解注释：

①工程措施费是为完成实体工程项目而发生的费用；

②发生的时间，实体工程项目实施过程的事前或事中；

③性质：非工程实体项目的费用；

④种类：施工技术措施费和施工组织措施费组成。

下面是对工程措施费四条注释的深化，帮助大家真正理解工程措施费，先看工程措施费的分类：

1．施工技术措施费内容

（1）大型机械设备进出场及安拆费：是指机械整体或分体自停放场地运至施工现场或由一个施工地点运至另一个施工地点，所发生的机械进出场运输及转移费用及机械在施工现场进行安装、拆卸所需的人工费、材料费、机械费、试运转费和安装所需的辅助设施的费用。

（2）混凝土、钢筋混凝土模板及支拆费：是指混凝土施工过程中需要的各种钢模板、木模板、支架等的支、拆、运输费用及模板、支架的摊销（或租赁）费用。

（3）脚手架搭设费：是指施工需要的各种脚手架搭、拆、运输费用及脚手架的摊销（或租赁）费用。

（4）施工排水、降水费：是指为确保工程在正常条件下施工，采取各种排水、降水措施所发生的各种费用。

（5）其他施工技术措施费：是指根据各专业、地区工程特点补充的技术措施费项目，如专项支撑加固费、专项升降机使用费、混凝土泵车输送费等。

2. 施工组织措施费内容

（1）环境保护费：指施工现场为达到环保部门要求所需要的各项费用。

环境保护费=直接工程费×环境保护费费率

环境保护费费率=本项费用年度平均支出÷（全年建安产值×直接工程费占总造价比例）

（2）文明施工费：指施工现场文明施工所需要的各项费用。

文明施工费=直接工程费×文明施工费费率

文明施工费费率=本项费用年度平均支出÷（全年建安产值×直接工程费占总造价比例）

（3）安全施工费：指施工现场安全施工所需要的各项费用。

安全施工费=直接工程费×安全施工费费率

安全施工费费率=本项费用年度平均支出÷（全年建安产值×直接工程费占总造价比例）

（4）临时设施费：指施工企业为进行建筑工程施工所必须搭设的生活和生产用的临时建筑物、构筑物和其他临时设施费用等。

1）临时设施包括：临时宿舍、文化福利及公用事业房屋与构筑物，仓库、办公室、加工厂以及规定范围内道路、水、电、管线等临时设施和小型临时设施。

2）临时设施费用包括：临时设施的搭设、维修、拆除费或摊销费。

临时设施费=（周转使用临建费+一次性使用临建费）×（1+其他临时设施所占比例）

其中：

①周转使用临建费=∑［｛（临时面积×每平方米造价）÷（使用年限×365×利用率）｝×工期（天）］+一次性拆除费

②一次性使用临建费=∑临建面积×每平方米造价×（1–残值率）+一次性拆除费

以上（1）~（4）项的组织措施费用，就是我们投标时不能打折让利的"现场安全文明施工费"的4个组成部分的具体内容，现场安全文明施工费又是组织措施费的组成部分之一（现在又增加了一项不可竞争费用：垃圾消纳维护费，这里注意是维护费，不是垃圾清运费和消纳费，此项费用不属于安全文明施工费范畴）。

（5）夜间施工费：原意是指为确保工期和工程质量，需要在夜间连续施工或在白天施工需增加照明设施（如在炉窑、烟囱、地下室等处施工）及发放夜餐补助等发生的费用。这个解释更像暗室增加费，笔者认为夜间施工费是指因夜间施工所发生的夜班降效补助费、夜间施工降效、夜间施工照明设备摊销及照明用电等费用。

（6）缩短工期增加费：也叫赶工费，是指因缩短工期要求发生的施工增加费，包括夜间施工增加费、周转材料加大投入量所增加的费用等。

（7）材料二次搬运费：原意是指因施工场地狭小等特殊情况而发生的二次搬运费用，或叫二次倒运费。笔者认为材料二次搬运费存在于任何工程实物量工序中，只是这笔费用是否能被工程量清单综合单价所包括，如果不能包括，就要单独计取。

（8）已完工程及设备保护费：指竣工验收前，对已完工程及设备进行保护所需费用。

（9）冬、雨期施工增加费：指在冬、雨期施工期间，为了确保工程质量，采取保温、防雨措施所增加的材料费、人工费和设施费用，以及因工效和机械作业效率降低所增加的费用。一般多按定额费率常年计取，包干使用。

（10）仪器仪表使用费：指通信、电子等设备安装工程所需安装、测试仪器、仪表的摊销及维持费用。

（11）生产工具用具使用费：指施工、生产所需的不属于固定资产的生产工具和检验、试验用具等的摊销费和维修费，以及支付给工人自备工具的补贴费。

（12）检验试验费：指对建筑材料、构件和建筑物进行一般鉴定、检查所花的费用。包括自设试验室进行试验所耗用的材料和化学药品等费用。

（13）特殊工程培训费：指在承担某些特殊工程、新型建筑施工任务时，根据技术规范要求对某些特殊工种的培训费。

财务成本核算里有个费用概念叫其他直接费：其他直接费是指除了直接费之外的，在施工过程中直接发生的其他费用。上面列举的第（1）～（13）项措施费用中的（1）～（4）项统称安全文明施工费，属于其他直接费，此外，第（10）～（13）项也可以计入其他直接费之列。

有人会提出疑义，这些措施费用的概念在考建造师时已经熟悉。笔者这要重点说明一下，此处所讲内容与考试内容有所差别。讲之前先提出以下问题：

（1）挖土方包含了几条措施费？

（2）墙面抹灰包含了几条措施费？

（3）安装配电箱有几条措施费？

（4）组织措施费官方没有给相关的费率和取费基数，应该如何计取？

土建、装修、安装三个专业各出一道题，当然其他专业也有，只是不再举例说明。

【第一题】挖土方包含了几条措施费？

解：清单挖土方按基础的面积×深度来计算清单量是理论土方量，但土方不会按人的意愿去自己塑造形态，基础深度达到一定程度，四壁的承载力不能满足土方自重时，土方就会自然塌陷，这就出现了第（1）项措施费用——安全措施费用。解决土方自然塌陷的安全措施有多种，放坡是其中的首选，也是最简便、最经济的方法，其原理就是人为地把将来要塌陷的土方提前挖掘清运，这部分挖、运放坡量同样需要费用，土方放坡实际就是安全措施费中的量。

第（2）项措施费用预留工作面施工措施费（技术措施费），清单量是理论土方量，人要对基础外壁进行操作，总要有个站脚的地方，300mm宽的工作面人在其中绑筋、支模板确实空间狭窄点，如果基础的周长是400m，深度是5m，采取预留工作面的措施土方量就是400m×5m×0.3m=600m³，组价时不看图纸怎么知道基础的周长、深度和放坡系数，最终报价土方费用亏损30%不是组价人不知道挖方单价成本，而是组价人忽视了措施费用产生的量。

【第二题】墙面抹灰包含了几条措施费？

解：回答这个问题非常简单，随便找一个墙面抹灰的施工组织设计方案来看一下墙面抹灰的工序，进行一步一步分析。

墙面清理→浇水润湿墙面→吊垂直→套方、抹灰饼、充筋→弹灰层控制线→基层处理→抹底层砂浆→抹罩面灰→养护。

1）墙面清理：技术措施费，理由是墙面清理没有构成工程实体，目的是为了使水泥砂浆与结构墙接触紧密，保证施工质量。

2）浇水润湿墙面：工程实物量，因为水是工程实物量材料费，又用于工程实物范围，所以不能定义为措施费。

3）吊垂直、套方：技术措施费，理由同第1）款，但又是抹灰工序必须完成的环节，目的是保证质量。

4）抹灰饼、充筋：工程实物量，理由同第2）款构成工程实体，但又是抹灰工序必须完成的环节，目的是保证质量。

5）弹灰层控制线：技术措施费，理由同第1）款，但又是抹灰工序必须完成的环节，目的是保证质量。

6）基层处理：工程实物量。

7）抹底层砂浆：工程实物量。

8）抹罩面灰：工程实物量。

9）养护：技术措施费，理由同第1）款，但又是抹灰工序必须完成的环节，目的是保证质量。

墙面抹灰9个基本环节，措施费占了4个环节，真正的工程实物量环节只占了5个，措施费4个环节中还不包括前期的共性措施费，如材料二次搬运等，工程措施费项目如果细细统计，比工程量清单项目还要多，这就是为什么措施费这么难组价的原因之一。

【第三题】安装配电箱有几条措施费？

解：分析思路同墙面抹灰：

配电箱安装要求→弹线定位→明（暗）装配电箱→绝缘摇测。

1）弹线定位：技术措施费，理由是没有构成工程实体，目的是为了保证配电箱安装尺寸正确，保证施工质量。

2）明（暗）装配电箱：工程实物量。

3）绝缘摇测：技术措施费，理由是没有构成工程实体，目的是为了保证配电箱安装工艺正确，保证施工质量。

许多地区可竞争措施费官方没有给出相关的取费文件，大多数人就找不到方向，确定组织措施费要考虑以下几点：

1）要名副其实：绝对不能无中生有。

2）确定取费基数：根据费用特点如"夜间施工费"主要是人工降效费用，取费基数要以人工费为基数。

3）确定费率：组织措施费率官方没有指导费率，很大程度是因为组织措施费率没有固定的费率，投标方要根据项目特点自行考虑，如二次搬运费要根据项目环境因素考虑材料水平和垂直运距。

4）自行决断：大面积清理套人工除草还是清草皮？清理场地99%的可能是除草而不是清草皮，套人工除草更接近实际情况。

通过措施环节分析，可以得出结论：

（1）目的性：工程措施费不管什么形式（安全措施费、施工措施费、质量保证措施费等）都要有其目的性，对应的就是名词解释的第一条，为工程项目实体而发生的费用，反之，也可以得出结论，没有目的性的措施费就是浪费。

（2）分类性：措施费书本上大都分两大类，笔者在此将其细化分类：

1）安全措施费：如前面所说的挖土方放坡，脚手架挂安全网，封堵洞口，临时配电箱接地等。

2）文明措施费：修建卫生间，施工现场的环境卫生清理发生的费用等。

3）环境保护措施费：如治理施工现场扬尘，减轻城市雾霾等措施费用。

4）施工措施费：冬、雨期施工费、材料二次搬运费、预留施工洞、机械进场费等。

5）临时措施费：搭设仓库、宿舍搭建、水电临时设施接驳等。

6）质量保证措施费：材料复试检验、测量放线、清理基层等。

7）行政措施费：清理现场迎接检查、横幅、标识制作等。

8）降效费：如建筑超高费、夜间施工费、交叉作业（多工程作业影响费）等。

9）规范措施费：如水质检测、防火等级检测、其他的规范性检测费用等。

10）特殊措施费：降噪防扰民的措施费、赶工措施费等。

以上对能想到的工程措施费用进行了深化分类，不能涵盖所有类别，大家可以再次深化。对工程措施费深化分类的目的不是为了考试，而是让大家在考虑工程成本时，在编制招标控制价时，能多想到些没有想到的费用，以避免成本超支，招标控制价虚假这类情况发生。

（3）隐形性：工程措施费施工图上看不见，工程实体中摸不着，想不到就无法结算费用。

（4）时效性：工程措施费不同于工程实体的实物量，招标工程量清单中清单量算少了，可以办变更、洽商追加工程实物量。工程措施费投标时不取，竣工结算时很难追加费用，而且因为它看不见，摸不着，建设方想给钱也不容易找到合适的理由和确凿的证据。

4.2 招标投标阶段的措施方案制定

工程措施费是工程项目招标投标时的焦点内容，投标报价特别是大型土建项目的投标报价，拼比的就是各方措施费高低，措施方案的优劣，对措施成本的掌控程度等因素，对投标方来说，工程措施费用决定项目订单。对招标方而言，措施项目决定工程的"生死"，如果招标投标期间措施费项目出现差错，将来工程施工期间会面临种种困难，竣工结算阶段会产生重重风险，因此，对工程措施费用，哪一方也不敢掉以轻心。

工程措施费不同于工程实体，主要有以下方面：

（1）性质不同：因为工程措施费不构成工程实体，工程措施费发生不发生只是过程中的问题，并不会留在结果中。招标投标阶段招标方要对工程实体的工程量清单数量负责，但招标方不用对措施费清单项目负责；投标方不能对招标文件分部分项工程量清单中的工程量进行修改和项目增、减，但可以对措施费项目进行添加和补充，也可以对招标方给定的工程措施费项目清单作出报价或不报价的选择。工程措施费在特定的工程项目中有可能发生费用，有可能不发生，而工程实体是一定要发生费用。

（2）过程不同：工程实体有严格的规范要求，每一道工序都是后一道工序的准备阶段，基本不能反工序施工；而工程措施费清单项目实施过程中，各施工方所用的程序五花八门。措施费方案就是在安全、质量、文明施工、工期、成本、内部管理水平、作业人员素质等要素中寻求平衡的方法。

（3）认知不同：工程实物量看得见，摸得着。可工程措施费不同，花了上百万元搭的脚手架，一旦拆除，一片空地，除了几张照片，什么证据也没有。工程措施费用要及时结算费用，这个程序一定要按时间进行，工程措施费取证过程没有反工序。

（4）处理方法不同：工程实物量竣工结算时可以增加，也可以减少，但措施费发生不发生都不能扣减，原理同前面的例题。不花钱要获得知识，就要多花时间，想省力就要花钱购买时间；工程施工也是一个道理，挖土方不能用放坡方案，就要考虑坑壁支护。总之，目的是要消除安全风险。措施费项目只是为了计取金额的方法，结算时不管实际措施费项目与当初投标时相差多少，措施金额不能调整，用清单计价的一条原则解释：没有显示的金额视同包含在其他项目中。如挖土方，清单工程量如果按定额计算规则计算，实际施工放坡和工作面也不可能严格按照清单工程量完成，因为施工方与咨询方考虑问题绝对不会重合，实际土方量与清单工程量也不可能相同。因此，为施工放坡和工作面土方量应该算作措施费用提供了依据。将清单工程量计算规则与定额工程量计算规则画等号并不科学。

分清了实体工程的措施项目后，首先各方就要做自己应该做的事情：

①招标方：要尽可能将自己掌握的可能发生的措施费用信息告之咨询方和投标方，告知咨询方目的是为了让咨询方将招标控制价做得更准确和客观；告知投标方是为了将来少发生争议影响工程施工进度和竣工结算。如地勘报告，这个报告只有建设方有，里面有工程地下各种情况勘测说明，如果不交给咨询方和投标方，施工中挖出地表水，承包方是要办理洽商手续补偿降水费用，招标时明确了地勘报告，投标时，施工方考虑不考虑降水费用是投标方的经营策略问题。同理，咨询方得到了地勘报告，在做招标控制价时，这部分降水费用就会列入总价内，避免了总造价低于成本而产生虚假的投资概算。

②咨询方：工程措施费项目金额占工程总价之比越来越大，甚至某些项目工程措施费比分部分项清单项目金额还多，咨询方不在施工现场身临其境，到底施工工序产生了哪些措施项目不得而知，在招标文件编制上，把自己能想到的措施方案都一一列到措施费项目清单中，虽然不一定都一一列全，列了项实际不发生比没列项而实际发生在结算时要容易处理。FIDIC合同条件概述里措施费项目可能多达上百项，但投标人不一定要一一报价，认为不发生或包含在其他清单项目中的措施费用报价时可以填0元。国内"2013清单规范"要求制定招标控制价，这个招标控制价的难点就是措施项目计价。土建工程的钢筋、混凝土项目价格基本透明，措施费项目占总造价比例越来越大（土建结构工程项目工程措施费比例甚至达到工程总造价25%），咨询方在编

制招标控制价时，唯一要做的就是把想到的都列全，没想到的乘系数，认为自己水平低，那就多乘点系数，措施费事前怎么解释都不为过，比事后算完账付不起钱要强得多。有人说，自己计算招标控制价1500万元，建设方一定要做到2000万元。建设方这样做是对自己的投资负责，如果招标控制价做到了2000万元，建设方让调整为1500万元，那是建设方为自己搭建烂尾楼。因为工程项目工期很长，之间不可预见的风险很多，而且事先不知道来自何方，招标控制价可以多方考虑措施费用，为将来应对未考虑到的费用留点风险金。

③投标方：投标阶段措施费对投标人可以说是"爱恨交加"，想多提点工程措施费，又怕影响投标竞争力；投标时想舍弃部分措施项目，待结算时再补充，又怕合同条款限制太死不容易操作，取舍真是两难的境地，于是问题中常常出现：土方招标文件给的是清单量，没考虑放坡，结算时可不可以找回放坡和工作面的土方费用？这样的问题算理智型问题，至少问题的来龙去脉都解释清楚了，就指望高人出个良方帮找加费用，清单量算错了可以补充，清单量没有算错怎么去追回费用，投标时没考虑放坡量、预留工作面的量，结算时只能视为让利了。还有人问，高压护线架办完签证，审计为什么不给钱？工地现场门前的排水沟能不能算地基处理？这种关于措施费用类型的问题层出不穷，出现这种情况实际就是一点，不知道措施费有时限性，错过了末班车只能自己想办法处理了。

投标阶段，一个重要程序就是勘察现场，即使是新建工程，也要去现场察看，至少能知道工地门前有无排水沟，围挡内有无高压线。投标方在招标投标期间，处理工程措施费是非常灵活的，不用问这项费用能不能取，那项费用取多少，只要不是安全文明施工费，所有措施费项目都可以打折、让利和计价，措施费用怎么计取能做到合理，要考虑以下内容：

（1）措施费按发生或可能发生的项目列项：要避免无中生有的措施费用在投标文件中出现，虽然讲座中说到任何措施费在结算时不作调整，但难免有一些人从中节外生枝。北京定额可竞争组织措施费一律没有规定取费基数和费率，一些人就不会操作无取费基数、无费率的组织措施费了，总在问：材料二次搬运费应该以什么为基数取多少费率？二次搬运费取什么费率，完全应该参照工程实体项目，如果墙地面以块料、石材为主，二次搬运费不管定额文件解释如何，都要大量的计取材料二次搬运费，因为块料、石材项目用地区定额组价人工费赔钱，为了弥补人工费损失，就要在措施费中补偿，如果成本测算出来每平方米块料安装费用套定额人工费赔8元/m²，二次搬运费把这8元/m²的损失补偿回来。材料二次搬运费取什么基数？材料二次搬运费用主要产生在人工消耗量上，当然要以人工费汇总为基数。

（2）措施费不取视为让利或包含在其他清单项目中：作为投标方的造价人员，不要心存侥幸，对措施费用计取一定要谨慎取舍，事后无法追加的费用一定不能舍弃，投标时为增加竞争力舍弃了措施费项目，中标后现场管理人员对此会怨声载道，如：垃圾清运没取费，现在一线大城市垃圾消纳费100元/m³，而且单价还在迅速上涨，一车建筑垃圾900~1200元，一个小项目100车建筑垃圾，9万元损失要刷20000m²乳胶漆才能将亏损的成本拉平。现场任何措施项目计费丢项，现场工程管理人员都会把现场管理责任也推卸到投标报价决策上，老板也会过来会责成造价人员去找回这些投标时的丢项，漏项费用。

（3）多听取项目经理意见：投标时虚心听取项目经理意见，可以减缓第（2）条引起的麻烦。项目经理说了：作业面没电梯，垂直运输费就要多考虑一些；说现场外窗还没有安装，造价人员要第一时间反应过来，封堵外窗是安全措施费用，至于计取多少钱合理，可以与项目经理深入探讨。说投标前一定要踏勘现场，目的就是多收集项目信息，避免措施项目组价时丢项漏项；

（4）投标报价一定要看施工组织设计方案：看施组与以上第（3）条性质相同，主要是了解项目经理对施工现场的措施费方案处理方法，参考施工组织设计方案，也是对第（1）条的补充，避免报价中出现无中生有的措施费用。施组里会对重要的施工部位进行方案描述，如地下室外墙模板采用防水对拉螺栓方案；蓄水池施工时不留施工缝，这些文字描述看似简单，实际对费用影响很大。防水对拉螺栓材料本身与普通对拉螺栓就不一样，不留施工缝打乱正常的施工组织工序，边浇筑混凝土，边绑筋，边支模板，之间的工序时间要求控制在混凝土初凝之前完成。所消耗的人、材、机数量与正常施工组织工序会增加许多，如果做造价的缺乏经验，想不到工程施工过程中要发生的措施项目，一定要多看几遍施工组织设计方案，多问项目经理要些措施项目，这也是对项目经理的尊重，如果不是项目经理亲自编制施工组织设计方案，与他沟通可以让他尽快进入角色，清标时可以沉着应对招标方的各种质疑。

（5）能计入分部分项工程量清单的措施费用，最好计入分部分项工程量清单：有些人又会问："这样可行吗，有依据吗？"这里把最清楚的依据展示给大家，笔者们常说的分部分项工程量清单全称叫做"分部分项工程和措施费单价清单"。虽然读起来有点绕口，但实际就是这个意思。分部分项工程量清单里可以包含措施项目，如吊顶脚手架，装修清单按空间编制分部，如果结构顶高度达到定额规定可以计取脚手架的高度，吊顶脚手架直接在天棚吊顶清单项中计取最为科学。是不是所有的措施项目清单都可以计入分部分项工程量清单中呢？理论上可以，但实际不要这样操作，那些无法与清单项目实物量对应的措施费项目不要计入，如成品保护费、夜间施工费等这类组织措施费用计取后不能明确成品保护费保护地板多少费用，保护墙面、顶面、门窗、家具又发生多少费用，谁也说不清楚，这类措施项目还是要单独计取措施费。

（6）宁可让利，不要让费：这句话的意思很明确，现在工程投标是低价中标，在投标过程中，让利是中标最重要的竞争手段之一，让利可让的内容很多，措施费不要列为首选，措施费让利应该在利润打折之后考虑操作。

（7）措施项目价格不一定准，但项目要求全：如果一个3000m²的装修改造项目，之前要进行拆除，谁能准确估计出垃圾清运的车次，估不准是一回事，但改造项目有拆除而想不到有垃圾清运是不应该犯的错误，此工程垃圾清运费用要计入分步分项工程量清单项目中，也可以单独列项，不要丢项后找甲方办变更、洽商，这种组织措施项目办了洽商也没有用，审计不会批准这一项目费用成立，不管合同中有没有此项费用存在，竣工结算中要到钱的可能性几乎为零。

（8）不要被定额困扰：措施费组价与实物量组价不一样，工程实物量定额有重项之说，措施费项目没有这一说法，不够可以再立项计取。清单项目中已经计取了现场安全文明施工费，组价时总感到现场安全文明施工费满足不了围挡搭设、场地硬化、临设搭建等费用的需要，既然投标阶段想到了成本不够，就可以再继续提取如围挡专项广告宣传喷绘费用等专项措施费，不用为现场安全文明施工费是不可竞争费所阻碍，如果怕将来审计找麻烦，你可以为措施项目再起一个现场安全文明施工费内容所不包含的费用名字，如围挡上做宣传喷绘费用，这项属于广告性质了，不属于现场安全文明施工费范畴，可以单独列项计取。

（9）分部分项清单项目中，以"项"为单位，数量为1的清单项目（也称总价措施费），操作时同措施项目：如电气安装中的接地工程，清单项目单位以"项"表示，这种清单项目将来量、价都不可调整，可以整项取消，但单价不能调整，操作时按措施项目操作。

4.3 清标措施费

上一节我们纸上谈兵地把招标投标阶段招标方、投标方、咨询方对工程措施的心理态度、操作方法进行了简述，本节就到了"真刀真枪"碰撞阶段了，合同签订前的清标工作，在包括技术标、经济标，工程措施费是技术标范畴内容，又关系到经济标的费用构成，清标阶段一定要把工程措施费清理干净，不能带着措施费问题进入到施工阶段，太多的措施费问题一旦带进施工阶段，会给施工进度带来很多阻碍，也会给竣工结算造成许多麻烦。

（1）招标方如何清理措施费？

措施费给人以很神秘的感觉，新手一般认为自己没有能力清理措施费问题，其实很简单，投标方报的投标文件，技术标是其中一个组成部分，看技术标如果有困难，可以先不管措施方案的可行性，主要看措施项目有哪些。如一个项目是30层楼，垂直运输方案是几部吊车，几部电梯，再对照经济标看报价能否满足设备的租赁费用和大型设备进出场费用及相关设备基础构造的需要，有些中标方问："垂直运输费投标时计取了，但大型设备进出场费用没有，竣工结算时能否追加？"答案是可以的。如果官方文件规定大型设备进出场费计入到设备台班费内，在与设备租赁方谈判中就要将大型设备进出场费摊销进设备台班费内。

再有，就是看一个投标方与其他投标方的技术标部分的差异。一些确实有经验的投标方他们会提出一些好的合理化建议，如图纸设计的工艺问题，还有好的施工方法；有些复杂的造型吊顶，一些施工方是在地面将天棚龙骨和侧立板施工完后，将天棚龙骨骨架整体吊装到天棚标高位置，不管此项工艺措施方案的可行性，先看这样的施工工艺其经济标成本，如果此项清单综合单价比其他投标方要低，说明这项工艺措施可以降低成本，值得将来推广。

每个项目施工工序、工艺看似都是国家标准，但实施起来各不相同，找到捷径就是最科学的施工措施方案。

（2）帮助投标方分析措施方案的可行性。投标方为了低价中标，可能想出许多降低成本的措施方法，如降水采用明沟排水，这时招标方不能因为投标方报价低而轻易采用其为中标方，其他投标方都采用井点降水，只有一家投标方采用明沟排水法，这样的方法能不能将水位降低到施工作业面以下，会不会影响基础施工质量，这是招标方要详细了解清楚的问题，也许措施方案想得很好，就是无法实施，这样的虚假方案，一定要在清标阶段识别出来，否则进场后发现明沟排水不畅，再改施工方案为井点降水，施工方会拿着洽商来找发包方签字要钱。有些项目已经是第三期工程了，发包方对地下水文情况知道得会更多，对前两期工程项目出现的问题也会比新参与的投标方要了解得详细，总结前两期工程的问题，可以帮助新参与的投标方制定更完善的施工措施方案。

（3）及时发现投标方没有考虑报价的措施项目。措施项目清单特别是技术措施费部分，招标方不用列得非常详细，但清标时要审核得非常仔细。首先，招标文件未列的项目如上一节所说的，50层楼招标文件措施项目清单未列脚手架项目，清标时发现投标方如果没有脚手架部分的报价，对这家投标方的清标工作就要非常慎重了。其次，招标文件明确的措施项目，投标方有没有响应，如幼儿园工程装修，工程完工后一定要做空气检测试验，这也是规范的强制性规定。招标文件写明了，投标文件中就应该响应，技术标要有详细的措施条款，经济标也要有对应的费用安排，如果清标时发现，技术标内容与经济标报价完全对应不上，说明投标文件没有认真编制，清标阶段不审核出各种报价漏项，竣工验收期间可能要发生洽商，那时发包方就被动了。因为事前约定与事后协商性质不同，工程措施费数量、价格不容易界定，事后协商双方很难统一思想，事前澄清，只要投标人不赔钱，许多费用容易商定落实。

（4）招标方将特殊的措施项目要逐一落实。如工程进入到反工序施工阶段，地暖没做，墙、顶面就要开始装修施工，这时测量、放线工作尤为重要，墙面上的1m线是确定地面完成面标高和天棚完成面标高的依据，墙面的基层工序从什么高度开始做，做完后地暖垫层施工时会不会引起墙面与地面交接处的基层板受潮变形，这些不考虑清楚，将来返工不仅浪费资金，而且还耽误工期。招标文件里强制性的条款很多，清标目的是为了落实这些条款将来如何实施，如水质检测条款，也是强制执行的条款，但如果不在清标阶段落实这部分费用，交工阶段才想起来做水质检测试验，费用就成了官司的导火索了。

（5）不要总幻想工程措施费用一次包干。工程措施费用与工程实体紧密联系，工程实体有变动，工程措施费绝对不可能包干，如混凝土工程量的增减，必然导致模板工程量的变化，工程量增加了，承包方会穷追猛打地找量，工程量减少了，审计方又会扣减工程量，总之，一次包干所有工程措施费是不现实的想法。施工中还会出现许多特殊的措施项目，这些措施项目的费用有时甚至超过实物量费用。如果工程即将完工，发包方提出要更换20m高空的灯具，这时重新搭拆脚手架，成品保护，完工清理等发生的措施费用比更换灯具费用要高得多。发包方做好事前设计方案论证，是工程降低成本的硬道理，单独靠一纸合同，从理论上包干工程措施费，最后会接到一摞关于措施费的洽商文件。

（6）工程组织措施费不能在合同中开口。所谓开口合同就是可调合同的称呼。组织措施费是看不见，摸不着的费用，也是竣工结算时最难处理的一部分费用，正因为难以处理，才要求合同签订时尽可能包干这部分费用。这里所说的只是尽可能包干，如安全文明施工费，这类费用按固定费率和专项基数提取，而且还是单独列项，作为平衡承发包方之间利益矛盾的砝码。这部分费用虽然属于组织措施费范畴，但操作时可以单独约定安全文明施工费随变更、洽商可以调整，其他组织措施费用不能调整。实际工程施工中，关于合同内、合同外这个概念真的很难界定，如：其他专业分包方将材料、设备的包装盒、包装纸扔在本承包工程的工作区域内，负责这个区域的承包方有责任将工程垃圾清理出去，清理垃圾需要费用，又是在替别人清理垃圾，这个区域承包方心理一定非常不满意，报洽商找发包方要垃圾清理费又很难得到审批，开一处安全文明施工费的排气阀，将其他界定不清的组织措施费用包干，也是一种措施项目的管理方法。此处讲的是组织措施费尽可能包干问题，在实际工作中，特殊案例会打破这一设想，如原建筑设计16层，后增加到20层，超高费怎么计算？建筑面积增加了25%，其他工程措施费又怎么处理，虽然提倡组织措施费包干，这种情况还一味强调组织措施费包干，承包方要吃亏不少。

（7）学会利用计日工：计日工其实就是合同外的零星用工，而且数量少，性质说不清。费用说不清就可以借机利用，如承包方替别人清理垃圾，发包方工程管理人员又没法给承包方清理垃圾的行为追加费用，这时如利用领导搬家用工，监理换办公室等用工机会多开2~3个零用工，谁也挑不出毛病，还补偿了承包方的损失，看上去是一笔交易，实际上是管理的艺术。

（8）学会分析总包管理费：发包方为了降低投资成本，喜欢将专业工程甲指分包，这种承包方式理论上也许能降低15%~20%的投资成本。反过来，有甲指分包就会有总包管理费的概念，总承包方会要求甲指分包向总包方交纳分包价3%～5%的总包管理费，这样一算，发包方的降低成本的实际比例就不到15%～20%了，甲指分包不仅要付出总包管理费的代价，还要承担总包与甲指分包之间，甲指分包同甲指分包之间的管理成本。如，装修承包方搭设6m高的脚手架用于大堂吊顶，大堂区域除装修方外，还有空调、消防、美工、窗帘等几家甲指分包，装修与空调、消防专业配合也许轻车熟路，能想到隐蔽工程及时与专业分包沟通，但装修不会去多想与窗帘、美工如何配合，因为这两道工序属于配饰工程（也就是在软装阶段发生），在装修工序之后进场，装修如果不与装潢专业配合，装修、安装工序结束后，装修方可能拆除脚手架并退还大型工具，美工、窗帘等分包商以销售为主，安装只是他们的服务项目，他们一般不会搭设专业的工程脚手架，但6m高的空间梯子够不着，又必须搭设脚手架方可施工，这时装修已经拆除了施工脚手架，大型工具如果没有退，经发包方协调还可以为专业分包重新搭设脚手架，如果脚手架已经退还，装修方也不可能重新租赁脚手架为安装窗帘和LOGO字分包方搭设安装脚手架，因为是发包方协调失误，发包方被迫请求装修承包方帮忙解决登高问题，无形中又会增加发包方管理成本，理论上成立的利润率，实际干完后算账，也许不是想象的那个数，这两道装潢工序当时要签入装修工程承包合同内，也不会有之后的一大堆麻烦事。甲指分包，风险要用管理经验水平去克服，才能实现真正意义上的利润。

清标过程对发包方来说实际就是对承包方措施费用的一次事前审计，如果没有问题，竣工结算时可以不用再次审核，不能如有些审计人员提问那样，咨询施工方计取了成品保护费，结果只用了几块塑料布，问能不能扣减合同内的成本保护费。

说完了发包方，再简单介绍承包方应对措施费清标的几种方法：

（1）不要出现无中生有的措施项目。前几节再三强调，措施项目无中生有，竣工结算期间是非常被动的。但要注意，改变方案不是无中生有，如土方开挖方案用放坡方法挖土方，挖槽时发现由于施工场地狭小，放坡用地不够，只能临时将挖土方的方案改为支护坡，这个方案解决了施工用地问题，减少了土方量，增加了护坡费用，有些人在竣工结算时就想打这方面的主意，实际上前面章节也提过，措施费一旦写入合同，只要施工图纸没有变化，竣工结算时一般不做调整，实际措施方法与投标措施方法不符也不能调整，不管是增加了费用还是降低了成本，都不作调整。无论施工期间用什么措施方法，投标时最好把措施方案研究清楚，不要在投标时把措施方案当形式，妄图在竣工结算时找回失去的费用，这样结算时容易引起争议，投标方自身也不容易控制成本，如果清标时让发包方发现措施方案漏洞百出，还影响投标方的整体形象。

（2）清标阶段要试探发包方的想法。措施费漏项后不容易补偿，清标就是一个试探的机会，如果已经确立了中标方，签订合同前更要试探一下发包方的想法，如招标文件、清标过程发包方没有提出水质检测的疑问，但这项检测费用又是强制性检测项目，投标时为了增加竞争力，没有把这项费用纳入报价中，现在投标人变成了中标人，应主动提出。这就体现了之前笔者说过的措施费用的时限性。如果将这项费用放在合同范围之外，顺理成章地免去了承包方这项费用。

（3）要研究透定额。如"北京2012定额"对成品保护费定额说明是这样规定的：定额已经考虑了一般成本保护的费用。多了"一般"二字，文章就好做了，想要成品保护费，只需要将成品保护费的性质定义为"特殊"就可以超出定额范围，这种主观的文字游戏操作起来并不困难，只是能不能想到而已。

（4）要学会利用措施费。在清标过程中，招标方会对清单综合单价提出各种质疑，这个清单项目单价偏高，那个项目单价也偏高，如果都按招标方的想法降价，一定会增加工程的风险系数，如果不接受招标方质疑，总要对清标过程有个答复，这时就可以用到措施费，如质疑吊顶综合单价偏高，可以答复吊顶标高与结构顶标高距离超过了定额尺寸（"北京2012定额"是按800mm编制），因此报价内计取了反支撑的措施费用，所以综合单价比单独吊顶综合单价要稍微偏高，这个解释合情合理，易于让招标方接受。

（5）学会分析定额里的措施费，可以从以下几个方面入手：

1）定额子目工序环节中的措施费。如安装LOGO字，安装前测量、弹线、安装模板都是措施环节，甚至这些环节的费用比制作、安装美术字的费用都高。

2）哪些定额子目容易衍生措施费。如块料施工，有经验的人第一个关心的问题就是如何上料问题，材料二次搬运、垂直运输都是这个工序中容易衍生的措施费，环境变化、工序变化、人员变化都有可能造成费用的产生。

3）与定额子目相伴随的措施费。有些定额子目生来就要与措施费相关联，如拆除工程子目，拆除后的渣土和垃圾是要清运的，垃圾清运在修缮定额里有子目，并且有相关的体积折算系数，用的时候脑子里有概念，套定额时形成思维习惯，这样就不容易丢项；在土建中常听到这样的问题：预埋地脚螺栓应该套什么定额子目？地脚螺栓在定额中找不到相应子目，就是有相应子目，套用时也会遇到一个极大的问题，螺栓固定件如何计算？原来我们操作这项定额时用埋件定额调整单价，但地脚螺栓安装时比预埋件工序多许多，首先是测量定位，预埋件安装偏差2cm不影响实质性使用，地脚螺栓安装如果偏差2cm，安装设备时采取的整改措施方案就要制定许多条，地脚螺栓安装要求三维尺寸都要精确，简单套一个预埋件定额，人工含量满足不了成本，这时就要用到螺栓固定件这项措施费用来弥补安装人工的成本偏差。

4）定额中也有许多措施费定额子目。如平整场地，实际就是一条组织措施费的定额子目，其性质同安全文明施工费；还有在安装工程中，有许多检测、试验费等，如给水排水的下水通球试验，电气安装的接地电阻摇测试验等。

笔者把措施费分解成10类，为什么要把教科书里的两大类工程措施费用，人为分解成10类甚至更多？因为费用分得越细，考虑措施费时越不容易丢项，对每类措施费只是列举了2~3个例子，其实，作为学习的人，应该继续完成措施费深化工作，看看能不能将每一类措施费用增加到20~30项，10类总计就会有200~300项措施费用，组价时，结合工程具体情况对照一下自己积累的措施费用，看看哪条可以对应上实际工程，多多少少地取一些认为合理的费用，实际施工中，项目经理没意见，甲方审计也挑不出问题，自己也可以不断积累经验，最终成为措施方案的专家，在成本分析过程中有充分的话语权和重量级的决策权。

分析完发包方和承包方在清标过程中对工程措施费的操作，再提两个问题：

（1）如果按工程量清单计算规则计算出来的土方量是8000m³，招标方给出的土方量是6000m³；实际按定额计算规则考虑放坡、留工作面等因素后，实际开挖土方量是12000m³，投标时应该如何组价；如果招标方给出的清单量是12000m³，投标时应该如何组价。不管招标工程量清单给出的土方工程量是多少，如果投标方经过核算实际土方就应该是12000m³，组价时清单含量栏填报12000/招标清单工程量。

（2）这里有个问题：工程量清单项目特征描述与工程量清单的工作内容描述应该如何理解？工作内容描述如同工序先后过程秩序的梳理，项目工艺特征描述是对工序的工艺做法、材料材质、规格、型号界定，清单项目特征描述更应该注重工艺特征描述。因为描述中对经济利益会产生影响。

4.4 你真的会挖土方吗

一说土方，作为工程造价人员最有感触的就是拿到招标清单土方工程量是按清单计算规则计算的土方量，报价时怎么用定额计价方式组价？土方招标清单项目是按定额计算规则计算的土方，报价时按正常定额套取子目组价，结算时审计以招标清单土方工程量计算错误为由，要扣减土方清单，土方综合单价已经存在于合同中不能调整，如何应对审计以调整工程量为由扣减结算费用？回答这一问题就要把土方进行分类。

这里指的分类并不是将土方分为几类土的土质分类，而是更高一层次的土方性质分类。

（1）清单计算规则下的土方工程量：

可以定义是实物量性质的土方，清单计算规则：以基础垫层下表皮面积×设计地坪至基础垫层下表皮深度。因为以清单计算规则挖出的土方量几乎与基础体积相同。

（2）安全措施费（截图中的素土部分）：

清单挖土方按基础的面积×深度来计算清单量是理论土方量，但土方不会按人的意愿去自己塑造形态，基础深度达到一定程度，四壁的承载力不能满足土方自重时，土方就会自然塌陷，这就出现了第一项措施费用——安全措施费用，解决土方自然塌陷的安全措施有多种，放坡是其中的首选，也是最简便、最经济的方法，其原理就人为把将来要塌陷的土方提前挖掘清运，这部分挖、运放坡量同样需要费用，土方放坡实际就是安全措施费中的量。

（3）技术措施费（图4-1中的灰土部分）：

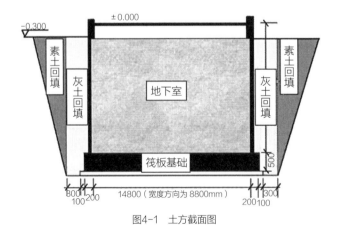

图4-1　土方截面图

土方作业第二项措施费用预留工作面—施工措施费（技术措施费），清单量是理论土方量，施工人员要对基础构件外壁进行操作，总要有个站脚的地方，300mm宽的工作面是人在其中绑筋、支模板确定空间狭窄点，如果要做地下室防水，工作面系数还要增加。

【例题】基础的周长是400m，深度是5m，采取预留工作面的措施土方量就是（400+0.3×2）×5×0.3=600.9（m³）。组价时不看图纸怎么知道基础的周长、深度和放坡系数，最终报价土方费用亏损30%不是组价人不知道挖方单价成本，而是组价人忽视了措施费用产生的量（图4-2、图4-3）。

实例演示（图4-3）：清单量<定额量

当土方清单量=定额量（图4-2），综合单价出来后是71.12元/m³，而清单量<定额量时，这条挖沟槽的清单综合单价变成了147.91元/m³，这里面仅工作面措施费（400mm宽工作面）所占的比例为：

147.91-71.12=76.79元/m³

于是，措施费用高于实物量土方的价格。

知道了这个道理，结合实际，如果投标时土方工程量是图上9.92m³，结算时审计要求调整为4.77m³，没有关系，投标综合单价不变还是71.12元/m³×4.77，是实物量土方的项目金额，但清单工程量差异9.92-4.77=5.15m³是措施清单工程量，并不是招标编制方工程量清单的编制错误，结算时可以将其分别列项，但不能随意扣减。

01010100300 1	项	挖沟槽土方		1.土壤类别:4类土 2.挖土深度:0.8m 3.弃土运距:35km	m³	0.77×0.8× (10.8+5.3)	9.92		71.12
1-16	定	人工挖沟槽 运距1km以内	建筑		m³	1	QDL	9.92	25.13	249.29	29.28
1-42×7	换	土方运距每增减5km 单价×7	建筑		m³	1	QDL	9.92	35.91	356.23	41.84

图4-2 清单量=定额量

01010100300 2	项	挖沟槽土方		1.土壤类别:4类土 2.挖土深度:0.8m 3.弃土运距:35km	m³	0.37×0.8× (10.8+5.3)	4.77		
1-16	定	人工挖沟槽 运距1km以内	建筑		m³	2.0796646	QDL ×2.0796646	9.92		
1-42×7	换	土方运距每增减5km 单价×7	建筑		m³	2.0796646	QDL ×2.0796646	9.92		

图4-3 清单量不等于定额量

土方工程量计算时，清单工程量计算规则部分容易理解，基础垫层下表面的面积×基础深度。如果基础地下室基础底板面积是100m×100m，垫层面积每边超出基础底板100mm，深度5m，放坡系数参考图4-4所示。

土（石）方、淤泥、流沙、护壁泥浆运输按挖方工程量以体积计算。

放坡土方增量折算厚度表

基础类型	挖土深度（m）	放坡土方增量折算厚度（m）
沟槽（双面）	2以内	0.59
	2以外	0.83
基坑	2以内	0.48
	2以外	0.82
土方	5以内	0.70
	8以内	1.37
	13以内	2.38
	13以外每增1m	0.24
喷锚护壁	5以内	0.25
	8以内	0.40
	8以外	0.65

图4-4 北京2012预算定额（土方章节）

这里先对放坡折算系数表作个解释，如果图纸中设计没有给出放坡系数，对于投标方来说可以参考施工组织设计方案，但对于招标控制价编制人，为了让他们有个编制土方费用的依据，不管实际放坡数如何，组价时先按定额放坡系数表（图4-4）折算出一个土方量（不需要运用三角函数计算放坡体积的一种快速方法），至少与实际相比不会相差很多。以挖土方举例，基础分5m、8m、13m深度编制了三个放坡折算系数，对应北京挖土方的定额子目（图4-5）。例题中基础深度是5m，选用放坡土方增量折算厚度0.7m（每边的增加挖土方厚度0.7m），则：

土方量=（100+0.1×2）×（100+0.1×2）×5=50200.2m³

工作面土方量=（400+0.3×2）×5×0.3=600.9m³

放坡土方量=（400+0.3×2×2+0.1×2×2）×0.7×5=1405.6m³

1-8	机挖土方 槽深 5m 以内 运距 1km 以内	m³
1-9	~~机挖土方 槽深 5m 以内 运距 15km 以内（已停止使用）~~	m³
1-10	机挖土方 槽深 13m 以内 运距 1km 以内	m³
1-11	机挖土方 槽深 13m 以内 运距 15km 以内（已停止使用）	m³
1-12	机挖土方 槽深 13m 以外 运距 1km 以内	m³
1-13	机挖土方 槽深 13m 以外 运距 15km 以内（已停止使用）	m³

图4-5 土方定额子目

例题中这个基础按定额计算：

挖土方量=50500.2+600.9+1405.6=52506.7m³

这里面定额与清单计算规则有个比例叫"清单含量"，即52506.7/50200.2。

最后解释一下工作量的问题，表4-1所示是在没有施工组织设计方案时，计算定额工作量而设置的一个经验公式，实际施工时，不管是放坡系数或工作面预留宽度都可能与定额附表不同，不同也没有关系，毕竟每一个施工单位都有自己的施工管理方式，他们认为防水工作面留800mm宽或1200mm宽都是正常的选择，在计算工作面工程量时，就可以按照本公司技术人员编制的施工组织设计方案考虑放坡系数和工作面预留宽度，说这些的目的只想明确一个问题：措施费是由施工单位自行考虑，而不是去拘泥定额中的数据，投标时只要把"清单含量"明确，清单综合单价组价合理，不存在土方量算多算少的问题，而作为招标控制价编制人员，在手中资料不够齐全的情况下，运用定额内的经验数据是非常必要的组价手段。

基础施工所需工作面宽度计算表　　　　　　　表 4-1

基础材料	每边各增加工作面宽度（mm）
砖基础	200
浆砌毛石、条石基础	150
混凝土基础及垫层支模板	300
基础垂直面做防水层	1000（防水面层）
坑底打钢筋混凝土预制桩	3000
坑底螺旋钻孔桩	1500

4.5 项目管理中的措施费

工程措施费在项目管理阶段（施工阶段）是争议最激烈的阶段，承包方的措施费洽商、变更会像雪片一样飞进发包方的现场办公室，发包方也会运用各种手段将这些变更、洽商拒之门外，施工阶段所有前期的措施费问题都将暴露出来，这也是体现了措施费阶段性的特点，这里指前期问题主要有以下几类：

（1）各方都没想到的问题：因为工程周期长，环境千变万化，如一场暴雨过后，工地现场材料、设备、所施工程可能都会造成损失，这种不可控因素还有很多，发生了也只能各自抢险救灾，要说责任，只能是承包方承担工程经济损失，发包方承担工期损失。虽然人们将之称为不可抗力，反过头来分析，防雨措施投入了多少？如果投资1万元可以化解10万元风险，水泥防护棚加高台就有必要搭设。

（2）发包方捡回的责任：承包方在投标时，土方没有考虑放坡量，从而取得价格优势而中标，施工挖槽总要放坡，但费用不够无法支付土方公司，于是承包方就想出了变更这一招，他们拿着坑壁支护方案，找监理、找发包方签字后，提出追加坑壁支护费用的经济洽商，此项费用是否合理4.7节再分析。先说说发包方的行为，如果是工程实体改变工艺、改变材料，发包方是要签字认可的，但措施方案的审核不是发包方专业能力能控制的范围，有些发包方代表可能是财务出身或行政管理出身，能力只适合管理现场的经济活动，如合同管理、中期结算支付款等，以及形象进度的参与，工程重大技术措施都是要由专家来鉴定，发包方管理人不应该在技术措施方案上签字，发包方责任前面章节说得很明确，只要将建筑物地下信息全面公示出来就达到要求了，至于如何处理地下水，如何保护地下管道那是承包方责任范围所做的工作，发包方现场负责人最多起一个监督作用。技术措施方案交与监理签字就可以了，发包方只需要知会，达到统一思想的目的就可以了。

（3）投标时故意挖的陷阱：所谓陷阱就是招标投标期间将尖锐的问题模糊化，挖陷阱不是一方的专利，各方都有可能为对方设置陷阱。工程措施费有时效性，措施实施期间不认证，过期不候。措施费问题一定是在施工期间暴露出来，这方面案例举不胜举，这里只讲一个最典型的争议：检测费。检测费也分几类，有材料检测费、工程检测费，如桩试验、电气调试费等，还有使用过程检测费，如空气检测费、水质检测费等，材料检测费五花八门，检测的项目就多了，如钢筋拉伸试验、混凝土压力试验是检测材料的强度；人造板材检测，测试的是甲醛等化学含量；地砖、石材放射性检测，检测的是氡气等放射性元素。一个工程投资巨大，最后花钱做个全方位体检也算正常，检测费占整个工程开销的比例很小，对施工方是笔开销不起的费用，如材料的防火试验，检测试验一种材料的防火等级费用4000元/种，如果是破坏性试验（如防火门），还要出具两樘成品防火门作为试验对象，这些费用在低价中标的今天，让承包方负担一定是不堪重负。在招标阶段，招标文件没有明确哪项试验必须做，投标时，投标方也不会主动提出要做哪些试验，合同签订后，合同内没有明确提出的检测试验项目，承包方绝对不会花钱去做。有人说在招标文件中加强管理，列全检测项目就可以了，这只是理论解释，实际不可能实现；有人会说合同内有一条解释：工程检测费包含一切工程材料、工艺、环境的检测费用。这一条款实际上又回到了措施费包干的这一怪圈中，凭一纸合同要包干工程检测费，实属对工程管理的无知表现，承包方可以拿出一大堆理由证明检测费不包含在合同范围内。工程措施费管理，体现工程管理的艺术，解决这一问题的最好方法是招标文件用暂列金额形式预提出这笔争议费用，这样在招标标阶段双方可以不用费尽脑筋为对方设置陷阱和障碍，将来发生了检测费用，承包方出力，发包方出钱实报实销；不发生，这笔预提费用转为其他结算费用就可以了。招标方在招标文件中，设置暂列金额项目，增设暂估价材料等，是自行增加风险的行为，但检测费在招标文件中设置暂列金额，是双方消除风险的方法。

工程检测费还有一种简便的方法可以解决承、发包双方的矛盾，那就是将全部工程检测费或部分工程检测费交由监理方承担，本来监理就是管工程质量的，检测费交工程监理方可以更好地监督承包方，监理亲自拿着现场裁切下来的钢筋样品去送样，至于花销多少费用，监理方与发包方协商，与承包方无关。

为什么检测费与其他措施费不同，下面分析一下：

首先明确检测费在工程措施费范畴的概念；绝大多数工程措施费是承包方行为，但是工程检测费则是发包方行为。工程措施的特点都是单方受益，这个原则一旦明确，就容易区分费用的承担问题，措施费用谁受益谁出钱，明白这个道理一切措施费纠纷就容易解决了。

施工期间也会产生工程措施费用，工程措施费不能单独产生，一定是和实物量相关联，如混凝土工程量的增加或减少，必然会引起模板数量的增减变化。工程中发生的与变更有关的措施费用，操作时一定将措施费与变更工程实体编入一份变更、洽商中，不能分开办理签证，如混凝土增减引起的模板增减可以看到实物的变化过程，但一些看不见的措施费用就要描述得非常到位，有时甚至还要补充收方单，如挖土方时，挖到一个混凝土基础，需要破碎，挖掘石方可以套定额，但破碎混凝土基础是一项措施费用，这就需要驻场的各方认证、签字，不仅要确认破碎方案，还要对这个将破碎的混凝土基础量进行收方，因为混凝土基础破碎后是一堆石渣，没法说明措施变更的工程量，因此之前要把具体证据收集齐全，将来办理结算时有理有据。

施工期间，措施费会按具体的环境、条件发生变化，一旦发生变化，承包方就会想到发起措施变更，在此，也为发包方出一招，来识别承包方的措施方案是否可以追加费用：

1）看措施变更的范围，合同内的坚决不予以确认。如吊顶施工，原来要搭脚手架直接在吊顶标高处安装天棚龙骨和饰面板，后来改为在地面组装龙骨，整体提升到吊顶标高进行安装，这种措施方案完全就是工艺实施的措施方案，承包方怎么去实施，只要达到规范合格标准就可以，不存在费用的调整。但是，措施费是随环境、时间、条件变化的，这种情况如果稍微发生点变化，承包方就有理由增加费用，如施工现场不允许搭设脚手架，有了这个前提，之后所采取的一切措施都可以顺理成章地成为增加费用的理由。

2）一些工程实体，实际也是措施费。这里举两个例子，一个是土建经常遇到的混凝土添加剂，在北方冬期施工应该在混凝土里添加抗冻剂，这是常识问题，但一般人可能认为，混凝土里添加抗冻剂构成了工程实体，怎么会变成了措施费。工程措施费的定义："工程措施费是为保证工程项目实施所发生的费用。"如果在常温施工条件下，混凝土里不需要添加抗冻剂，只有在冬期施工时，才添加上这些特殊材料，来保证工程项目顺利实施，所以确认，混凝土抗冻剂是措施费用，招标文件里有工期说明，施工组织措施方案里，也有施工进度表，在哪个季节浇筑混凝土一目了然，投标方报价时，考虑不考虑混凝土抗冻剂，施工时都不可能增加费用。但是，措施费是根据条件变化而变化的，如合同约定结构工期完工时间是在11月初，投标时承包方考虑在上冻之前工程主体完工，不用发生混凝土抗冻剂费用，但因为发包方原因造成工期拖延了两个月，这两个月已经进入冬季，发生的混凝土费用里应该添加抗冻剂，这部分抗冻剂费用应该及时办理变更，追加费用。

再举一个装修例子，现在装修工程细心的人可以发现，在踢脚上、下沿处、门框周边、水池台面接缝处，都有玻璃胶的痕迹，再翻开定额，发现施工定额子目工序内许多并没有打胶这道工序，为什么承包方会多此一举地多干了这道程序。因为这道工序实际也是承包方的措施费用，虽然在实体当中有，但规范中没有，说明不需要完成这道工序，但现在多了这道工序，发包方只需要知道，如在块料踢脚上沿和下沿打胶，规范里没有打胶的工序说明，承包方在接缝处打胶了，也不应该单独支付费用。有一些工序里含打胶费用，如安装玻璃制品，这种工序打胶属于工程实体，也不应该单独再支付措施费用。

3）组织措施费理论上包干，实际需要变通：发包方有时也实属无奈，领导要来现场参观，清理施工现场的文明工地形象需要承包方出工出力配合，费用无法直接支付承包方，这就需要想一些方法，拿出一些管理艺术来实现相互配合。

承包方在办理工程措施费用签证时，需要考虑以下的问题：

文字措词一定要到位，最好实现图文并茂。如吊顶反支撑，没有图许多审计人员都想象不出吊顶反支撑应该是什么样，更不要说计算其单方费用。工程措施费不同于工程实体，综合单价可以借用，组价原则也可以借鉴，工程措施费没法借用。文字描述分几个重要部位：

1）责任：不能把责任揽到自己身上。

2）合同范围：措施费在合同范围内，签多少变更都没有用。

3）措施部位：这是依据查找的路径，如原图纸是5层，现在在4～5层间增加了半层夹层，这个夹层增加涉及一系列措施费，不具体说明措施费发生的部位。审计查无实据是无法通过审核的。

4）原因：以上第2）款说了，工程措施费只有出了合同范围之外，才有可能通过，这一款就是工程措施费出圈的依据。举个例子：有一项工程实体不包含在合同范围内，为此发生的一切措施费用也同样不包含在合同范围内，这样解释逻辑思维非常清楚，到法庭上也会得到支持。

5）措施费的具体项量：因为措施费有时限性，拆除后没有痕迹可查，之前签好措施项目和措施工程量以便竣工结算时可以顺利通过审核程序：

①措施费用办理要及时：前面多次提到工程措施费与工程实体不同，工程措施费签证手续不容易补办，无据可查，只能在发生前和发生过程中办理签证手续。如果发

包方一天只办理一份变更、洽商，承包方就要先签署工程措施费那份的变更、洽商，工程实体的部分可以顺延。

②不要虚增结算金额：竣工结算时被审减下的措施费占变更、洽商的比重很大，项目经理为了表达自己的能力，往往也愿意签一些措施费洽商，有时变更、洽商的措施费虽然发包方签字了，可里面的项目内容怎么跳也跳不出合同范围，这种变更、洽商就属于无效签证，到审计那里只要找到一条合同范围内的依据，所有追加的措施费用将被调整为0。遇到这种只有1%胜率机会的变更、洽商，如果造价人员不计入竣工结算，项目经理不同意，老板也不愿意，如果记入竣工结算资料，几乎等于给审计凑审减额的资料。审计方会非常满意地接受这份结算文件，有些开发商有内部竣工结算的制度在合同中约定，当审减额超过一定比例时，就要扣减（相当于惩罚性条款）一定比例的竣工结算款，承包方的无效结算，相当于搬石头砸自己脚，遇到这样的变更、洽商应该如何操作，没有权威性答案，最好还是实事求是地说明情况，决策层共同商讨工程结算书的编制。

项目管理阶段，工程措施费的争议案例很多，大部分出现是因为合同漏洞导致，所以第三讲措施费清标是非常关键的环节，即使全力组织清标工作，项目管理阶段也不可能避免工程措施费的增加，只要合同履行双方能找出措施费成立的理论逻辑关系，一些工程措施费是可以增加的。

4.6 措施费解疑

（1）成品保护费这类措施项目要单独计取措施费，为什么？

因为费用如果没法与收入相直接对应，财务上要用归集和分配的方式进行成本核算，成品保护费没法确定对应的保护部位，就应该单独计取措施费，将来成本分析也容易操作。

（2）措施项目计入到分部分项工程量清单里有什么好处？

措施费如果能100%对应到工程实物量之中，说明此项工程措施实际就是工程实体工序的一个必要组成部分，只不过不能形成工程实体的内容，如模板完全可以与混凝土构件相对应，模板可以精确地计算到梁、板、柱、墙的混凝土清单项目费用里，更加合理反映出混凝土构件的真实成本。

此处所说工程措施费，就要先说明清单计价里的两个基本概念。工程量清单项目特征描述与工程量清单的工作内容描述有何不同？工程量清单项目特征，描述的是工程清单项目的实体工序加价值高的措施工序；工程量清单的工作内容，描述的是工程清单项目的实体工序和措施工序的施工过程顺序，如吊垂直线、清理基层等工序环节是工作内容要描述的环节。工程量清单项目特征描述是清单计价必须完成的各项工作内容；而工程量清单的工作内容描述则不一定是清单项目必须发生的事件，如基层清理工作内容，如果基层不需要清理就可以进行下一道工序，基层清理就可以忽视，所以说清单计价做招标文件时不用描述工作量清单的工程内容，只需要将必须完成的工序重点叙述清楚，如耐水腻子找平工序，一般要加上①2mm厚度；②前后两遍工序；③砂纸打磨这三条附加描述，避免出现腻子找平做了两遍，结算时应该增加一遍的费用；也防止有人问定额里没有见到砂纸含量，腻子找平工序里定额子目包不包括砂纸打磨环节等。

（3）用什么方法能顺理成章地免去了承包方检测费这项费用？

笔者认为有以下方法：

①排除法：除了招标文件和清标答疑有明确说明之外，材料检测费承包方不予以承担，将来发生单独计取费用。

②旁敲侧击法：问发包方材料检测还有什么特殊要求？这样问发包方也不好回答，如果说有，一时想不起来是检测什么项目内容；如果说没有，又成了第①项的排除法了，今后发生材料检测费要单独的计取费用。

（4）如果按工程量清单计算规则计算出来的土方量是8000m³，招标方给出的土方量是6000m³，如按定额计算规则考虑放坡、留工作面等因素后，实际开挖土方量是12000m³，投标时应该如何组价？如果招标方给出的清单量是12000m³，投标时应该如何组价？

实际操作不管招标方给定的清单量是多少，组价时应该按照12000m³去组价，如果按第二种清单工程量组出的清单综合单价是30元/m³，按第一种组出的综合单价就应该是60元/m³，但组完价格后，二者清单总造价是一致的。

（5）块料处打胶有什么奥秘？

因为有瑕疵，才需要通过打胶去掩盖。

（6）竣工结算报告对明知无效的变更洽商如何操作？

可以在竣工结算文件中列项,但最好不要填过高价格,以备对手犯错误时当砝码加以运用。

有人会说这不就是文字和数字的游戏组合吗?这件事真不能看成游戏这么简单,把0变成一个正数就是奇迹,就是智慧。

有个案例咨询:想在结算中要到专项二次搬运费的钱(组织措施费在结算中很难调整增加),洽商应该如何起草?洽商里写增加机械费用好呢,还是写增加人工费用好?如果按增加人工费的方案实施,要增加10个人/d,一个人工240元/工日的计日工单价;如果按增加机械的洽商方案实施,增加一个吊车台班2000元/台班,可能因此会减少5人工工日,洽商写作就要把两种专项二次搬运费的方案都列到纸上,发包方签字时看到增加费用的同时还有可能减少其他费用,洽商要到钱的可能性就会增加。

(7)投标时报价中有垂直运输费,但现场施工是没有运用塔吊(或电梯)等垂直运输机械,竣工结算时能不能扣除?

如果按现场实际发生来进行结算没问题,但报价中没有(如中途使用直升机翻山过岭运送材料),结算时能予以增加?报价中原有,但实际未发生的措施项目就可以扣除。组织措施费发生不发生在结算期间如何能找到确凿证据?

这些都是工程措施费结算时的实际案例,工程措施费投标时不能无中生有,更不能故意丢项。投标时无中生有,结算时后患无穷;投标时故意丢项,结算时找回丢失的项目千难万难。

4.7 竣工结算中的措施费

进入竣工结算阶段,工程措施费争议会越来越成为焦点,因为工程实体项量容易复核,而工程措施费不容易明确,审计方会提出需要追加补充许多资料,具体资料在第四讲中已经列出的提纲,作为承包方回去看看提纲中是如何列示的资料准备内容。

工程措施费一般是竣工结算最后一道环节,往往是最后由承发包双方决策层拍板定案的项目:

(1)因为工程措施费结算金额较大,金额小的措施费也用不着由决策层出面解决。

(2)工程措施费结算来龙去脉异常复杂,当事人只有从招标阶段开始翻文件,才能知道当时工程措施费决策的思想。

（3）工程措施费不容易判断合理性，措施费结算与法律、合同、责任、利益都有关联，同样一个问题，合同中第1条可能解释对发包方有利，可第5条解释又对承包方有利。

前面章节从不同角度对工程措施费作了多角度的分析，竣工结算毕竟是真刀真枪的实战，依据不足，前提不充分都将导致谈判失败。本节介绍一下工程措施费的谈判技巧，这个谈判技巧适于承、发包双方，如果大家都本着这个原则去办理结算，措施费结算会容易许多：

（1）只谈前提、谈过程、谈依据，不谈结果。工程措施费妄想一轮谈出结果可能性非常小，特别是结算金额较大的措施费用，更不可能一锤定音，各方都要做好长期谈判的准备，谈前提、谈过程、谈依据，实际作用是将问题摆到桌面，承、发包双方各说各的理，最后按比例由各方决策层分成。

（2）谈谈打打，打打谈谈。这里的谈和打不是让双方大打出手，而是谈不下去，换其他项目，其他项目谈完了，再返回原话题继续重复各自的理由，谈其他项目的同时也许就找到了这个措施项目的解决方法。

（3）分阶段谈。大金额的措施费，一段一段谈，谈完一段终结一段，如因为招标投标阶段地勘报告提供的不及时，导致地基处理这块整体费用没有报价，从降水，到回填，用到的措施方案有许多条，施工方案可能编制成了一本书，每一条都有可能发生经济费用，这时候谈判就要一步一步走，先谈降水，再谈级配砂石回填，最后谈路面硬化等一系列相关的措施。

（4）措施费项目在竣工结算中统一增减原则。措施费竣工结算不像分部分项工程，原则清晰，合同依据充分，但措施费因为合同不清晰才导致纠纷，在竣工结算时，一份结算文件承包方报了10项措施费内容，只要有扣钱的依据，适用于所有这10项费用，只要加钱的依据，同理适用于这10项措施费结算。这种原则执行起来有一个好处，某位领导如果对结算结果不满意，这是双方谈判的结果，满意不满意只能执行，将来遇到二审三审，整个结算思想是统一的，某一项结算可能有偏差，但局部需要服从整体，大方向没有错可以执行，二审三审也不会挑出太多的问题。

（5）有进有退。措施费想全部扣减或全部获取不太现实，哪步可退，哪步不能让，或者说哪项可以让，哪项不能让，谈判前各方内部一定要统一思想，不能说造价人员让步了，领导不同意。

（6）逻辑关系必须成立。造价是逻辑学，竣工结算逻辑关系必须搞清楚，这样算出来的账检察院来人复核也不能推翻结果，如土方开挖10000m³，基础所占体积4500m³，运出5500m³的土方就是逻辑公式推导出来的工程量，这个工程量没有人签字也会得到认可。在结算过程中，特别是审计方，总喜欢提出让承包方找依据，这是一个很不好的习惯，其实，许多依据就在逻辑公式中，谈判过程中多动脑、少提问是结算环节的正解。

（7）工程措施费结算的关键点还是要认真解读合同。

竣工结算，承包方是结算的发起人，因为竣工结算文件由承包方提供，审计方通过审核承包方送来的结算文件，对照合同条款进行审核，修正结算文件中实际与合同条款的偏差。在此先纠正审计方在审核工程措施费中的误区，想审减组织措施费，甚至还有人想扣减规费，前几章节说过，组织措施费看不见，摸不着，想审减从何处下手，如成品保护这项措施费，有人说承包方只是将包装纸盒铺在了地方，几乎没花费什么费用，但一块铺好的石材因为断裂，而进行更换，材料费、安装费先不去考虑，光这块石材的运费就是300元，现在材料供应商出一次车就是300元起步，组织措施费是工程项目必须发生的费用，只是发生的形式不同，不在这里用钱，就要把钱花到其他地方。审计工作不能用主观推断来审核工程中的措施费。组织措施费把握住不增不减的原则，技术措施费掌握实事求是原则，用这样的态度审核措施费用，大家都能接受。

承包方在竣工结算工程措施费时，应该把握以下几点：

（1）能将措施费计入实物量中是最佳方案：如有人经常会问，混凝土泵送费怎么计取，大批量混凝土供应搅拌站是按立方米（m³）收取的泵送费，在混凝土材料费里增加15~20元/m³混凝土泵送费就可以了，还能参与正常取费。

（2）竣工结算文件里工程措施费方案越具体越好：措施能否通过与文字表述有重要关联。每一条理由都要写具体、到位、在理。如有份措施费洽商是这样写的：应甲方要求，我司已经做好提前工期的准备工作，在工程西侧增加××型号的塔吊一台，租赁期2014年8月1日至2015年5月30日；整体工程1~8层原计划吊车配合布料机浇筑混凝土，现改为汽车泵送混凝土，如按此方案实施，工期预计比合同工期提前30d，可否？请指示。短短数行并没几个字，但是把原因、过程、结果、工程量、工序全部写进了措施方案中，就等甲方签字了。

（3）措施费要有量化概念：以上题为例，两个增加费用的因素，工程量反映的明明白白，一台塔吊，租赁期10个月，再到信息价上查一下单价，谁都会算租赁费。混凝土虽然没有直接写出数量，但明确了部位，工程量对着图纸一算就出来了。这种赶工措施比增加人工的措施要强百倍，有些项目经理一赶工就想到加人工，如这个情况要加人工，可能是这样来描述："因甲方要求提前30d完成主体结构施工，我司准备增加10人/d，从2014年8月1日至2015年5月30日。"这份措施看上去也有项有量，但作为数学题小学生都可以做，放到竣工结算中，给人的感觉太虚。

1）看到此有些读者不禁要问，每天增加10人，都要用在什么地方，如果补充措施条款："增加10人/d，按钢筋、模板、混凝土5∶4∶1比例分配。"读者又要问："钢筋、模板、混凝土属于工程实体，甲方虽然赶工，但没有增加工程量，1个人干10天与10个人干一天，从理论上计算，用工是一样的，增加10人不应该加费用。"措施条款如果这样改："增加10人/d用于材料搬运。"这条看似有道理，其实细分析起来与上面意思相同，工程实体工程量没有增加，如果原来整个工程要搬运2000t材料，现在还是搬运2000t，最多在二次搬运费上加个赶工系数，也增加不了多少钱。

2）这种洽商理由让人不禁还要问，今后10个月期间，每天增加10人，原来工地上已经有100人，增加这10人谁来监督统计证明每天确实增加了10个人，看着很实在的量实际是个虚数。

同样的赶工措施报告为什么差别这么大，就是前者把轻风变成了实物量，后者把实物量变成了烟云。有人会说这不就是文字和数字的游戏组合吗？这件事真不能看成游戏这么简单，这里面还藏了一个更大的秘密。

（4）措施费不要分包：有些人问，一个工程项目里又有土建工程，又有钢结构工程，脚手架、超高费等这些工程措施费怎么计算，这种问题一看就是转包工程，土建、钢结构实际都是结构工程，结构工程不允许转包，也不存在两种结构分摊工程措施费的问题，一个建筑主体，说两种结构形式也没法分摊这些分不清的措施费用。如果总包方把工程肢解分包到两个结构单位，技术措施费，如脚手架包给一家；土建或钢结构，组织措施费看两家报价后分摊。

（5）最后介绍一下区分组织措施费和技术措施费的方法：

1）组织措施费大部分以比例关系表示，以取费基数×取费比例。

2）技术措施费一般以实物量表示，如专项脚手架用实物量（m²），模板也用平方米（m²）表示等。

4.8 工程造价中与哲学相关的问题

工程造价管理与财务、经济等管理学科一样，以逻辑学为基础，与逻辑学沾边的学科，用哲学方法定义和概括就非常容易，如计算工程量是造价同行必须掌握的基本功技能之一，用哲学总结工程算量就是6种量，即：

（1）算得清的量与算不清的量；

（2）看得见的量与看不见的量；

（3）需要计算的量与不需要计算的量。

凡是用哲学总结的问题一般是两两出现，量都算清楚了，就不存在钢筋用外边线与中心线计算的问题了，正因为算不清量，结算时才频繁爆出争议，如有人问：钢制栏杆油漆如何计算？

回复：将钢制栏杆剖面钢管外边线展开计算面积。也就是对着图4-6所示钢制栏杆图集中①号节点，将钢制栏杆油漆面展开计算。

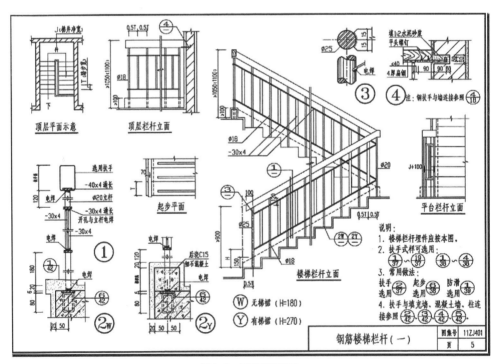

图4-6 钢制栏杆图集

钢制栏杆垂直投影面积形状与剖面结构千姿百态，图4-6所示钢制栏杆图集只是其中一种形状，这种钢制栏杆油漆面展开计算出来了，下一个图集编号钢制栏杆还要继续计算油漆展开面积，像这类工程量看似算得清，实际算不清，对于工程中算不清单量就要用一些方法将其尽可能准确地算清，计算金属面油漆，前辈定额编制人想出了许多解决计算含量的方法：

①以钢结构重量为单位（一般以t、100kg为单位基数），直接用于金属面油漆的单位使用。

②以重量（也可以是长度、数量等单位）换算面积方法计算金属面油漆面积，如1t钢柱油漆展开面约27.85m^2。

③对于钢制栏杆，笔者认为前两种方法都不适用，最好以垂直投影面积折算油漆方法操作最简便，在图集内抽取几种钢制栏杆型号，将油漆展开面积计算后汇总/几种型号钢制栏杆单位面积之和，得出了相对固定的钢制栏杆油漆实际涂刷面积，把油漆人、材、机消耗量折算进钢制栏杆面积中，就得出了钢制栏杆垂直投影面积油漆消耗量定额。

遇到其他构件中算不清的量，也用这一通用算量思路可以非常轻松地编制出自己内部企业定额，不需要遇事就跑定额站查文件、找资料、求答案，当初定额站的前辈也是用这种思维方式编制定额。

关于看不见的量应该如何计算，这里用一个案例说明：请问安徽省2018年建筑工程定额里的抽水泵台班费用里面有没有包含操作工的人工费？注：问的人工是使用操作工的人工，不是设备维护（维修）的人工。

工程机械费里的人工其实不难理解，举例说明一下：如果一个人有事出行租赁了一辆车，300元/d，开了8h到达目的地，如果此人不会开车，包了一辆出租2000元/d，司机开了8h到达目的地，这里租车与包车的单价差扣除油钱、过路费，看似就是一个人工费的差额，但细想不对，没人开车是怎么到达目的地？不管租车与包车，实际司机人工消耗都是8h，租车人亲自驾车与找专业司机开车，不管单价差距如何，从人工消耗量分析都一样，搞清楚这个人工含量问题，解决抽水泵台班费是否包含人工费的问题就容易了许多。

因为提问者没有把问题的前因后果交代清楚，因此必须用假设的方法——进行回复：

1）抽水泵属于自有财产，人工也是本企业员工，相当于案例中没有租车环节，但人工消耗没有改变，自己家的抽水泵运行也需要人工操作，工程台班费中包含人工。

2）抽水泵外租，人工是本企业员工，与租车案例完全吻合。

3）抽水泵外租，人工是设备厂家人员，与包车案例完全吻合。

工程中看不见的量并非无形，只是藏匿的深了点，工程设备没有人操作自己不会行驶，没有能源开不动，机械、电路出现故障也不能正常运行，工程定额中的机械台班是指能开能转的设备，因此工程台班费一定要包括：人工（操作工与维修工）费用、动力费（油、电、气等）、机械设备折旧（机械设备成本）、机械设备的备品、备件消耗费用、设备租赁方的管理费、利润等。

还有人问设备是施工方自有的，设备租赁方的管理费、利润还需要考虑吗？回复：如果设备100万元购置费，不给设备租赁方的管理费和利润，就要考虑100万元资金成本的价值，按银行年利率10%计算，如果工期6个月，设备利息应该考虑给施工方5万元，因为自购设备就不给设备租赁方的管理费、利润，使用机械设备一方为什么要搭钱自购设备？定额编制人在考虑机械费台班时，一定也没忘记设备租赁方的利益，如同采购工程材料需要考虑材料供应商利润一样。

对于第三个问题什么量要算，什么量不用算（不用到图纸上计量），也一定能准确算出量，但这个问题是有严格的前提要求的：

（1）要求具备5年手工计算经验。

（2）要求10年算量经验。

（3）要求计算过5000张以上的图纸。

（4）要求能背出80%以上的定额计算规则条款。

当你具备了以上4个条件后，回复回填土量应该如何计算时可以张口就列出公式：回填土量=挖方量–基础构件本身及包裹的体积。

图4-7所示可以理解为铺装图，总面积内有3种构件铺装材料，算量只需要量三次面积：

（1）构件1工程量=总面积–构件2总面积（总面积、构件2总面积需要计算）。

（2）构件2工程量=构件2总面积–构件3总面积（构件3总面积需要计算）。

（3）构件3工程量已经计算过了。

图4-8手工算量绝对不会比软件算量效率低很多，但手工计算的意义却要远大于

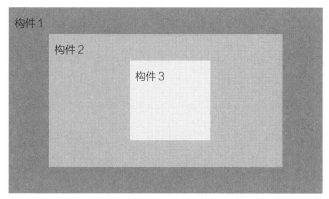

图4-7 铺装图

软件算量。如果觉得这个问题太简单，下面一个思考题是实战中经常出现，却没有正确答案的案例：

20m高的平台上多台设备基础二次灌浆工程量12m³，已知二次灌浆实物量部分清单综合单价1000元/m³（全费用计价，模板费用已经包括在内），问这一项目按分包工程承包如何考虑造价？请读者思考，分析见4.9节。

4.9 单价措施项目工程量应该由谁负责

先看一个实战问题：

单价措施项目工程量应该由谁负责？这个措施费中的单价措施项目工程量是由施工单位负责编制还是招标人负责编制？

答案：工程量清单计价任何性质的措施费报价都由投标方负责，包括法定不可竞争的措施费项目。

有些人可能会反问：为什么在措施费计价的问题上把责任100%地推卸到了投标方身上，是怕招标控制价编制人因为要负无限责任而倾家荡产吗？

回答这个问题还要从哲学角度来分析问题，看一道例题：

20m高的平台上多台设备基础二次灌浆工程量12m³，已知二次灌浆实物量部分清单综合单价1000元/m³（全费用计价，模板费用已经包括在内），问这一项目按分包工程承包如何考虑造价？

如果让招标控制价编制人对着例题出一份招标控制价，入职第一天的人可能兴高采烈地5min内给出了答案：12×1000=12000元，已知条件给的如此详细，连取费都不用考虑，但投标人拿到这个招标控制价后却眉头紧锁，这个价怎么报都赔钱，怎么才能中标且不赔钱呢？看到此许多人一头雾水？价格上哪一个环节不合理导致赔钱呢？这里解释这样组价钱赔在哪里？仔细看题有几处细节是需要用钱来解决的：

（1）将材料运至20m高的平台上，垂直运输或二次搬运费是免不了的，不要以为措施费中的"二次搬运费"只能水平运输时才会发生，垂直运输也是材料二次搬运措施费的组成部分，费用发不发生要看环境、时间、空间、天文、地理、人文等诸多因素，招标控制价编制人在编制招标控制价时，绝对考虑不到影响措施费的因素，措施费计价责任100%由投标方负责是理论上的正解，这不是在推卸责任，而是以实事求是的态度解决问题，只有投标人知道，把12m³混凝土运至20m高的平台要采用什么方法，而招标人无论经验如何，不可能在措施方案选用上与投标方想法完全一致。

多台设备基础二次灌浆，12m³混凝土本来就没多少量，还要零散地浇筑到备基础各个部位，设备基础二次灌浆目的主要是将基础地脚螺栓、设备底座用混凝土垫实和包封住，混凝土浇筑厚度一般100~300mm高，先进设备无用武之地。

有经验的咨询方人员反驳：一年做10多个项目，这么一个小项目措施费有什么难度。这个项目措施费应该如何考虑？

第一种方法：泵送，市场（或者信息价）泵送费20元/m³，12m³混凝土泵送垂直运输费计取240元加取费300元不到，如果投标报价只差300元，300/12000=2.5%投标方预算员能做让利的主，报价时不用紧皱眉头。

吊车技术参数表　　　　　　　　　　表4-2

KATO　　NK-250E-Ⅲ型		额定总起重量表（3）		单位（t）	
支腿全伸（侧面、后面吊重）					
31m臂杆+8m付杆					
	付杆补偿角：5°		付杆补偿角：17°		付杆补偿角：30°
臂杆角度（°）	工作半径（m）	起重量（t）	工作半径（m）	起重量（t）	工作半径（m）　起重量（t）
80	8.00	2.75	8.80	1.95	10.20　　　1.35
76	10.50	2.75	11.50	1.95	13.00　　　1.35

续表

臂杆角度 (°)	工作半径 (m)	起重量 (t)	工作半径 (m)	起重量 (t)	工作半径 (m)	起重量 (t)
75.5	11.00	2.65	12.00	1.90	13.50	1.35
70	14.60	2.07	15.70	1.53	16.80	1.15
65	17.70	1.73	18.80	1.32	19.60	1.02
60	20.60	1.50	21.70	1.15	22.30	0.90
54	23.80	1.28	24.80	1.00	25.40	0.80
50	25.70	0.94	26.60	0.90	27.30	0.75
48.5	26.40	0.84	27.30	0.80	27.90	0.73
44	28.30	0.62	29.10	0.60	29.80	0.58
40	30.00	0.48	30.60	0.45	31.20	0.44

第二种方法：吊车，使用吊车也是垂直运输费的一种形式，但已知条件很明确：设备基础二次灌浆。设备基础什么时候才会出现二次灌浆的工序，可以肯定此工序比后浇带还要靠后，一般主体结构工程屋面施工完成后，塔吊基本到了拆除的时候，施工方不可能花3万元/月租金等着用塔吊为设备基础二次灌浆用，要用吊车也只能租用汽车吊。表4-2是25t吊的技术参数表，往20m平台上吊装混凝土25t吊车是首选。确定使用吊车用几个台班，继续看下面分析。

第三种方法：用卷扬机，这种老土的方法在吊车、泵车无法到达的场所正好发挥作用。

第四种方法：人工倒运，20m高平台站40人用接力方式上下传送的场景仿佛回到了20世纪50年代建筑工地，可那时人工工资一天是0.5元，现在壮工200元/d。

四种混凝土运输方案摆在了有经验的咨询方面前，排除场地的特殊情况外，第四种人力运输方案基本排除，因为此方案费用最高（人工加辅材约10000元），效率最低，而且不容易组织，安全隐患最大，施工方项目经理估计对此也是排除首选。

12m³混凝土重量=12×2.7=32.4t；

人工传送一桶混凝土重量20kg，速度10s/桶；

完成工作时间=32400/（20×6）=270min=4.5h

这种高强度人工运输连续4.5h传送几乎不可能，8h交替休息估计能完成任务，40人工资（200元/d）加吃饭加工具费用基本10000元。

第一种方法：泵送12m³混凝土，30min不到完成，但为了垂直运输这12m³混凝土，泵车进出场费用，前期润水和砂浆准备费用等，至少收5000元/次。

第二种方法：吊车，25t吊一个台班1200～1500元/台班，一钩按500kg混凝土重量计算，速度5min一钩，完成工作时间=32400/（500×12）=5.4h，上下需要3个灰斗，一个吊，一个卸，另一个装，5min之内完成500kg混凝土的装卸工作，平台上下要各留5人负责清空和装满灰斗。10个人工工资（200元/d）加吃饭加工具费用加吊车台班费约4000元。

第三种方法：卷扬机，一台新卷扬机加钢丝绳加电缆加固定支架约1200元，单绳每分钟速度14m，上下一次约3min，一次吊装混凝土重量100kg，相比吊车吊运灰斗，卷扬机吊运的混凝土可以直接浇筑到设备基础里，不用再花费卸混凝土这道工序，5个人在下面装桶，两个人在平台上操作卷扬机接桶、放桶。

吊运时间=32400/（100×20）=16.2h

吊运次数=32400/100=324次

7个人工两天工资（200元/d）加吃饭加工具费用=4500～5000元，相比泵车、吊车一天工期，卷扬机吊运要花费2d时间，但优势在于可以在狭窄场地内施工，卷扬机324次的吊运次数，可能损耗了50%的机具折旧，如果有其他类似项目还能发挥余热，抵扣净残值费用，实际成本低于5000元。

方案一～方案三分析出来措施费用4000～5000元，如果案例按简单思维12000元计算，费用相差30%以上，因为投标报价不能超招标控制价，投标人要对正常报价打7折才能满足招标文件要求。

通过此案例再回顾之前的实战问题，虽然说措施费报价投标方负100%责任，但招标控制价编制人对工程措施费用无视，仍然逃脱不了无限责任的惩罚，作为招标控制价编制人，对措施费的计取一定要按"最不利条件"考虑，这不是增加投资成本，而是之前再三强调的"谨慎性原则"。如果招标控制价编制人没有到过施工现场，案例中就要按第四种方案考虑措施费用，投标人则可以根据现场实际情况选择措施方案一～方案三。招标控制价合理对投资人、对投标人、对项目管理人都是一种负责任的态度。据此可以看出，公开招标控制价并不是规范招标投标的"灵丹妙药"，按工程量清单计价核心思想"自主报价"才能让建筑行业真正走向市场。

咨询方、投标方背靠背对着同一份招标文件组价，最后一同开标、清标，看看谁的报价更接近于合理，避免了围标、串标行为。

5 工程合同有几种

5.1 解读合同

　　投标、多次清标、中标、再次清标、签订合同，这么多程序国内施工企业看着可能极不适应，这套程序实际就是国外建筑投标的标准程序，突出的就是一个"法"字，签订合同前，招标方、投标方把所有想到的问题摆到桌面上讲清楚，签完合同，再见到发包方时，可能就在交工阶段了。签订合同前道路曲折，合同签订后一路顺风，这应该是合同履行的最佳路线。说国内签订合同没有见过这种程序，是因为国内的合同是把坎坷和曲折留到了最后，也就是工程的最后环节—竣工结算阶段，相比国外施工合同的程序，把不确定因素放在签订合同前和放在签订合同后，工程项目风险大小一目了然。

　　下面列举如何在程序操作中来避免合同履行时风险因素的发生。

　　（1）多次清标：清标并不是一个法律概念，只是一个招标投标阶段的操作程序，实际上就是招标方针对投标方提交的要约文件再次提出的要约邀请，希望投标方提供新的要约。如：招标方评标后得出结论并以清单文件形式有针对性地告知A投标方，"结构工程清单综合单价第12项单价偏高，安装工程清单综合单价第15、20项单价偏低"，这就是对A投标方发出了一个信息，要求A投标方对结构工程清单综合单价第12项和安装工程清单综合单价第15、20项综合单价进行调整。A投标方接到招标方下发的清标文件后，有三种回复模式：

　　1）认为招标方评标失误：再次回复时可以对三个清单综合单价不作任何调整，但应该附加三个清单项目的组价说明文件，以示澄清。

2）认为投标方自己的组价失误：调整完清单综合单价后，需要将以前的组价错误加以说明，并附加新调整综合单价的组价说明文件。

3）前提调整：因为招标投标方各自的思想不会完全统一，对招标文件的理解也会各不相同，投标方接到招标方下发的清标文件后对这三项清单综合单价作了调整，但附上了各自的前提条件，如结构工程清单综合单价第12项原报价考虑了模板费用，导致综合单价偏高，现报价清单综合单价中不计模板费用，将此项目的模板费用调整到措施费中。

这种经济标的清标调整有一个前提，招标方质疑什么内容，投标方回复什么内容，不能调整与清标内容无关的清单综合单价。如果招标方质疑投标方总价过高，投标方可以整体调整投标报价，如上例只说到3个清单项目的综合单价，调整综合单价时还有一个前提，如果招标方认为某清单项目单价偏高，而投标人却认为此项目单价偏低，投标人是不能将此单价再度上调，最多维持不变，应该下调的单价反而上调，会被视为不响应而遭废标。

清标实际上就是商务谈判，在招标投标阶段它的作用非常重大，有经验的招标投标方可以把此期间作为工程竣工结算的序幕，这里有一个真实案例。

清标商谈过程中，招标方提问：技术标场地平面布置明确显示要用3台塔吊，而经济标垂直运费租用两台塔吊的费用都不够，措施费用低于成本30%以上，属于重大失误。在实际工作中，措施费技术标与经济标性价比失调是投标方经常犯的错误，面对有经验的招标方，投标方出现这样的失误，剩下的过程投标方想中标，只有听凭招标方的摆布了。这个案例是招标方战胜投标方的一个真实事例，下面还有一个经常会出现的真实案例，揭示了招标投标方的斗智斗勇的过程。

清标商谈过程中，招标方提问：人工费定额工日单价报的是100元/工日，现在人工费每天工人开支300元，如何保证人工成本？

这个问题实际上招标方在明知故问，笔者在前面章节从多个角度分析了人工费预算成本与实际成本的差异，在清标过程中，不可能花费半小时去给招标方讲一堂理论课，如何用一、两句话回答才能圆满，这就要分析问题的根源：

1）招标方并不是希望投标方增加人工费用：如果投标方上当说回去调整人工费单价到120元/工日，可能就出局了。

2）投标方不能直接承认现实：如果投标方想借题发挥，承认人工单价偏低，实际就是承认自己组价失误，给招标方一个信息，将来中标后投标方会在人工费上做"文章"，加大了合同履行的风险。

3）解决问题谈措施：针对这个问题，这里给出一个精妙答案供大家以后清标时参考：经过成本测算，我们将用15%~20%的管理费用补偿人工费的不足部分。这个答案透视出以下方面的信息：

①化解了招标方后续的所有进攻手段：承认人工费单价低，又有弥补的方式，等于将人工费风险轻松化解，这个问题招标方再做成本文章没有意义了；

②间接性地暗示了下浮：如果投标文件公式里体现（管理费+利润）占总造价的20%，补贴人工费用实际是占用了20%×（15%~20%）=3%~4%的总造价，实际就是让利3%~4%；

③显示了投标方的实力：人工实际成本在清标阶段已经测算出来，说明投标方成本控制能力不是一般水平，招标方表面说最低价中标，其实心里更愿意接受合理低价这个概念。投标方展示对成本控制的水平，比提供一个低价格更容易获得高分。

（2）要约之后的程序是承诺，招标方下发中标通知书就是承诺。中标通知书下发后是不是一定可以签订合同，还要看合同起草到签订之间有什么变化：

1）中标方突然对合同条款提出质疑：这种情况经常出现，中标方在投标时没有算清楚账，中标后经高人指点发现报价有重大的漏项错误，执行合同会导致成本亏损，中标后不能无故不签订合同，这时就要想方设法地阻止合同签订，最有效、最隐蔽的方法就是对合同条款提出实质性的质疑，迫使招标方自愿更换中标人（原中标方不签合同也可以得到投标保证金的退还），或答应合同条款作出实质性改动。

2）工程设计出现重大变更：这里所说的变更不是小的洽商、变更，可能是方案性的改变，国内"三边"工程非常多，签订合同前真发生了工程重大变更，需要将来签订补充协议来做经济变更，不如重新对新变更进行评标，这就是程序中提到的再次清标，如果是合同内清单工程量的增减，如结构工程增加一个水泵房，水泵房说是变更，它又是一个独立的单位工程，把它当一个项目来单独招标投标，标的又太小了点，可以将之并入总承包方主合同内，水泵房的结构与其他附属用房结构差不多，招标方自行可以先组织清标工作，把甲、乙、丙、丁等投标方的清单综合单价报价输入新的水泵房工程量清单中，如果得出的结果还是中标方最低价，顺理成章可以将水泵房结构施工的工程量以一个单位工程的形式合并签入主合同，如果清单结果发现不是中标方价格最低，这次清标的作用就显示出来了。

首先，可以发现中标方原投标报价时的不平衡报价，不平衡报价做得人人都能看出结果叫报价失误。所谓不平衡报价应该是让人不易察觉，到时机成熟再发挥作用，这就是在挑战之前提到的招标文件的正确性，招标文件里的错误也许招标人、其他投标人都没有发现，唯独被其中一个投标人发现，这时做的不平衡报价隐藏在哪一个清单项目里，招标人在清标过程中难以发现，新变更工程量清单编制完成后，对着各投标方的综合单价一套，问题可能就显现出来了。中标人原投标报价总价可能是最低，但因为清单项目工程量的变化，权数、含量这些造价概念在实战中的意义突显了出来，招标人发现中标人清单项目里有不平衡报价，将会提出质疑，中标人坚持不调整清单综合单价将会被取消合同签订的资格。

其次，可以再次检验中标人的实力，如原设计建筑外墙是湿贴块料，政策文件突然明令禁止外墙使用块料湿贴工艺安装，原设计外墙装修做法就要被迫变更，或者是变为外墙涂料，或者是改为外墙干挂，不管怎么改，原合同是没有可借用的清单项目综合单价可以套用，就需要投标方再次进行外墙的投标报价，原来的第一中标人投标报价领先第二中标人10万元，经过这次外墙变更报价（注：报价只能是比较变更部分新项目总价，而不能改变以前与变更内容无关的投标报价，否则没有可比性了），第二中标人变更部分总价比第一中标人低15万元，这样前后清标价一折合，第二中标人取得了签约的资格。

因为工程的时间性因素，什么事情都可能发生，中标人得到了中标通知书不一定能成为真正的合同签订人，这种案例远不止前面所提的两种，只要工程施工合同一天不签订，中标方身份就无法变为承包方。

5.2 合同履行

经过招标阶段的一番博弈，招标方与中标方终于签订了施工合同，此时招标方的性质变成了"发包方"，中标方也成为了"承包方"，也就是我们常说的甲乙方。接下来，解读一下施工合同。

1. 合同文件的组成部分

（1）本协议书及各种合同附件（含评标期间和合同谈判过程中的澄清文件和补充

资料）；

（2）中标通知书；

（3）投标函及投标书附录；

（4）项目专用合同条款；

（5）专业工程专用合同条款；

（6）通用合同条款；

（7）技术规范；

（8）图纸；

（9）中标价的工程量清单；

（10）承包人有关人员、设备投入的承诺及投标文件中的施工组织设计；

（11）其他合同文件。

2．解释顺序

解释顺序也可以称法律效力。上述文件互相补充和解释，如有不明确或不一致之处，以合同约定次序在先者为准。

施工合同有的长达几百页，在此不可能一一解读，理解合同可以参照工程量清单规范，把合同分成两大部分：

1）条款部分；

2）工程量清单部分。

条款部分又可以分为三个分部：

①合同协议书；

②合同通用条款；

③合同专用条款。

工程施工合同再厚，也就是由这几大项内容组成，把合同分解成一块一块便于理解。

履行合同要靠行为去执行，有行为就会有故事，合同履行中发生最多的故事是违约，以下所讲的都是与经济有关的合同故事。

这里介绍一个潜名词"二次经营"法律概念，相关文件里都找不到这个名词的解释，但在建筑行业却人人皆知，这个名词的由来如下。

合同履行期间的经济活动分两大类：中期结算实施和终期结算准备。

中期结算就是人们常说的进度报量，有人误认为这是合同履行的重点工作，理由是中期结算可以拿到工程进度款，其实终期结算准备才是合同履行期间的重要经济活动。

承发包双方签订了施工合同，本应该各自去认真履行合同，但因为合同条款有失公平，或一方合同当事人欠缺诚信等原因，导致了合同履行期间，不是考虑怎么履行完成合同，而是考虑如何从对方处争取到更多的利益，有许多公司还把这种行为当作经验在不断总结和发扬，这种行为给人造成的错觉就是合同违约的合法化。"二次经营"行为最常用的方法是寻找合同中的漏洞，寻求合同外的支持，也就是通过不平衡报价达到心理上的一丝平衡。

合同条款中的漏洞每份合同都有，而且不可避免。常用的做法是通过经济变更和洽商来增减费用，变更一般是设计方和甲方使用，洽商一般是乙方使用（当然不是绝对的），变更在合同履行期间的签发非常有学问，分为几种：

1）工艺变更：不管发起方是谁，这种变更多数要重组清单综合单价。

2）材料变更：以材料的品牌、规格、型号、颜色等为变更因素，这里注意一点，材料变更必须是同材质的材料，如地砖改大理石，这不叫材料变更，这叫工艺变更，需要基层工艺没有变化。

3）增项变更：增加承包范围以外（合同外）项目，增项变更一定是工艺变更。

三种变更都叫变更，但意义不一样，竣工结算时，操作方法也不一样，可以看出来，前两种变更是原合同内的调整性变更，第三种是合同外增加性变更。经常看到合同条款内这样规定：洽商、变更清单单项金额小于5000元结算不作调整。这里所指的不作调整的洽商、变更是合同内调整性发生的洽商、变更内容，不适用于合同外增加性项目，合同外就是增加了一平方米额外内容，金额不管涉及多少也要办理增项手续，如室内装修合同中，室外雨篷处地面要求重新铺贴花岗石火烧板，本来室内装修合同不包括室外项目，铺贴4～5m²花岗石火烧板费用到不了5000元，但这个清单项目由于属于合同外内容，所以花多少都要办理变更结算。

变更是针对合同结算模式而变化的，不管工程合同签订的多严谨，变更是避免不了的，因为划分合同内、外就是一项非常困难的判断题。以下是几种常见的合同结算模式：

（1）总价合同：常常被理解为总价包干合同，实际总价包干合同结算模式是定额计价时期的操作模式，清单计价模式下总价合同概念如下（摘自《建设工程工程量清单计价规范》GB 50500—2013）：

2.0.12　发承包双方约定以施工图及其预算和有关条件进行合同价款计算、调整和确认的建设工程施工合同。

实际现在清单计价合同结算模式应该是单价合同。概念如下：

2.0.11　发承包双方约定以工程量清单的综合单价进行合同价款计算、调整和确认的建设工程施工合同。

笔者认为2.0.11条解释并不完美，首先概念名称应该改为固定单价合同：发承包双方约定以工程量清单的综合单价、费率（税率）进行合同价款结算、调整和确认的建设工程施工合同。

概念中的费率（税率）实际也是综合单价的延伸而不能随意在竣工结算时调整。这个解释回复了下面案例的疑问：

某项目为2018年12月中标开工，2019年6月1日以后，官方发出招标文件依照新的安全文明施工费办法执行的文件。请问项目的施工过程中的2019年6月1日以后发生的洽商变更是按照新的安全文明费办法执行还是和延续中标清单的计费方式？按笔者对固定单价合同结算模式定义解释：此项目还是按原来安全文明施工费率结算。

总价合同已经被单价合同所取代，如果现实中还出现总价合同就应该是EPC合同模式采用总价包干形式。与之对应的变化条款是"图纸内工程量及工程项目包干"。应对这种合同条款，启用第三条变更方式，"应甲方要求……"用增项来化解"图纸内"这个合同范畴，将变更扩展到图纸外。清单计价的思想应该是："投标期间，清单工程量包干，综合单价可调；结算期间，清单综合单价包干，清单工程量可调。"这是工程量清单计价最精华的思想，从2003年开始运用，到现在10多年过去了，翻开各个版本的工程量清单规范会发现，强制性条款一版比一版多，但这条清单计价的总体思想却没有体现。清单计价经过了10多年历程，总价包干结算模式的合同似乎越来越多，实际按清单计价模式，总价合同=固定单价合同，总价合同的概念来自于定额计价时期，清单计价模式下的总价合同操作不同于定额计价时期的总价合同。

（2）工程量清单综合单价包干，清单工程量据实结算：这条是现在清单计价唯一的合同结算方式，也就是我们常说的单价合同（固定综合单价合同，定义解释看上述第2.0.11条）。有人说这是工程量清单规范强制条款起的作用，笔者总结认为是进城务工人员讨薪带来的合同变革因素更为重要。工程量偏差对任何一方都是零容忍的，这不仅是钱的问题，它还关系许多人的责任问题，而且极容易导致投标时的不平衡报价。工程量偏差直接导致实际人工、材料、机械与合同收入的偏差，这一偏差的存在，作为甲乙方的项目管理层都没法有个完美的解释。由总价包干合同变成固定综合单价包干合同是一个进步，首先消除了清单工程量的纠纷，图纸中工程实物量看得见，摸得着。随着科学技术的进步，软件算量功能越来越强大，在工程实物量上占便宜越来越困难；其次，单价合同在合同履行期间，甲乙双方可以心平气和地坐下来认真对量，比竣工结算期间为工程量而争执效率要高许多。

（3）费率合同：这种合同是成本加酬金合同模式的变异，又有些类似可调合同，因为这种合同结算时不仅工程量可调，综合单价也可以调整，只要依据充分，就可以主张量、价的增加或减少。这种合同模式使用率越来越高，同时，这种合同招标投标成本最低，如果使用这种合同模式，之前所讲的招标、清标程序几乎可以省略。这种合同模式，对承包方风险最低，对发包方风险最高，运用这种合同模式不需要变更、洽商等结算资料，只需要认量、认价前完善各种签证手续齐全。现实中可能突发不可抗力，如抗击疫情某医院从设计方案确定到项目竣工投入使用工期15d，采用这类合同模式结算是最高效且适用的。

工程合同条款有失公平是常见问题，如何化解和应对，就要在合同履行期间将矛盾化解，常见的不平等条款有以下几种类型：

（1）变更、洽商在×××元金额内不予以调整：这种条款大家要明确几个概念才可以应对自如：

1）变更、洽商范围仅限于图纸内。如原图纸内没有木地板项目，有地砖项目，现在要将其中一间房间约10m²的地砖换成木地板，合同约定，单项变更金额2000元以内的项目，总造价不作调整。如果木地板综合单价是150元/m²，地砖的综合单价也是150元/m²，这条变更金额不等于地砖地面−10×150（元）+木地板地面10×150（元）；而应该是木地板10×150=1500元减地砖变更，地砖变更因为金额小于2000元（这里的2000元是绝对数，不仅指正数，也包括负数），而且是合同范围内的项目，变更视为0，木地板是新增项目（合同外），不受这条合同条款约束。

2）单项变更金额不是指一份变更、洽商里的单项：如果有三份变更、洽商里针对地砖的变更，每份变更都是增长10m²地砖，单项就是这三份变更的汇总数，不管同一项目签在了哪张变更上，最终结算要统一汇总。

（2）措施费包干，结算时不做调整：这一条款要明确两个概念：

1）措施费是指组织措施费，不要把技术措施费混为一谈。

2）结算时只针对变更、洽商中的组织措施费不予以调整，补充协议同样适用于合同内的组织措施费计价原则，如安全文明施工费同样要补充协议里计取。

（3）发包方有权对承包方合同范围内的项目进行调整：发包方能享受这个权利，但也要为此付出代价，承包方对发包方自行分包的项目，收取总包管理费就是承包方最有力的反击手段。

洽商的种类比变更形式还多，除上述三种变更形式，还包括了许多措施费用的内容，在此不一一解释。

（4）最后对补充协议作一个简单说明：补充协议不能否定主合同内的条款，只能对主合同进行补充、完善和解释，补充协议并不一定要发生大的经济变更才签订，如果主合同订立时太仓促，许多合同条款操作时解释不清，承发包双方可以在自愿的基础上，同时不否定主合同条款的前提下，认可补充协议各项条款，用补充协议条款对主合同加以说明。

合同履行总结以下三条内容：

（1）合同履行抓重点。

（2）合同履行理思路。什么是合同履行思路？这里看一个真实案例：

合同中约定："分包人施工使用水、电必须装表计量，水表、电表经检验合格后方可使用，做到准确计量，水电损耗按实际用量之10%计量，按实际使用量及××市统一定价计取费用。如最终无法按实计量而核定费用，按合同总价之2%扣除水电费。"实际施工过程中施工人员因本工程用不着水电，故未装表，与总包结算时，总包预算部门要按合同结算价的2%扣除水电费，除非施工人员有相关证据能证明不用水电，找总包项目经理出具证明，项目经理又不肯出具，该怎么办才好？

如安装固定家具，家具是半成品形式进入施工现场，到施工部位后进行组装，组装固定家具，一定不会用到水，现在组装家具都是充电式的电动工具，工人干活前已经将电动工具充满电，并携带备用电池，组装固定家具施工过程中，也不用电箱单独供电，因此这类工序不用现场的水电，签订固定家具安装合同时，将使用水电这条合同条款删除即可,等合同履行完后才发现其中藏有这条合同条款无故将合同价打了98折。

(3)合同履行重记录。

5.3 使用合同

工程施工合同什么时候履行完成?在工程竣工验收合格后,参与工程建设的各方在竣工验收单上逐一签字确认后,证明工程施工合同全部履行完成。合同履行完成,合同的法律效力并没有终结,本节重点阐述合同履行完后在竣工结算阶段合同应该如何使用。

工程施工合同是工程竣工结算的第一依据,对合同的主要条款需熟记于心。合同条款不但要背下来,而且必须逐条理解,发现所寻找依据的含金量,怎么才能知道依据的含金量有多少,很简单从以下三个方面判断:

(1)时间性:依据发生的时间越靠后,含金量越重,如建筑垃圾清理,合同条款里明确:组织措施费不作任何调整。合同里有这条,施工期间办了垃圾清运的洽商都没有用,结算时照样会被扣减,但如果工程5月份办理完成竣工手续,6月份发生的工地垃圾清理工作,性质就完全不同,这个时间发生的费用已经不受合同约束,承包方帮助清运垃圾不是合同范围内的工作。

(2)合同范围:合同范围内的工作要受合同约束,而合同范围外的费用则可以另行计算。在竣工结算阶段经常有人问,我们搭建的施工现场的临时围挡,进行现场的路面硬化,施工时已经办了签证,结算时审计为什么不给钱?搭施工现场的临时围挡,进行现场的路面硬化,在合同条款里可能没有明确表示,但投标方当时组价使用的地区定额里,计取了现场安全文明施工费,定额里对现场安全文明施工费有明确的工作内容解释,搭设施工现场的临时围挡,进行现场的路面硬化都是现场安全文明施工费范围内的工作,现场安全文明施工费是合同里的内容之一,搭设施工现场的临时围挡,进行现场的路面硬化当然就是合同范围内的工作,小范围跳不出大范围的圈,审计不会对合同范围内的工作另计费用。现在施工现场的围挡想增加费用,有没有可能?有,而且绝对不会被审计扣减,这就要跳出合同范围这个圈,怎么跳出去?安全文明施工费条款有没有做广告的条文规定?没有,围挡喷绘替发包方做广告,这个洽商就顺理成章成立了。

（3）虚和实：量是造价三要素中含金量最高的元素，签变更、洽商，如果只考虑价，价是虚的，就算甲方签字了，结算时审计也会重新审核，如果把量签实了，量看得见摸得着，想扣减没这么容易。如办理垃圾清运洽商一：清理现场垃圾发生费用1000元；洽商二：清理现场垃圾发生人工工日2个，共清运垃圾3车。这两条洽商哪一条结算价格会更高些？

（4）责任划分：合同条款再详细也有说不到的地方，发生了费用，如何划分责任这里要明确一下：应该是最大受益人承担最多的费用，这里什么叫最大受益人，用三个例子解释一下：

1）承包方进场后向监理和甲方递交了施工现场高压线护线架子搭设的施工方案，经甲方、监理确认签字后，承包方提出了搭设架子的费用问题。这项费用承包方能要得到吗？先分析一下这架子不搭设，发包方没有任何损失，但承包方则要冒极大的安全风险，承包方在投标阶段应该知道施工现场有高压线经过，护线架子搭设实际上最大的受益人是承包方，受益就要付费，这笔费用只能自己承担。

2）由于施工节点图与平面图不符，施工方按节点图做法施工，发包方要求按平面图方案进行返工，发包方应不应该支付返工费用？答：必须支付。图纸最大的受益人是设计方，承包方不管拥有什么样的资质，就合同而言，没有义务为设计方审核图纸，因图纸错误发生变更的费用，发包方可以扣设计方的设计费来补偿，而不应该在承包方的返工费上打折扣。

3）甲指分包进场后，总包方提出收取总包管理费，总包、分包合同里都没有相应的总包服务费的费率条款，因为没有具体的合同条款，发包方去跟总包方协商，是签订补充协议，还是办理其他签证与甲指分包方没有关系，总包收取多少比例的总包服务费，甲指分包方就向甲方索赔多少总包服务费金额。

分析了上面的几项合同条款价值，再提示一些合同执行中的错误大家就容易理解了：

（1）道德凌驾于法律之上：这一条错误审计方运用时最为常见，如竣工结算期间发现合同中的工程量清单项目有价格的偏差，于是提出调整合同中的工程量清单单价。工程量清单综合单价是经过投标人要约提供，招标人清标审核，最终承诺签入合同条款内的法律文件内容，怎么能在竣工结算期间说改就改呢。合同签订前，综合单价的错误最多是道德问题，而合同签订后工程量清单综合单价就上升为法律性质，这一错误至今仍存在，可能与工程量清单规范中可以调整工程量清单综合单价的理论有直接关系，此处再次明确，工程量清单综合单价一经写入合同，不能进行调整，有变更、洽商只能重组。

（2）清单工程量变化会影响清单综合单价：这条是工程量清单规范中的条款，这一条款直接动摇了清单计价的基础，在此不想再讨论其对错，分析一下这一条款的目的。

1）招标方对工程量清单的编制负全部责任：这一条是清单规范的条款之一，错了负实质责任，叫负责，而不是负虚拟的责任。如招标清单因为工程量输入错误，将10000t钢筋输入成1000t，投标方发现问题后，将此项清单综合单价上调9倍，正常5000元/t的综合单价，变成了50000元/t，清标时未发现问题，双方签订了合同。结算时承包方办变更补充9000t钢筋的清单工程量，综合单价按50000元/t结算，发包方要求降价。如果按清单规范条款执行将综合单价调整为5000元/t，招标方等于没有负任何责任，工程量错误是承包方发现的，变更是承包方办理的，承包方花费了这么多的管理费用帮助招标方审核错误，最终没有获得任何利益。不办变更，承包方此项清单结算金额1000×50000=50000000元，办完了变更结算金额=（1000+9000）×5000=50000000元。相当于这个错误的代价被转移到承包方名下了。

这一条款实际是为招标方开脱责任编制的。

2）破坏了组价原则：组价原则可以理解成经过投标方报价与招标方审核后达成的游戏规则共识，从法律角度解释叫公平、公正，从道德角度解释叫诚实守信。投标时，综合单价的确立体现了投标人的思想，其中每个清单项目综合单价组成的人、材、机单价，费率都是相对统一的，签订合同，综合单价就成为合同文件内容，组价原则随之也上升为合同内容。如果随意调整清单综合单价，就是任意破坏之前达成的游戏规则共识。

（3）对合同内组织措施费进行调整：组织措施费一般看不见，摸不着，在施工期间是否发生是无法用主观想象判定的，因此，组织措施费无论实际与合同项目是否一致，都不应该在竣工结算时调整。但在审计过程中，多次听说要对合同内的组织措施费进行审核，实际反映出对组织措施费概念的不理解。结算时常听说：承包方成品保护费收了10000元，实际就铺了一层塑料布，100元都用不了。成品保护是一项管理措施，有管理的概念在内就不能简单地用一卷塑料布的价格来衡量其价值，施工中铺了一卷塑料布就起到了成品保护的目的，体现了承包方的管理水平，如果因为只铺了一层塑料布造成了地面的损坏，承包方是要负修补和更换的责任，收了10000元成品保护费可能不足以修补损坏的地面，承包方照样要全部承担修补的费用。"节"与"超"不能到最后来评判，如果投标时认为投标方成品保护费收取过高，可以在清标阶段提出质疑，而不是在竣工结算阶段做成本分析。

关于工程施工合同在操作过程中有许多案例纠纷，实际许多案例细细分析可以用工程造价理论——解释清楚。

[案例]　一栋20层楼，建筑面积10000m²，投标时施工方计取了垂直运输费100万元，实际施工过程中施工方未使用塔吊，工程竣工结算时可否扣除100万元垂直运输费？

这么一个简单的案例体现出几个误区：

（1）垂直运输费仅限于使用塔吊吗？这实际就是一个前提性错误，垂直运输费包括塔吊、汽车吊、混凝土泵车、卷扬机、龙门吊、人力杠杆甚至人工垂直搬运的费用，塔吊只是垂直运输费其中一种运输工具，没有使用塔吊，20层楼能竣工说明工程项目运用了其他更科学的运输方式。

（2）垂直运输费属于什么性质的措施费？垂直运输费属于组织措施费（有人称之为总价措施费），组织措施费没有固定的实物形态，投标时计取，结算时支付这是常理，借口没有使用吊车纯属对费用的无知。

（3）组织措施费的性质：体现的是施工方管理的水平，投标时提前预约施工期间可能发生的费用（投标时计取组织措施费）；钱交给施工方（结算时支付），怎么用是施工方的事（竣工结算时结清款项），但是不能随意增补（或抽减）相关费用。

5.4 全过程造价管理中工程造价人员要做什么

全过程造价这个概念现阶段似乎很热，并且有人将之与BIM、大数据等关联起来，引发无数同行积极报名考试、培训，但他们忘记了，没有项目哪来的全过程。想要参与到其中必须要取得订单后才有机会实施，造价处于管理的销售环节，前期的设计方案论证，材料选用定型，施工组织措施完善等工作，相比后期竣工结算对项目成本影响要大许多，工程项目的全过程控制70%以上的精力要投入到设计、交易阶段，而不是想象的那样，中标后才想起二次经营。

全过程造价的范围定义：狭义的工程造价全过程起于招标投标阶段，止于竣工结算书双方签字盖章。工程造价人员交易阶段做的工作主要是投标、清标、签订合同，现在定义的工程造价全过程起于拓展到取得信息后从设计方案阶段开始，止于运营维护合同终止阶段结束，相比之前工程造价4个控制过程又增加了两个阶段，设计阶段控制60%以上的工程成本，控制住前期，就可以把握住将来，工程造价人员在全过程造价中第一个要达到的技能是懂设计。

这里说的懂也分几个层次，第一层次只需要知道个皮毛：

（1）工序、工艺做法：如一个楼面块料清单项目完整的施工工艺：

1）清理基层；

2）60mm厚垫层；

3）20mm厚找平层（结合层）材质、厚度；

4）5mm厚粘结层厚度；

5）面层铺装。

第1）~5）项不是对着图纸、图集里的工艺做法往工程量清单项目特征描述里抄，而是要在脑子里建立起铺装项目的节点模型，在没有形成图纸、图集的情况下也可以生成价格。

（2）一些基础型技术参数：如竖龙骨间距900~1200mm、乳胶漆涂刷遍数（一底两面）、防水层上卷高度250~300mm等都要随口而出。

（3）基层材料选用：看现在墙砖都要用瓷砖胶粘剂，传统的水泥砂浆已经不适合墙面块料胶粘剂使用；如还有许多人在问：粉刷石膏应该套什么定额子项？因为地区定额编制思想滞后，导致同行不知道粉刷石膏是代替混合砂浆的材料。

（4）基本设计符号或代码的识别：在没有图例的情况下如何判断区分承重墙与隔断墙，ST代表石材，CT代表瓷砖材料编码等。

第二层次要达到审图的标准，这里有人质疑：为了赶时间，用未经过图纸会审的图纸发给咨询单位编制清单，在咨询单位编制过程中提出了诸多问题，然后在工作进行到后期又发来审核后的图纸，结果改动较大并且未明确知会咨询方。因为时间和工作饱和度的关系，咨询单位也未检查出图纸中的变量，由此导致的问题是否也全部该由咨询承担呢？问题中的"编制过程中提出了诸多问题"解决了什么问题？许多都是工艺做法问题，而缺少建设性方案，导致"在工作进行到后期又发来审核后的图纸，结果改动较大并且未明确知会咨询方"的问题出现，最终"因为时间和工作饱和度的关系，咨询单位也未检查出图纸中的变量"而算错量。作为有经验的工程造价人员，笔者认为花费在审图上的时间比考BIM证书有价值，帮助设计审图绝对不是替别人做嫁衣，工程造价人员能帮助设计师审图说明对项目熟知，对业主要求领会，对图纸理解。

这一阶段要掌握的技能：审图与节点建议，也就是搭接、锚固、收口等细节处理问题。

第三个层次：设计方案的论证，既然工程造价人员这么热衷研究BIM技术，这里不妨揭示一下BIM在设计阶段能帮工程造价人员做些什么？

（1）建模：设计师建的模型比工程造价人员建的模型精致百倍。

（2）纠错：解决各种安装管线交叉打架问题，设计师挣的工资也不少，他们拿着工资不负责，工程造价人员不用为设计师成果操心，管线交叉打架影响不了多少工程量，把工程量算清、算准是造价人员的主业。

（3）措施方案编制：措施方案编制是设计师的盲区，工程造价人员又必须从措施方案中寻求财富。在项目上，负责成本的同行对措施方案的建议有千钧之力，也就对项目经营拥有决策权。正确意见对将来个人前途（升职、加薪）都是积累的过程，决策失误会造成负面影响。如土方开挖，连施工现场都不去，如何知道采用大开挖还是护坡，挖出的土外运还是内存。现在有一些误导性的理论：原来信息不发达，许多资料需要亲临现场勘查，现在有大数据，坐在办公室同样获取所需信息，但并不代表造价人员不需要到施工现场。

（4）图纸加实际工艺转换成实物的过程，许多人会说，"我能识图、算量、套定额，图纸加实际工艺算不了什么高技能"。识图、算量、套定额在图纸完善阶段算不了什么，但在设计方案阶段，一幅画、几张照片、设计师手稿，都是算量的依据，在图纸严重不全的情况下把工程量算得尽可能准确，就不是一般人所能达到的水平。想全过程管理，检测一下自己的基本功能支持过关吗？

（5）有没有实力否定设计方案，这个问题看似天方夜谭，实际在装修专业司空见惯，在装修公司，设计方案论证请成本负责人参与决策是必须的程序，目的一是解决第（2）、（3）、（4）条的问题，目的二是预测方案投资，如刚才一个同行咨询：框架结构楼梯间开关立管如何实现穿梁暗敷上到各层？框架结构墙体是砌块墙，立管无法实现暗敷，只能做选择题：

1）按设计线管位置和配管工艺在梁内实现暗敷，在梁的上下两端用明管工艺，墙面开槽后与暗管连接；

2）楼梯间立管全部改成明敷；

3）改变线管位置从框架柱、构造柱间实现线管暗敷。

这里所谓的否定设计方案并不是用以大压小的方式强制执行，而是从其他专业的角度推出多方案让设计师优中选优，这样修改设计方案，设计师心理可以接受，设计方案也容易得到优化。

全过程造价检验的就是设计阶段的能力，否则，在设计方案论证会上，即便是"身"参与其中，"脑"也无法同步运转，全过程会变成形式过程。全过程造价打破了原有工程造价人员的传统思维模式，图纸不全我不能做预算；图纸不全算错了不负责任。现在的观念：图纸不全先按经验计算，计算结果出来后，与设计师沟通，与设计不一致的做法回来修改，将来不管图纸全与不全，造价咨询人员对计算结果要负无限责任。对造价人员的要求是能确定的量要计算准确，不能确定的量按高限暂估，如用石材还是用瓷砖首先要选择石材报价，如果业主囊中羞涩接受不了石材价格，可以把材料修改为瓷砖后降低价格，通过降价抚平业主心中的不满，如果开始报价用瓷砖，业主想改用石材，再想把价格往上调整，业主心中立刻会生出阴影，谈判之路会增加许多障碍。

全过程造价是对现有工程造价行业，特别是对咨询行业概念上的颠覆，正如同有些人说的：施工单位的观念和经验到咨询行业无用武之地。现在要更正的是：没有施工单位20年以上经验，全过程造价很可能成为全过程被蒙骗的过程形式。如有些承包方在EPC总承包合同中标后，要求增加空气检测费等费用，如果合同或招标文件中没有注明空气检测内容，作为工程装修方施工后要有一个对业主的交代，除了眼睛看到的装修效果，还要对业主方的鼻子负责。通过空气检测可以证明装修用的材料质量达到环保要求，EPC合同不需要大篇幅的文字条款说明，更多的是合同履约双方的相互信任与默契。全过程的合格超越了钢筋拉伸试验、混凝土强度试验范畴，在这些材料技术指标合格的前提下，也包括空气检测合格。

全过程造价真需要20年经验作支撑吗？答案是实际只能比理论时间更长。刚入行的人怎么进入全过程？实际每一名工程造价人员走的都是全过程其中的一段，设计阶段、招标投标阶段、合同签订阶段、项目管理阶段、竣工结算阶段、运营维护阶段，从业人员只要不断延长自己脚下的路，总有一天会环绕全过程造价一圈，那时不管置身于工程造价的任何一点，都能从容走完之后的全过程之路。

5.5 哪一个工程造价概念有生命周期

关于工程造价理论概念，不要用孤立的思维方式去理解工程造价中的概念，如能不能调整材料价差问题。答案如下：

（1）在投标阶段调整人、材、机价格的随意性较大；

（2）在竣工结算阶段，要看合同约定的调价范围，如果此种材料不在合同约定范围内的材料，就算其价格涨幅系数超过合同条款内约定的风险比例，此种材料价差也不能调整。

实际上学习工程造价要始终有一个全过程的概念，不同的概念在不同的阶段操作程序和方法也是各不相同，如果简单地询问能与不能，负责任的答案就要从不同阶段先设置假设前提后再进行分析回复。

今天要研究的这个概念与其他工程造价概念不同，它的生命周期并不是贯穿工程造价的全过程，而是停留在某个阶段，超出了这个阶段范围，这个概念将毫无意义，这个工程造价概念其实经常出现在工程造价人员的嘴边，叫做"不平衡报价"。

（1）不平衡报价概念解释：字面翻译就可以，概念容易理解。

（2）不平衡报价概念生命期：这是不平衡报价概念难以理解的地方，正确解释不平衡报价期诞生于投标文件交付截止时，终止于工程施工合同签订生效日。相比其他工程造价概念，不平衡报价概念生命期是非常短暂的，狭义的工程造价全过程是四个周期，广义的（如EPC模式）全过程造价是六个周期，而不平衡报价概念只停留于招标投标阶段的后半程加合同签订的全过程，存在时间不到一个交易流程，也就是1.5个周期的生命。

为什么一定要对不平衡报价概念作出一个生命周期的定义，要从这个概念的性质开始讨论，不平衡报价这个概念有些贬义词性质，类似于做假账，所报价格在审核阶段被定义为假账对人品都是一个损害，所以人人都希望贬义概念期能尽快结束。人为把不平衡报价概念延寿是现在行业的常态，经常会听同行念叨：结算时发现施工方投标时的不平衡报价，审计可以调整投标清单综合单价吗？

不平衡报价不管是故意制造还是无意产生，只能在其生命期内对其定义，发现或疑似不平衡报价问题，可以要求投标方澄清、改正，甚至取消投标方中标资格，一旦过了期限，这个概念立刻失效，在竣工结算期间不能再提不平衡报价问题，当初评标、清标的目的就是为了清除不平衡报价，因为当时评标人员的不专业（或不负责）行为造成不平衡报价审核遗漏而使其出现在竣工结算阶段，这时当初的不平衡的报价已经上升为法律文件，结算阶段也只能将其不合理视为合理报价组价原则来严格执行。这条解释的理论依据：固定单价合同固定的内容就是工程量清单综合单价固定，如果合同内明文规定的固定内容可以被任意更改，当初不平衡的报价会成倍出现。项目参与各方为了自身利益，会编造出成千上万个追加或扣减工程价格的理由，工程项目的竣工结算程序因为争议繁杂，结束时间可能变得永无止境。清单计价模式固定单价这一理论概念充分体现了契约精神，让工程项目各参与方在公平、公正、公开的规则下进行竞争，有些人说：不平衡报价属于有失公允的合同文件内容，这实际是为某一方的失职开脱责任的说辞，不平衡报价概念是存在有效期的，这一期限内评标人、清标人对投标人的报价可以提出任何形式的质疑，投标人为了中标也必须对各项质疑作出合理的解释并以正式文件形式回复，这也就是笔者强调的在交易阶段多投入一分钱，竣工结算阶段就可以节约1元钱结算成本开支，支付500~2000元/位的专家评审费确实不高，但是不负责任的评标形式过场可能为招标方带来百倍的损失，所以宁可给评标人费用单价上加个"0"，也要将后期风险减两位百分数。实行无限责任制就是提高评审报酬，增加评审责任，到时因为评标失误，为获取20000元评标收入赔上500万元可不是什么天方夜谭。

5.6 不平衡报价引发的二次经营

"二次经营"这个概念并没有查询到任何官方解释，完全是人为将工程分段理解形成的操作模式。有句话将其解释的非常的到位："投标看报价，挣钱靠后加。"任何买卖交易行为，看报价是必需的程序，工程项目投标也脱离不开这一关键程序，于是施工方往往把第一句话描述的交易阶段作为一次经营对待，成功后进入下一阶段称为"二次经营"。在第一阶段经营过程中，中标方往往是以遍体鳞伤惨胜的结局进入下一轮比赛，如何在之后经营中抚平创伤，就成为每一个中标方需要考虑的问题。网络上铺天盖地的关于报价技巧秘籍，解决不了任何投标报价的必然问题，只能说报价合理是中标的前提，报价再合理也不一定能中标。

既然报价再合理也不可能一定中标，投标人在报价中就运用了更加隐蔽的手段，何不在报价中制造一些不太合理的因素。首先进一步增强竞争力，其次万一中标可以实现中标后获取更多的利润，将投标报价中失去的利益重新找寻回来一点碎片，这就是之前谈论过的"不平衡报价"。笔者评价"不平衡报价"就是三点：

（1）现实中的大部分不平衡报价并不是故意做出来的，而是根本不会做报价的人凑出来的很不好看的单价数字。

（2）"不平衡报价"如同做假账，自称所谓的合理避税（现在改名叫合理节税），不平衡报价就是一种自欺的说法。

（3）"不平衡报价"不被发现的概率公式基数即便是99%，但要经过时间指数（从投标时间点到工程施工完天数的倒数次方），不被发现的概率也逐渐驱向于"0"，有甲方人员表示，发现不平衡报价会用反制措施进行补救（具体用什么补救方法看上一篇评论里有非常真实的描述）。

财务有个前提概念叫"持续经营"，工程中人为划分的一次经营和二次经营必然是一个有机的经营整体，低价中标意味着施工阶段要为投标阶段支付更大的风险，为了省几根脚手架管，坑、孔、沟、池边不搭设围护了，给安全上增添了几分风险概率；工序上为降低成本，地面抹灰压光、养护工序省略了，为质量上埋下了空鼓、起砂隐患；材料上为节约点混凝土费用，连振捣次数都做了手脚，二次经营演化成为降低工程成本而挑战管理风险系数极限的尝试。

二次经营除了经营工程项目管理阶段的安全、质量、文明施工等风险之外，就是经营交易阶段的"不平衡报价"风险。不平衡报价如果是人为在交易阶段制造出来，一定要让其在项目管理阶段实施才有意义，有人说：不平衡报价在招标投标阶段没有被发现，之后发现也可以调整，这纯属于践踏法律的行为。工程量清单综合单价一旦变成合同文件，就不能再进行调整。关于不平衡报价操作有许多人做过总结，下面对这些总结下一个结论：

（1）预计将来清单工程量会增加的，综合单价报价时要提高，预计将来清单工程量会减少的，综合单价报价时要降低价格减小利润，这个总结没有错误，也使许多初级造价员仿佛看到了迈入空中楼阁的捷径，但是仔细分析其中的道理，又有多少人能对未来工程项目的走势进行准确的把握。当初报价高的清单项目也许被取消或更换，报价低的甚至赔钱项目工程量不降反升，成本控制并不是短期能够学会的。

（2）工程施工靠前工序报价高点，尽快收回成本，靠后的项目报价低点，甲方对此早有应对的方法。土方是工程项目的最初工序，土方工程甲指分包了，地下室防水甲指分包了，总包想在基础上做点手脚，还要冒被对手淘汰的风险，能想到的不平衡报价之路都被堵死了，留下后续项目如家具、室内门等工程后期工序报价如果低点，两年后发现综合单价连供应商成本都不够支付。

（3）因为图纸不全就运用不平衡报价也不是理由，图纸全与不全所有投标方是站在同一起跑线上的，如清单项目特殊描述"铺地砖"，既没说用什么材料当结合层，也没有说结合层有多厚，所有投标人估计都套一个铺地砖定额，想将清单项目价做高点，增加点结合层厚度造成竞争力下降而被对手淘汰出局，万一侥幸成功，竣工结算时会遭遇审计方质疑，为什么后期变更结合层厚度是20mm，报价里却体现了30mm厚，这项清单项目重新组价，结合层按20mm厚考虑。之前所做仍是无用功。

（4）措施费报低价或报高价。分部分项清单综合单价报低或报高，这些更是误人的传说，措施费无中生有会给竣工结算增添无尽烦恼。分部分项清单综合单价低于成本可以被废标，中标后因为报价低而造成清单项目亏损，还会遭到公司指责。投标报价还是那句话，所有关于不平衡报价的经验都是根据特定项目、特定环境、特定主体而量身定制的，这个项目之所以运用不平衡报价能够成功，一是靠个人能力，二是靠团队集体的配合，三是靠运气。每一个工程项目都是单一的特定商品，交易过程中报价切不可盲目效仿。

运用不平衡报价在这个项目上的成功经验，就可能是下一个工程项目的失败案例。唯一立于不败之地的就是之前将别人没有看清的量计算明白，如对招标清单工程量进行复核，实现知己知彼之后再按第（1）条方法操作，等别人醒悟过来时已经为时已晚。但图纸中实物量部分的量容易看见，真正看不见的量在措施费里，竣工结算争议最大的项目费用也是措施费用的追加，真正实物量部分只要之前报价低了，之后也改变不了被动局面，想把之前报价低的地砖换成木地板，发包方内部必须要有内应配合，但是发包方谁敢站出来承担这项变更的责任。措施费增加到竣工结算期间已经没有取证的可能，之前签证的依据之后想推翻很困难，加之合同中如果有漏洞存在，如建筑红线外有条水沟，踏勘现场时投标方看见了没知声，中标后一进场便将签证单交甲方，要求甲方搭设桥梁实现"三通一平"，因为在红线外，这笔费用不属于临设费范畴，甲方就是出钱搭了桥，施工方还会继续递交签证，因为桥梁无法承受钢筋运输车辆、混凝土罐车，需要桥梁加固费用或索赔二次搬运费用等，有些人看到这个案例纷纷也递交签证，要求索赔施工现场内场地硬化费用，可惜费用性质不同，其他工程能要回来的索赔，在本工程不适用。算量并不是傻傻地在图纸上涂涂画画，要把量的性质分类汇总，哪些量的费用必须在投标时计取，哪些量用于事后索赔，哪些量可以报低价，哪些量又需要提高利润。

在不平衡报价文中有人回复：复杂的构件报高价。这个思路没有错误，因为：

（1）复杂构件谁也算不清楚成本。如家具，连供应商自己都经常算错报价，何况没经验的预算人员，算完成本后乘以1.4系数没有关系，甲方如认为价高，可以要求他们甲指分包，估计哪个甲方成本人员之前也不敢作此决策，一年后如果家具成本真的上涨了20%，当初乘以1.4系数可以维持住正常经营，如果家具没有涨价，甲方想甲指分包，但施工方已经与供应商签订了加工合同，需付施工方50%定金费用。

（2）复杂构件风险也大。报高价可以抑制成本控制的高风险，复杂构件报高价虽然看起来利润率比其他清单项目高点，但并不能称为不平衡报价。如一个不锈钢造型，报价10000元，清标时审计问构件有多重，回复不到50kg，按完计算器后得出结论，200元/kg的不锈钢价格是先例，回复，为打造出某种造型，花费150元/kg的制造费用不算什么特例。

如果正确理解二次经营，应该是如何将高风险的复杂项目在安全、质量上下功夫出具科学合理的措施方案，在完成合格项目的同时获取利润才是经营的正确。

5.7 EPC合同与费率合同的组合运用

EPC合同模式几年前在国内还很陌生，就连最有希望实现EPC管理模式的国家体育场项目，最终也没有真正意义上实现EPC管理模式。现在EPC合同模式热度很高。但国内项目真正意义上实现EPC合同模式真不多，如有些人在平台上询问：在施的一项EPC项目，施工过程中发现地基土质问题，能否提出洽商、变更要求？

EPC合同模式虽然是国外的总承包管理模式，在国内20年前家装已经将这一模式做得炉火纯青，相比国外的EPC总承包项目，家装项目规模小了一点，工序也少了许多，但管理模式与理念能看出一些EPC合同模式的雏形，如设计、勘查家装要做，施工不用说，运营服务虽然接触不多，但大部分工程总承包公司都没听说过什么是EPC合同模式下的"运营服务"项目？如，一个酒店项目建筑、装修竣工达到运营条件，国内的酒店管理模式可能是找一家酒店管理公司（类似物业公司）或业主自营，在EPC合同模式下酒店项目建筑、装修竣工并不是总承包合同履行的句号，下一步进入到"运营服务"阶段，也就是EPC合同模式里的"采购"环节，EPC合同模式里的"采购"绝不是国内建筑同行想象的购买钢筋、混凝土等建筑材料，购买建筑材料属于"施工"环节。

在酒店运营服务阶段，业主（或投资方）可能就派驻几名前台负责收款业务，运营管理还是交由EPC总承包完成，国内同行可能要问建筑工程与酒店管理大相径庭，工程施工报价已经是一头雾水，现在还要计算酒店运营服务阶段成本，预算人员要在一片荒地上算清楚酒店日常经营费用真有这么万能吗？国外投资方是这样考虑问题的，一个从事钢铁行业的投资商投资了一座酒店，对酒店经营投资商也是外行，如果工程总承包方不负责酒店后期运营管理，投资商还要找一家专业的酒店管理公司来参与酒店经营，花费的运营成本是一样的，既然要付款，钱给谁都一样，找做工程的做后期运营，避免了后期的维修、保养争议，如果建筑总承包方觉得自身管理酒店能力有限，可以再找一家专业的酒店管理公司做分包。

现在让国内建筑总承包方想酒店后期运营管理问题为时尚早，但国内大的建筑总承包方已经开始收购有结构设计资质的甲级设计公司，将来可能还会收购相关的专业咨询公司获取资质提升。为承包EPC项目扫清设计、勘查、咨询障碍。实现设计、施工、咨询强强联合，能否在国内承包到EPC项目，下面分析一下EPC工程总承包模式的特点：

1. 什么是EPC工程总承包

（1）业主把工程的设计、采购、施工全部委托给一家工程总承包商，总承包商对工程的安全、质量、进度和造价全面负责。

（2）总承包商可以把部分设计、采购和施工任务分包给专业分承包商承担，分包合同由总承包商与专业分承包商之间签订。如专业工程的空调、消防、弱电、精装修等分包合同。

（3）专业分承包商对工程项目承担本合同范围内的义务，通过总承包商对业主负责。专业分承包商对总承包商负责。

（4）业主对工程总承包项目进行整体的、原则的、目标的协调和控制，对具体实施工作介入较少。原来EPC合同中没有考虑门禁系统，施工过程中业主要求总承包增加门禁系统，这项可以办理变更。

（5）业主按合同规定支付合同价款，承包商按合同规定完成工程，最终按合同规定验收和结算。

2．EPC项目需要的资质

拥有总承包资质的设计公司在国内存在，但能真正进行工程设计并承担施工组织的设计公司不多，他们一般会与拥有施工资质的公司组成联合体进行承包。设计与施工一旦分家，之间的协调与沟通必然会被经济利益所约束，好的设计方案可能会被成本所否决，要效果还是要成本就是一个艰难的选择，现在施工总承包公司收购设计公司的目的就是便于实现设计—施工一体化。

3．国内EPC模式的现状

如果说EPC模式的障碍只是出现在承包方内部（设计与施工的矛盾还容易解决），最终结果是双方找到一个成本平衡点，但是，EPC模式最大的阻力是第1条（4）款，业主对项目放不下，或者是放不下心，在国外，业主与总承包商签订完EPC合同后，再见面可能就是在庆功会上了。这与国内的承发包双方的关系截然不同，国外的甲乙方是在共赢的基础上共事，而国内的甲乙方是在斗智斗勇，部分业主挂靠监理公司，培养自己的工程监理人员；挂靠咨询公司，培养自己工程审计人员；挂靠专业分包，培养自己的工程施工人员。与家装思维模式相仿，每一根钉子业主都要亲自询价，甲、乙双方根本不可能建立起互惠、共赢的整体目标。

在国内工程项目中，有许多特殊的材料，如：甲供材、暂估价材料等，这些特殊材料概念产生的历史原因甲方能说出十条八条理由，本质原因是甲乙双方的互不信任，甲方怕乙方以次充好，因此发明了甲供材，乙方怕材料涨价风险无处释放，因此发明了暂估价材料。为了怕专业工程承包方占便宜，发明了专业工程暂估价，只要想到的，甲方一定都要控制到，甲方对所有的工序都控制到了，EPC模式也就烟消云散了。

4．EPC合同的性质

EPC总承包合同是100%的总价合同，国内将传统的清单计价合同用文字定义为总价包干合同，说明合同范本起草人对清单计价合同模式的不理解，普通清单计价合同都是固定单价合同，固定单价合同的特点：结算时清单工程量可调整，合同条款如有规定，人、材、机单价也可以调整，但合同内工程量清单综合单价、费率（税率）不可调整，即便是国家税法修订引起的税率变化，也不能在工程竣工结算操作时直接修改合同内的税率，组价原则不可调整，如投标时一种材料因为小数点错误造成材料单价相差9倍，但清标时没有被发现，结算时这种材料因为变更原因数量大量增加，但结算组价时也必须按合同内相差9倍的单价计算。

EPC总承包合同是招标文件及合同范围内的所有内容都不可调整，如开发商对着一片棚户区向总承包方介绍：这片地区从××条街至××条路，官方提供信息有9000户居民，560个商铺，现要改造为500万m²的综合商区（容积率2.9），地铁站出口预设在某某区域，公共区、商务区、住宅区面积比例为1：2：7，住宅区大、中、小户型比例1：3：6，附加几页纸的文字说明和官方批文复印件。面临这样一份招标文件，9000户居民，560个商铺的搬迁是合同内总承包方要做的工作，超出这个数字范围，就是变更项目内容。

EPC总承包合同符合西方人的思维方式，对于自己不擅长的技能，就找行家去应对，在报价时，总承包方对搬迁心里也没谱，平均1000万元搬迁一户是否够？报价时报出1200亿元的价格，居民住户搬迁费1000万元/户，商铺2000万元/户，剩下的钱用于应急处理，付款条件每签订一户搬迁合同甲方支付500万元搬迁款。另外一家竞争对手报价600亿元搬迁费，付款条件每签订一户搬迁合同甲方支付600万元搬迁款。开发商到底选用哪家总承包方？这个答案留给读者。

国内总承包方的思维还停留在设计—施工一体这个阶段，因为建筑行业价格长期被干扰，施工方连人工费报价自己都做不了主，更别提搬迁费如何报价了。这里有一个EPC案例：

EPC项目投标时一般只有设计方案，设计深度不够，应采用何种方式报价？有无相关文件对EPC项目从招标开始每个阶段应采用何种报价作相关说明，如招标投标阶段采用设计概算确定总承包价，中标后进行施工图深化做施工图预算，以此作为后期结算标准。

EPC项目报价时没有设计方案，如果招标时有设计方案就不是真正意义上的EPC项目，EPC项目报价时应该只能见到一片荒地，说家装是EPC的鼻祖一点没错，家装签订合同时就是一个毛坯房，业主能简单说几个设计方向是对装修公司负责，大部分业主什么态度也不表，先拿几个方案看看。

5．EPC项目的实施过程程序

（1）拿招标文件，了解项目大致情况，程序内容上面案例已经描述，有点像家装量房程序。

（2）现场勘查也就是要多次到现场从粗到细的了解各方面信息，如扰民费。

（3）出设计方案，如国家体育场项目，这里的设计方案绝不是拿几张画打发业主，而是要把方案从画中如何变成实物做一个完整的过程讲解。

（4）报价：报价信息只有招标文件的几页文字说明，现场勘查内容记录，设计方案草稿，报价人看完这些信息后，心里要得出项目整体的总造价，如10000元/m²，之后，在规定时间内将10000元/m²分解，如实物量成本预计5000元/m²，措施费成本预计2000元/m²，税金1000元/m²，管理费加利润2000元/m²。之后再将措施费2000元/m²分解，将实物量成本5000元/m²分解。

6．EPC操作程序

（1）投标阶段：也就是商务谈判阶段，与财政标投标完全不同，这个阶段也许要历经n多轮角逐。设计师将设计方案及实施设想向业主描述，预算人员则将报价尽可能分解到最小项目，并对各项目风险作一个评估，如精装修项目2000元/m²，材料考虑国内合格品牌，工艺按合格标准，暗示业主方如果有特殊要求（如吊顶和隔墙石膏板改为双层），这个报价实现不了。

（2）中标：宣布中标后，总承包方可以开始着手图纸设计深化，包括地质勘察、结构设计等，因为地下情况复杂，难免遇到意想不到的问题，就要翻出之前商务谈判的记录，如果对地下情况是暂估项目（开口合同性质），正式签订合同前可以重新组价后报价。这种方法对应之前的清标概念完全吻合，清标过程中一切费用都可以澄清和修改。

（3）签订合同：EPC项目合同因为是总价合同，合同签订各方都要反复对合同内容评审，招标方可能要求中标方对报价项目细化再细化，中标方可能会提出各种施工方案让招标方确认再确认，目的就是在合同签订前将问题澄清。

（4）合同履行：甲方在哪？现场没有甲方，只有监理，前几天来了一个自称甲方代表的人，现场转了一圈走了，第二天工程进度款到总承包公司账了。

（5）竣工结算：甲方年会上，总承包公司代表很荣幸地被请上台，发表了项目合作感想：工程实施5年，甲方进度款一次没有拖期，监理人员积极帮助项目出谋划策。甲方领导致辞：项目竣工结算手续及移交工作办理完成后，14d内保证工程结算款付至95%，后期项目运营还要继续努力。

7. EPC合同模式的结算方式

EPC合同模式是100%的总价包干模式，因为是全过程承包，设计、勘察、施工、后期维护整体是一家总承包公司完成，只要合同签订后业主方不提出要求，就不会有太多变更、洽商之类过程文件，一些技术类变更，总承包公司在满足业主功能需求的前提下，可以自行处置，费用自理，至于施工过程中的措施费，结算时更不用拿上桌面。同理，结算审计时，只要没有业主方明确的减项文件，合同内的金额不作任何调整，更不存在组价错误、不平衡报价等说法，因为EPC合同报价清单可能就是几大项，如设计、勘察费1000元/m^2，主体结构5000元/m^2，精装修3000元/m^2，安装项目整体2000元/m^2，后期维护运营10000000元/年。如果对着这份报价审计，最多对建筑面积进行计算审核。

在国内，业主参与工程项目的案例很多，结算时如何能尽快解决争议和纠纷，可以在EPC合同模式嵌套一个费率合同结算办法，当出现变更、洽商是如何正确操作。之前合同方位内的不作调整，之后的业主方原因变更、洽商部分按费率合同结算办法执行。

最后对前面提到的搬迁报价选择总承包方发表点个人见解。在搬迁条件相同的情况下，报价方一个报出1200亿元总价，另一方报出600亿元总价，看似后者优势明显，但后者每户搬迁结算款比前者高100万元/户。9000户居民顾全大局的如果占60%，5000多户人家可能会以低于600万元/户搬迁款签署搬迁协议，拿着5000户搬迁协议后总包方能获得30亿元的合同搬迁款，之后没有签订搬迁协议的住户不接受600万元/户搬迁费，后者有可能以各种借口终止合同履行，其余住户、商户还要投入多少搬迁费用仍然是个未知数。如果选择前者，他也想用这种半途终止合同的思维方式从中盈利，他只能获得25亿元的搬迁合同款。

6

别用定额计价的思维解释清单计价

6.1 综合脚手架是什么性质的费用

综合脚手架一直被视为脚手架范畴的问题，脚手架属于技术措施费在同行脑子里早就形成了固定的概念，但综合脚手架与专项脚手架确实有着不一样的性质，综合脚手架更趋近于组织措施费范畴。

以下内容为某个地区对综合脚手架的内容定义（其他地区可能会略有不同）：

（1）凡能够按"建筑面积计算规则"计算建筑面积的建筑工程，均按综合脚手架定额项目计算脚手架摊销费。

（2）综合脚手架已综合考虑了砌筑、浇筑、吊装、一般装饰等脚手架费用，除满堂基础和3.6m以上的天棚吊顶、幕墙脚手架及单独二次设计的装饰工程按规定单独计算外，不再计算其他脚手架摊销费。

（3）综合脚手架已包含外脚手架摊销费，其外脚手架按悬挑式脚手架、提升式脚手架综合考虑，外脚手架高度在20m以上，外立面按有关要求或批准的施工组织设计采用落地式等双排脚手架进行全封闭的，另执行相应高度的双排脚手架子目，人工乘以系数0.3，材料乘以系数0.4。

（4）多层建筑综合脚手架按层高3.6m以内进行编制，如层高超过3.6m时，该层综合脚手架按每增加1.0m（不足1m按1m计算）增加系数10%计算。

（5）执行综合脚手架的建筑物，有下列情况时，另执行单项脚手架子目：

①砌筑高度在1.2m以外的管沟墙及砖基础，按设计图示砌筑长度乘高度以面积计算，执行里脚手架子目。

②建筑物内的混凝土贮水（油）池、设备基础等构筑物，按相应单项脚手架计算。

③建筑装饰造型及其他功能需要在屋面上施工现浇混凝土排架按双排脚手架计算。

④按照建筑面积计算规范的有关规定未计入建筑面积，但施工过程中需搭设脚手架的部位（连梁），应另外执行单项脚手架项目。

把综合脚手架定义为组织措施费让大部分同行不解，但仔细分析，综合脚手架内涵与组织措施费有着密切的联系：

（1）综合脚手架计量单位大多以"建筑平方米"为基数，虽然各地区的综合脚手架定额子目里也有人、材、机消耗量，但这些消耗量的来源更像是经验数据，或者是在凑定额单价金额得出的结论。不同的结构形式，不同的施工方案，不同的建筑高度，不同层高和建筑物形状，导致综合脚手架的人、材、机消耗量相差会很多，经验数据不可能满足所有建筑物综合脚手架的费用要求。相同的结构形式，相同的建筑面积，四方形的矩形建筑套综合单价可能占便宜，如40m×50m的建筑周长尺寸180m，而100m×20m的建筑物周长是240m，虽然建筑面积结构形式相同，建筑高度和层高也一致，但外脚手架长度相差60m，最后摊销外脚手架成本100m×20m的建筑物远远高于40m×50m的建筑。有人解释综合脚手架也许就是用100m×20m与40m×50m为测算对象最终综合计算出的定额内周围工具消耗量结论。

以建筑面积为基数的措施费形式基本属于组织措施费范畴。

（2）综合脚手架不能与建筑实物量一一对应，一个建筑物内吊顶脚手架，一层层高6m，二层层高4.8m，三层层高3.9m，1~3层实际吊顶工艺做法完全相同，但各层综合单价因为层高不同，吊顶脚手架成本也不相同，每层都可以分别得出各层吊顶的实际综合单价，每层吊顶脚手架的面积是以吊顶面积为基数，在测算吊顶成本时，可以非常准确地将吊顶脚手架成本与轻钢龙骨、石膏板等与其他吊顶相关的人工、材料、机具费用分开。与专项吊顶脚手架不同，综合单价是以建筑面积为基数，无法准确计算1~3层每一层综合脚手架的成本费用。

综合脚手架定额子目内只是一个经验消耗量，测算综合脚手架成本的方法不应该是套定额获得，而是以实际工程项目的特点为依据计算相关综合脚手架费用。

（3）综合脚手架服务范围是许多工序的集合，无论事前、事中、事后都没法将综合脚手架成本按合理比例分配到每一道工序之中，而单项脚手架很容易对应某道特定的工序，如外墙双排脚手架、吊篮等，很容易让人测算出关于外墙装修或安装工序消耗的脚手架费用。

因为没法合理分配综合脚手架成本，所以经常出现以下的追问：施工总承包单位的合同是按某地区"08定额"计价，但建设单位把外墙分包出去了，并给了总包单位总承包服务费（包括脚手架、垂直运输等费用），那么总包单位在结算的时候还能不能按100%的比例计算安全文明施工费、综合脚手架、垂直运输和超高降效的费用？

有些地区定额综合脚手架的服务范围内包含外墙装修，部分读者有下面的疑问：如果外墙装修分包交了总包管理费是否可以扣除总承包单位的综合脚手架费用？答案是否定的，结算审计时不可以扣除总承包单位的综合脚手架费用，理由是总包管理费不是搭拆外墙脚手架的费用。如果换个角度提问：外墙装修分包进场后外墙脚手架已经拆除，分包单位自行搭设外墙脚手架或者使用吊篮，结算时可不可以扣除总承包单位部分综合脚手架费用？答案同样是否定的。因为综合脚手架费用性质属于组织措施费，总承包单位的组织措施费不用与其他承包人分享，甲指分包进场后不但要自行承担外墙脚手架或者吊篮费用，总包管理费同样要按比例上交。

从一个案例两个角度的答案分析更进一步得出结论，组织措施费结算时不能随意调整。

脚手架看似能用实物量表现，现实工程施工中可不可以取消综合脚手架以单项脚手架取而代之？答案是肯定的。但操作会变得非常复杂，如每层有100根结构柱，而且柱规格不相同，层高也不一样，套用独立柱井字脚手架就要列多项清单项目，还要考虑单项脚手架的超高、租赁费用，如果全部用单项脚手架，一个项目仅主体结构阶段就要考虑满堂脚手架、外双排脚手架、悬挑脚手架、井字脚手架、电梯井等各类单项脚手架，全部用单项脚手架计量计价，会大量增加造价同行工作量，而且发生丢项漏项概率也会增加，工程项目成本的准确率可能还不如用综合脚手架这种经验公式更准确。综合脚手架概念还不能被专项脚手架淘汰。

在工程总承包项目中，综合脚手架费用不能被单项脚手架取代，合理界定综合脚手架服务范围，减少工程项目实施过程中和结算阶段引发的争议就是合同中约定的关键，而不是按定额说明正确套取综合脚手架子目就是唯一正确的计价途径。

（1）总承包公司自行完成的所有工序应该以综合脚手架形式约定，基础，结构主体，后期的二次结构，内、外装修都应该一次将综合脚手架费用包干，使用综合脚手架就不再计取单项脚手架费用，可以减少许多计价程序和结算争议。因为建筑面积变化，或因为建设方原因变更等特殊原因导致的脚手架费用增加可以单项脚手架定额子目单独计取费用，如外墙涂料已经完成，脚手架已经拆除，但因为甲指分包空调打孔时污染了外墙面，需要重新清理墙面后补刷涂料，这样的外墙修补项目中发生的吊篮费用应该另行计取。

（2）为满足非本工序工作，而延长脚手架搭设时间，因为甲指分包在工程项目中运用广泛，因建设方管理能力问题，各分包单位在工序衔接过程中可能出现断档，如总承包方屋面已经完成各项工序，外墙装修分包却迟迟进不了场，导致外墙脚手架闲置，浪费总包单位脚手架租赁费用，这类案例现实中也经常出现，建设方往往以分包单位上交了总包管理费为由而拒绝支付总包单位脚手架租赁费用。实际结算中，总包方这部分因甲指分包原因而延长脚手架搭拆时间产生的费用应该得到补偿，如果招标投标阶段明确要为外墙装修分包预留外墙脚手架，总包投标时就要考虑这方面的搭拆时间和延时增加的费用。

（3）建设方没按工程施工合同中承包范围内容执行，将总承包公司承包内容自行甲指分包，如外墙装修原来在总承包合同内，建设方以变更外墙装修工艺做法为由，将建筑物外墙装修甲指分包给其他承包商，如果合同没有约定外墙脚手架的搭拆时间，总承包单位在完成屋面和其他工序后，可以要求拆除外墙脚手架。如果外墙装修方认为有必要使用外墙脚手架，可以与总承包方协商支付延长期外墙脚手架租赁费用事宜，甚至可以协商改造外墙脚手架搭设高度、跳板翻板等工作内容，另行支付这些工序的相关费用。

（4）作为总包性质的工程，综合脚手架不一定每个项目都一定会用到，如搭设一个棚子，虽然棚子能计算建筑面积，但套用综合脚手架定额子目单价费用与工程项目不匹配，因为套用综合脚手架费用占工程总造价的比例过大，影响投标报价的竞争力，这时棚子项目就可以改为计取单项脚手架。作为专业分包，因为工序单一，更多地选择单项脚手架可以更准确地控制工程成本，但有时也会遇到意外，如超高吊顶脚手架，几百平方米的吊顶面积，而且高度超标，不能用简易脚手架，只能选用满堂脚手架。满堂脚手架搭、拆、租、运市场综合费用报价一般是50元/m³，如果吊顶面积500m²，吊顶高度16.5m，满堂脚手架市场费用就是500×（16.5−1.5）×50=375000元，这个价格即便选择综合脚手架定额子目也达不到实际成本价格。因此，综合脚手架套定额只能是招标控制价编制人使用，真正高空作业环境下施工还是要认真编制好施工组织措施方案，确定合理的综合脚手架费用。

定义一个工程造价的概念，并不是以权力大小来规范措施费性质，突然接受综合脚手架是组织措施费用这个概念好像让人难以理解，其实用组织措施费概念来实际操作综合脚手架更加容易，以可竞争费用的形式来定义综合脚手架费用，会发现与实际成本会更加接近并且合情合理。综合脚手架可用定额子目形式出现，但最好在定额说明中将计价范围放宽，如投标人根据施工现场实际情况测算综合脚手架费用，根据施工项目建筑面积、结构形式、层高等不同情况，选择相应的定额子目后，可以考虑0.5 ~ 5.5的综合系数。当搭设一个棚子时可以套用单层综合脚手架并乘以0.5系数；当遇到层高超高吊顶的时候，也可以选择单层综合脚手架并乘以3 ~ 5的系数。同样的一个定额子目在不同环境中出现两个不同的单价，这就是清单计价自主报价的综合体现形式。

6.2 定额与清单的关系

如果把清单看成一盘菜，组成这道菜的各道工序就是定额子目；如果把清单看成一次宴，桌上的美味佳肴就是组成清单项目的定额内容，这就是一菜一餐的哲学解释。笔者把国外工程量清单与国内的工程预算定额看成是珠联璧合的一对搭档，而不是像许多人提的问题：清单与定额有什么区别？也许因为笔者总在讲清单计价体系、定额计价体系，所研究的概念是在体系中相互产生的关系，大部分成果是站在关联的角度去分析，而不是站在考试的立场上去谈不同概念之间的区别。

看看北京2012版的预算定额（图6-1）中人、材、机含量，可以感受一下将来工程预算定额发展趋势。工地早已不让现场搅拌混凝土、砂浆，取而代之的是商品混凝土、干拌砂浆。

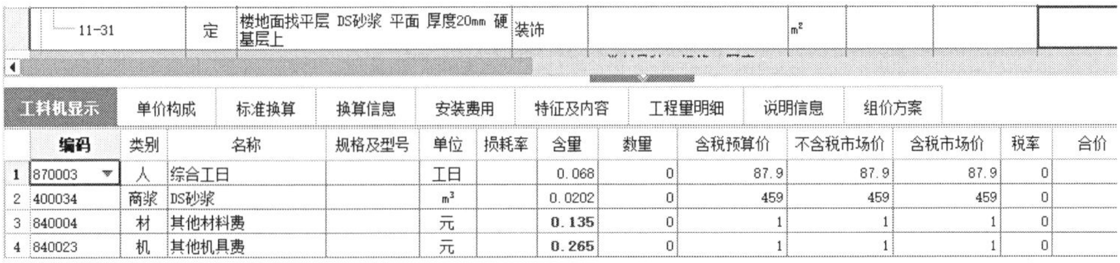

11-31	定	楼地面找平层 DS砂浆 平面 厚度20mm 硬基层上	装饰		m^2					

工料机显示　单价构成　标准换算　换算信息　安装费用　特征及内容　工程量明细　说明信息　组价方案

	编码	类别	名称	规格及型号	单位	损耗率	含量	数量	含税预算价	不含税市场价	含税市场价	税率	合价
1	870003	人	综合工日		工日		0.068	0	87.9	87.9	87.9	0	
2	400034	商浆	DS砂浆		m^3		0.0202	0	459	459	459	0	
3	840004	材	其他材料费		元		0.135	0	1	1	1	0	
4	840023	机	其他机具费		元		0.265	0	1	1	1	0	

图6-1　楼地面砂浆找平层

有了清单计价，为什么还用定额，直接像象港式清单（图6-2）那样填写上综合单价金额不是照样也可以进行报价。

序号	项目名称	清单项目特征描述	单位	数量	直接费单价			主材损耗		管理费 0.08	利润 0.07	综合单价	合计
					人工费	辅助材料	主材	损耗率	损耗				
					(1)	(2)	(3)	(4)	(5) =3*4	(6) =1+2+3+5	(7) =1+2+3+5+6	(8) =1+2+3+5+6+7	
一	地面工程												5486.63
1	石塑地板(块状)铺装	1. 地面DS砂浆找平层20mm；2. 水泥自流平2mm；3. SF 01(块状)　2.8mm石塑地板铺贴	m²	22.72	35	15	55	3%	1.65	8.53	8.06	123.24	2800.37
2	蒙古黑荔枝面石塑板(卷材)铺装	1. 地面DS砂浆找平层20mm；2. 水泥自流平2mm；3. ST 01(卷材)　2.8mm石塑地板铺贴	m²	6.86	35	15	85	3%	2.55	11.00	10.40	158.95	1090.42
3	蒙古黑波打线铺贴	1. 地面DS砂浆找平层20mm；2. ST 03 波打线铺贴	m²	0.60	78	18	398	3%	11.94	40.48	38.25	584.66	352.55
4	蒙古黑机刨石间距	1. 地面DS砂浆找平层20mm；2. ST 03 波打线铺贴	m²	1.21	78	18	425	3%	12.75	42.70	40.35	616.80	748.18

图6-2　港式清单报价形式

图6-2所示这种清单报价方式在投标报价中经常见到，我们日常所见的港式清单报价结构没有这么复杂，此处所用的清单多加了几列内容。仔细看，应该能看到国内清单报价单价构成的形式，从第一部分直接费内容分析，包含了人工、辅材、主材（主材里还单独体现了损耗），这与定额子目明细表有着千丝万缕的联系，后面的企业管理费和利润更是与国内清单有异曲同工之处。清单报价需要用到定额，如果直接在综合单价处填写数字也能够实现报价，但单价组成没法如此清晰地展示出来，如果只报一个综合单价会给人一种疑惑，你这价格是怎么造出来的？

造价人员就是制造合理价格的人员，造不出让人信服的价格，就有造假之嫌。许多造不出合理价格的人为了证明自己造出来的价格是合理的，就要找一个权威的工具来使用，这就是现行同行都在常用的工程预算定额，一问清单综合单价是怎么来的，回复一般都是套定额得出来的。一条定额子目套出来后，这条定额子目之前的工序是什么，之后又要做什么，套定额不知道工序前后连接顺序，套的三条定额如同说了三句不相关的话让人摸不着头脑，把套定额当成在造句，而不是在写文章就是现在大多数人运用定额组价的现状。如果能熟练运用预算定额对清单项目做一个正确的组价，根据定额人、材、机含量分析，可以倒着写出来清单项目特征描述，而不是像许多人所说的，一定要先要有清单项目特征描述，才能够用定额组价。清单项目组价要先在脑子里形成工序的概念，这样组价时不容易丢项，各地区用的施工规范大同小异，工艺做法差不多，真正通过定额组价后，人、材、机含量应该差不了多少，图6-3所示就是石材地面的组价的一条定额子目。

从定额人、材、机表中可以分析出来，北京2012预算定额块料铺装是不带找平层的，这与其他许多地区不同，在这样编制定额正好暴露出定额编制人对工序的陌生，地面铺装块料找平（结合层）不应该与面层材料相脱离，也许当时定额编制人为了偷懒，反正已经有了地面找平层定额子目，就凑合用吧，到头给定额使用人造成了许多麻烦，要实现这条清单项目的合理，必须按截图6-4套用定额：许多人对图6-4内工作内容不了解，总在问：工作内容里面倒角、嵌缝这些工序怎么没有组价？如果读者读

1	011102001001	项	石材楼地面	1.结合层厚度、砂浆配合比:20mmDS砂浆 2.面层材料品种、规格、颜色:ST-01 3.防护层材料种类:结晶	m²		1	1
	11-39	定	楼地面镶贴 石材 每块面积0.25m²以外		m²	1	QDL	1

工料机显示　单价构成　标准换算　换算信息　安装费用　特征及内容　工程量明细　说明信息　组价方案

	类别	名称	规格及型号	单位	损耗率	含量	数量	含税预算价	不含税市场价	含税市场价	税率	合价
1	人	综合工日		工日		0.339	0.339	104	115	115	0	38.99
2	材	大理石板	0.25m²以外	m²		1.02	1.02	200	200	200	0	204
3	材	硬质合金锯片		片		0.004	0.004	45	45	45	0	0.18
4	商浆	胶粘剂	DTA砂浆	m³		0.0102	0.0102	2200	2200	2200	0	22.44
5	材	其他材料费		元		8.404	8.404	1	0	0	0	0
6	机	其他机具费		元		1.705	1.705	1	0	0	0	0

图6-3　楼地面石材

B1			主材描述					
1	011102001001	项	石材楼地面	1.结合层厚度、砂浆配合比:20mmDS砂浆 2.面层材料品种、规格、颜色:ST-01 3.防护层材料种类:结晶	m²		1	1
	11-31	定	楼地面找平层 DS砂浆 平面 厚度20mm 硬基层上		m²	1	QDL	1
	11-39	定	楼地面镶贴 石材 每块面积0.25m²以外		m²	1	QDL	1
	11-51	定	楼地面防护层 结晶处理		m²	1	QDL	1

工料机显示　单价构成　标准换算　换算信息　安装费用　特征及内容　工程量明细　说明信息　组价方案

	工程内容
1	基层清理
2	抹找平层
3	面层铺设、磨边
4	嵌缝
5	刷防护材料
6	酸洗、打蜡
7	材料运输

	特征	特征值	输出
1	找平层厚度、砂浆配合比		☐
2	结合层厚度、砂浆配合比	20mmDS砂浆	☑
3	面层材料品种、规格、颜色	ST-01	☑
4	嵌缝材料种类		☐
5	防护层材料种类	结晶	☑
6	酸洗、打蜡要求		☐

图6-4　石材楼地面

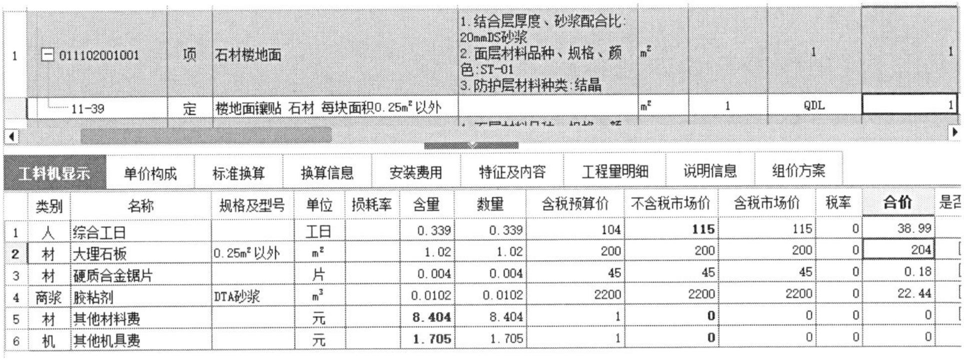

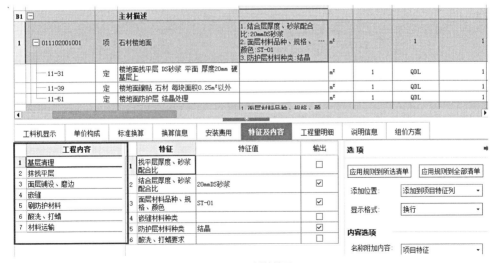

完本书会发现这些问题都是有答案的。

完整的地面石材定额组价工序。

1）定额计价时代，工程造价是按取费顺序一步步组价，顺序为：

①直接费（包括单价措施费）；

②现场管理费（现场这项费用分两部分分别并入安全文明施工费和企业管理费中）；

③企业管理费；

④利润；

⑤税金（定额计价时期还没有规费）。

2）清单计价按费用构成汇总：

①分部分项及措施费单价清单；

②措施费清单；

③其他项目清单；

④规费；

⑤税金。

不管是定额计价还是清单计价，基础价都是直接费，而定额正是以研究直接费含量为对象的学科，因此说，定额与清单结合是珠联璧合的一对搭档。

6.3 深挖新安全文明施工费管理办法背后的秘密

《北京市建设工程安全文明施工费管理办法（试行版）》（京建法〔2019〕9号文，后简称：新版本）已经出台，相应的计价软件也随之应运而生，相对于用习惯旧计价版本的工程造价用户，纷纷表示新版本用起来不太顺手，表现形式反映：新版本没法在单位工程里计取措施费，原来分专业计取措施费，便于决策人分专业分析措施费成本，随着新版本推出措施费集中测算成本，以往经验行不通了。其实挑战同行观念的新版本不是仅仅因为界面更新、表格增加而让人操作起来突然产生了生疏感，而是因为新版本借安全文明施工费管理为名，将措施费操作中向FIDIC条款紧密地靠拢，探索对清单计价中争议众多的工程措施费作了相对灵活的调整。

下面从招标投标与竣工结算两个工程造价环节对"新版本"改动作一个分析。

1. 招标投标阶段

"新版本"第六条原文：招标文件对安全防护、文明施工、环境保护、临时设施等有超出《北京市建设工程施工现场安全生产标准化管理图集》（以下简称《图集》）标准化考评验收范围的特殊要求，或招标工程存在超过一定规模的危大工程和其他安全生产管理特殊措施要求的，招标人应根据招标工程的特殊措施要求，在招标工程量清单中补充编制危大工程和（或）其他安全管理等特殊安全文明施工措施清单项目，并列明清单项目的工作内容。

招标文件公布最高投标限价时，应单独列明安全文明施工费的总额。

这两段可以分解成以下三层意思：

（1）安全文明施工费《图集》标准费用可分成安全防护、文明施工、环境保护、临时设施四部分内容。

（2）不可竞争措施费。"施工垃圾场外运输和消纳"费用不包括在安全文明施工费范畴内。平时经常争议的建筑垃圾清运费是否应该计入到安全文明施工费中至少有了标准答案。

（3）安全文明施工费标准化，《图集》是考评验收范围的依据，投标时虽然投标人可以按招标文件要求，选择"合格""样板""绿色"三个标准等级，但与旧版本不同，原来版本的安全文明施工费没有等级选择，但有专业区分。"新版本"只按主专业，在项目文件中计取一次安全文明施工费（操作程序同FIDIC条款），主专业可以理解为：有土建、钢结构，但土建分部建筑面积、造价金额大于钢结构分部分项，整个项目按土建取费；或者主体结构有45m、23m高度，45m主体高度建筑面积大于23m高度建筑面积，取费按45m主体高度计算。

投标时，安全文明施工费计取与招标控制价没有必然的联系，更没有投标报价不能超过招标控制价的说法，因为安全文明施工费招标控制价是单独列示，新版本第七条原文"（一）招标人编制最高投标限价时，安全文明施工费应当符合招标文件、本办法第四条和有关最高投标限价的规定；投标报价也应该是单独对应。"新版本第七条原文"（二）投标人投标报价时，应当响应招标文件的要求，并应当依据招标文件和本办法第四条的规定，自主测算确定安全文明施工费；投标人完全根据施工组织设计方案编制措施费项目，费用金额根据施工组织设计方案措施项目的成本自行考虑。"计价软件操作如图6-5所示。

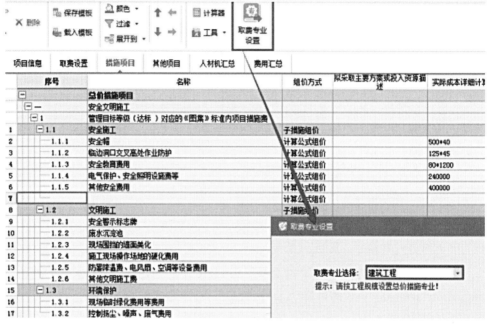

图6-5 计算软件操作

再细观察安全文明施工费组成内容，对安全防护、文明施工、环境保护、临时设施四部分内容作了细化处理，如：

1）环境保护费用范畴案例：裸露场地防尘网覆盖，如果测定覆盖网面积10000m²，防尘网覆盖综合单价1元/m²，此项特殊安全文明施工费单项费用为10000×1=10000元。

2）临设费案例：临时办公室建筑500m²，单价1200元/m²，临时办公室单项费用=500×1200=600000元。

目的是结算时可以一一对应《图集》进行评判，因为看图对照实物毕竟存在主观判断，主观判断评判规则最终解释权应该明确由合同当事人×××方裁决，防止结算时出现安全文明管理等级争议时，再出现"以审计结果为结算依据"的违法行为。

（4）如果说《图集》是相对规范化的措施方案依据，条款中原文"招标工程存在超过一定规模的危大工程和其他安全生产管理特殊措施要求的，招标人应根据招标工程的特殊措施要求，在招标工程量清单中补充编制危大工程和（或）其他安全管理等特殊安全文明施工措施清单项目，并列明清单项目的工作内容"的内容意思就是将其他措施费用生硬地增加到安全文明施工费当中，超过一定规模的危大工程（简称特殊安全文明施工费）如开挖深度超过5m的基坑（槽）开挖、支护、降水工程。

"新版本"关于超过一定规模的危大工程解释整理列举了共八项33条，实战中遇到的实际费用问题应远大于33条的范围，这里就要注意区分、归类和灵活运用。如混凝土模板支撑工程满足下列条件之一的就可以计取超过一定规模的危大工程费用，原文"搭设高度大于8m及以上；或跨度大于18m及以上；或施工总荷载（设计值）15kN/m²及以上；或集中线荷载（设计值）20kN/m及以上"。如果在分部分项工程量清单中套定额组价发现模板综合单价不能满足实际成本需要时，在分部分项工程量清单中计取模板支撑费用后，仍可在安全文明施工费超过一定规模的危大工程计取费用补差，以免分部分项工程量清单综合单价组价过高被评标专家误读为不平衡报价。

2．竣工结算阶段

（1）以前工程施工合同常见的条款：措施费在结算中不予以调整费用，但新版本中对措施费调整却是浓墨重彩地加以了解释，从另一个侧面说明清单计价总价合同模式已经被官方否决，将来清单计价完全执行固定单价合同模式，具体调整内容节录解释条款：

因发包方原因，超过一定规模的危大工程专项施工方案发生调整，并导致安全文明施工费用发生变化；

工程变更导致安全文明施工费用发生变化；

其他非承包方原因导致安全文明施工费用发生变化；

合同约定其他可以调整安全文明施工费的情况。

（2）调整方法：

发承包双方可根据项目安全文明施工费价款调整情形的特点，在合同中约定合同费用的调整方法。

超标与未达标公式：

超过标准公式：　　　　　　　$A=(K_1 \div K_2 - 1) \times F$

未达标准公式：　　　　　　　$A=(1 - K_1 \div K_2) \times F$

式中　A——按本办法规定计算的奖励金额；

　　　　K_1——标准化考评认定等级对应本办法规定的标准费率；

K_2—合同约定的管理目标等级对应本办法规定的标准费率；

F—合同中载明的安全文明施工费总额。

超标与未达标+"新版本"（三）~（六）共六条可调整情况内容，"新版本"（三）~（五）条可以名正言顺地找发包方办理签证手续（本节文末附《北京市建设工程安全文明施工费管理办法（试行）》）。

"新版本"之所以将安全文明施工费调整力度加大，是因为：

1）措施费与实物量不同，一旦出现结算争议，取证困难，为了在实施过程中取证，承包方往往要使用各种手段对发包方进行公关，取证成本很高。

2）措施费签证过程发包方不敢签字，原因也是措施费有时限性，过后没有实物依据，签字后怕担责任，现在有了官方文件支持，发包方签证也增加了底气。

3）官方新版本从技术措施费入手（超过一定规模的危大工程八项33条基本是技术措施费范畴内容），而且范围很广，涵盖内容很多，说明官方平常受理了大量关于措施费的案例纠纷，不出台统一的理论解释，日常答疑工作会被重复的措施费案例消磨大量时间，现在出台安全文明施工费结算调整方法，官方自称为解决绿色施工需要；健全大气污染防治等问题，实际结算调整除（一）、（二）条针对安全文明施工费《规范》为依据，其余各条（特殊安全文明施工费）就是搭顺风车进行措施费结算改革，一方面为措施费争议提供指导性的解决方法，一方面为自身工作减轻压力。真正达到"计价与市场""市场与现场"有机结合，相互联动的目的。

4）安全文明施工费（特殊安全文明施工费）竣工结算虽然可以据实调整，但投标时不能丢项漏项，更不能"以小冒大"、"以简冒繁"，承包方妄图结算时通过签证等二次经营手段进行费用增补，以达到低价中标，高价索赔的目的不在新版本调整范围内。

（3）此次"新版本"出台在操作上要分清三种措施费性质：

安全文明施工费《图集》费用：包括四项内容，与旧版本安全文明施工费内容相似，只是将子费用列示在报表内，如图6-5所示，这类费用根据招标文件要求报价，根据《图集》与实物对比进行结算。

特殊安全文明施工费：基本由技术措施费组成，因发包方原因可以调整的费用。

其他总价措施费，如图6-6所示。

其他总价措施费（图6-6）不属于安全文明施工费范畴，但与安全文明施工费《图

	二	其他总价措施				25
	1	施工垃圾场外运输和消纳	计算公式组价		SGLJCWYSF	18
	2	夜间施工	计算公式组价		YJSGF	
	2	夜间施工12预算	计算公式组价		20000	
	3	非夜间施工照明	计算公式组价		10000	
	4	二次搬运	计算公式组价		ECBYF	
	4	二次搬运12预算	计算公式组价		10000	
	5	冬雨季施工	计算公式组价		DYJSGF	
	5	冬雨季施工12预算	计算公式组价		10000	
	6	地上、地下设施、建筑物的临时保护设施	计算公式组价		LSBHSSF	
	7	已完工程及设备保护	计算公式组价		YWGCSBBH	
	8	行车、行人干扰	计算公式组价		XCXRGRF	
	9	反季节栽植影响措施	计算公式组价		FJJZZYXCSF	
	10	构筑物特殊支护措施	计算公式组价		GZWTSZHCSF	
	11	施工困难增加费	计算公式组价		SGKNZJF	

图6-6 其他总价措施

集》费用统称组织措施费。这类费用属于可竞争性措施费，投标时可以随意计取，与特殊安全文明施工费在招标投标时一样，根据施工组织设计方案编制措施项目，没有发包方原因结算时不能随意调整。

3．编制招标控制价注意事项

（1）安全文明施工费《图集》费用。招标控制价按低限编制；投标报价不能低于招标控制价最低限价，有《图集》要求的投标项目，投标安全文明施工费不能低于《图集》载明的限价标准。

（2）特殊安全文明施工费。招标控制价、投标报价均按安全文明施工费要求与市场价格测算工程项目安全文明施工费人成本。

（3）其他总价措施费并没有"不能计取"的相关规定，此类费用不但投标人要考虑计取这类预计要发生的费用，如冬雨期施工费、材料二次搬运费等，招标控制价编制人也不能遗漏此类费用。

4．对新版本实施的建议

（1）招标控制价与投标报价将安全文明施工费《图集》费用、特殊安全文明施工费、其他总价措施费三类费用单独报价。

安全文明施工费《图集》费用、特殊安全文明施工费、其他总价措施费单独报价三类费用不应该受招标控制价限制。

工程量清单编制人只针对工程量清单实物量部分承担无限责任，对安全文明施工费《图集》费用、特殊安全文明施工费、其他总价措施费单独报价三类费用不承担责任，因为他们没有能力做到工程措施费"市场与现场"的成本价格联动。招标控制价措施费三类费用中招标控制价只作为投资成本参考，如咨询服务合同明确措施费三类费用与成本测算偏差有比例要求，或咨询服务公司认为自身有能力编制与实际施工措施成本相符的招标控制价可以在合同内用专用条款明确，并且附带上相应的责任比例。

（2）工程审计对合同双方签证认可的措施方案及实施过程只有程序合法性审核的职责，没有将措施方案复原的权力。

暂估类项目"专业工程暂估价"、"暂列金额"在招标投标期间没有必要暂估安全文明施工费用，因为暂估类项目任何费用分解都没有实际意义，结算时按组价原则实施自然计取。

附：北京市建设工程安全文明施工费管理办法（试行）

第一条　为落实《北京市大气污染防治条例》（北京市人民代表大会公告第3号）、《北京市建设工程施工现场管理办法》（北京市人民政府令第247号）和《企业安全生产费用提取和使用管理办法》（财企〔2012〕16号）等规定，完善建设工程安全文明施工费的计价方法及其管理，依据《关于加强建筑施工安全生产标准化考评工作的通知》（京建法〔2019〕10号）、《关于印发〈北京市建筑施工安全生产标准化考评管理办法（试行）〉的通知》（京建法〔2015〕15号）、《关于印发〈北京市建设工程施工现场安全生产标准化管理图集〉的通知》（京建发〔2019〕13号）等文件要求，制定本办法。

第二条　本办法适用于本市1行政区域内新建、扩建和改建的房屋建筑（含装饰装修、房屋修缮工程）和市政基础设施工程的安全文明施工费的计价及其管理。

第三条　本办法所称安全文明施工费是指按照国家及本市现行的建筑施工安全（消防）、施工现场环境与卫生、绿色施工等管理规定和标准规范要求，用于购置和更新施工安全防护用具及设施、改善现场安全生产条件和作业环境，防止施工过程对环境造成污染以及开展安全生产标准化管理等所需要的费用。安全文明施工费由安全施工费、文明施工费、环境保护费及临时设施费组成。

第四条　安全文明施工费应根据相关施工措施和市场价格测算确定，但不得低于按本办法规定的费用标准（费率）计算的金额，且不得作为让利因素。

测算安全文明施工费的施工措施应当符合安全文明施工管理及相关标准规范的规定，且应当与《北京市建设工程施工现场安全生产标准化管理图集》（以下简称《图集》）规定的标准化考评验收等级、发包工程安全生产标准化管理目标等级、特殊措施要求以及工程承包范围等相符。

第五条 本办法规定的安全文明施工费费用标准按《图集》标准化考评、验收等级实行差别化费率。

费用标准包括了《图集》标准化考评验收范围内的相应措施项目，不包括《图集》中的推荐应用项目，也不包括《危险性较大的分部分项工程安全管理规定》（住房城乡建设部令第37号）、《北京市房屋建筑和市政基础设施工程危险性较大的分部分项工程安全管理实施细则》（京建法〔2019〕11号）中超过一定规模的危大工程专项施工方案的相关安全防护文明施工措施等特殊措施项目（见附件）。

第六条 招标文件（招标工程量清单）所列的安全文明施工措施清单项目应当载明施工现场安全生产标准化管理目标的等级要求，且不得低于达标（合格）标准。

招标文件对安全防护、文明施工、环境保护、临时设施等有超出《图集》标准化考评验收范围的特殊要求，或招标工程存在超过一定规模的危大工程和其他安全生产管理特殊措施要求的，招标人应根据招标工程的特殊措施要求，在招标工程量清单中补充编制危大工程和（或）其他安全管理等特殊安全文明施工措施清单项目，并列明清单项目的工作内容。

招标文件公布最高投标限价时，应单独列明安全文明施工费的总额。

第七条 发包、承包阶段安全文明施工费的计价应当符合下列规定：

（一）招标人编制最高投标限价时，安全文明施工费应当符合招标文件、本办法第四条和有关最高投标限价的规定；

（二）投标人投标报价时，应当响应招标文件的要求，并应当依据招标文件和本办法第四条的规定，自主测算确定安全文明施工费；

（三）直接发包的工程，安全文明施工费应按本办法第四条的规定测算确定，并计入签约合同价；

（四）超过一定规模的危大工程安全防护文明施工费应根据危大工程专项施工方案中的安全管理措施测算确定，专项施工方案应按规定组织专家论证；

（五）安全文明施工费在建设工程计价汇总表中单独汇总列明。

第八条　发包、承包双方应在合同中明确安全文明施工费的签约合同价总额，并按下列原则单独约定费用的预付方式：

（一）在合同约定的开工日期前7天内，发包人应按合同载明的安全文明施工费签约合同价总额的50%预付；

（二）施工过程中，±0.00以下主体结构施工完成或签约合同价中分部分项工程项目的完成价款比例达到30%（两者中以条件先满足的为准）后的7天内，发包人应按合同载明的安全文明施工费签约合同价总额预付至70%；

（三）经安全生产标准化考评、评定达到（含整改后达到）或超过合同约定安全生产标准化管理目标之日起的7天内，发包人应按合同载明的安全文明施工费签约合同价总额预付至90%；

（四）工程竣工后，经安全生产标准化考评、认定达到或超过合同约定安全生产标准化管理目标并颁发考评证书之日起的7天内，发包人应按合同载明的安全文明施工费签约合同价总额预付至100%。

第九条　合同应当载明发包人要求的施工现场安全生产标准化管理目标等级，且不得低于达标（合格）标准。

（一）合同约定的安全生产标准化管理目标等级为"达标（合格）"或"绿色"的，发包人可在合同中约定"创优"奖励条款，鼓励承包人达到"绿色"或"样板"等级。奖励条款应明确"创优"奖励金额或者奖励金额的计算方法，且奖励金额不宜低于实际考核评定、认定的目标等级和合同约定的目标等级之间实际投入费用的差额。合同约定了"创优"奖励条款的，但对奖励金额没有约定或者约定不明且发包、承包双方不能协商一致的，可按下列公式计算：

$$A=(K_1 \div K_2 - 1) \times F$$

其中：A—按本办法规定计算的奖励金额；

　　　　K_1—标准化考评认定等级对应本办法规定的标准费率；

　　　　K_2—合同约定的管理目标等级对应本办法规定的标准费率；

　　　　F—合同中载明的安全文明施工费总额。

（二）发包、承包双方可在合同中约定因承包人原因未达到合同约定的安全生产标准化管理目标等级的违约金或损失赔偿金，但违约金或损失赔偿金不宜高于合同约定的标准化管理目标等级和实际考核评定、认定的目标等级之间所需投入费用的差额，合同对违约金或者损失赔偿金没有约定或者约定不明且发包、承包双方不能协商一致的，可按下列公式计算：

$$A=（1-K_1÷K_2）×F$$

其中：A——按本办法规定计算的违约损失赔偿金；

　　　K_1——标准化考评认定等级对应本办法规定的标准费率；

　　　K_2——合同约定的管理目标等级对应本办法规定的标准费率；

　　　F——合同中载明的安全文明施工费总额。

第十条　安全文明施工费应与竣工结算同步结算，多退少补。发包、承包双方应在合同中按下列原则约定安全文明施工费的结算方法：

（一）安全生产标准化评定、认定等级与合同约定管理目标等级一致的，签约合同价中包含的安全文明施工费总额即为本条第（三）项调整安全文明施工费的基础。

（二）安全生产标准化评定、认定等级与合同约定管理目标等级不一致的，安全文明施工费的结算应根据安全生产标准化评定、认定等级进行调整：

1. 安全生产标准化认定等级高于合同约定的管理目标等级，且合同约定了奖励金额的，发包、承包双方按合同约定确定奖励金额。签约合同价中包含的安全文明施工费总额增加奖励金额后为本条第（三）款调整安全文明施工费的基础。

2. 安全生产标准化评定、认定等级未达到合同约定管理目标等级但"达标（合格）"，且合同约定了违约金的，发包、承包双方应按合同约定确定违约金。签约合同价中包含的安全文明施工费总额扣减违约金后为本条第（三）款调整安全文明施工费的基础。

（三）按本条第（一）款和第（二）款确定的安全文明施工费，应依据经发包人签认的施工方案和适用的合同单价或市场价，针对下列情形调整确定安全文明施工费的结算金额：

1. 超过一定规模的危大工程的专项施工方案根据专家论证意见发生调整并引起费用变化的；

2. 工程变更导致安全文明施工措施发生较大变化的；

3. 按本办法测算确定安全文明施工费的施工措施，因其他非承包人原因发生调

整并引起费用变化的;

4. 合同约定的其他可调整安全文明施工费的情形。

第十一条 承包人应对安全文明施工费专款专用,保证安全文明施工措施的投入,并在财务管理中单独列支安全文明施工费账目备查。

第十二条 安全文明施工费(不包括现场建设单位独立发包部分)由总承包单位统一管理,总承包单位对建设工程安全文明施工负责。总承包单位应当参照本办法的规定在分包合同中约定分包工程安全文明施工费的支付、结算方法等。总承包单位不按合同约定支付费用,造成分包单位不能及时落实安全防护措施导致发生事故的,由总承包单位负主要责任。

第十三条 本办法自2019年6月1日起施行。2019年6月1日以后发出招标文件(依法进行招标的工程)或依法签订施工合同(依法直接发包的工程)并执行《图集》标准化考评、验收划分标准的工程,按本办法执行。

市住房城乡建设委印发的相关管理规定与本办法不一致的,以本办法为准。市住房城乡建设委印发的《关于调整安全文明施工费的通知》(京建发〔2014〕101号)同时废止。

6.4 未来的工程量清单计价规范应该走向何方

本节的编写灵感源于读者的提问,首先列举笔者认为原清单规范中存在的一些漏洞:

(1)之前各版本清单规范明确规定:"工程量清单编制人对工程量清单编制正确性负责。"假如工程施工合同条款中规定:投标人在投标前必须根据招标图纸及其他相关招标文件核算工程量清单中分部分项工程量、措施费清单项目等,没有发现问题视为没有问题,将来结算中不予以调整,总价包干。遇到这类违背工程量清单规范的条款如何破解?

(2)公开工程量清单招标控制价一天也没有阻止投标方围标、串标的行为,说明原来想通过这种方法来控制围标、串标行为是失败的操作,需去探索新的招标管理模式。

(3)关于工程量清单综合单价竣工结算时可以调整的问题,数量越多,单价越低的结论有争议。假如合同内是1000m²石材，后来追加100m²，后来又追加80m²，再后来又追加60m²，这几次追加虽然工程量增加了15%以上，但材料费用并不一定随数量增加而降低，反复追加会打乱供货计划节奏，供应商可能还要另外收取材料运费，因此采购数量越多，价格越便宜并不是无限降价，只是一些材料模具以因为数量多而摊薄模具成本。

那未来的工程量清单计价规范应该是什么样子？下面给出笔者的个人观点：

（1）新版工程量清单规范将更加科学、明确：现有清单规范给人一种不会操作的感觉，即：规范中有条款约定，但无法操作，如：

1）工程量变化幅度在15%内时，工程量按实调整，综合单价不作调整。

2）工程量变化幅度在15%外的，工程量按实调整，综合单价的调整方法如下：

①如果工程量偏差项目出现承包人的综合单价与发包人招标控制价相应项目的综合单价偏差超过15%，则此项目的综合单价可由发、承包双方调整。

②经过以上调整后的综合单价再作以下调整：

a. 当工程量增加15%以上时，其增加部分的工程量的综合单价应予调低。

b. 当工程量减少15%以上时，减少后剩余部分的工程量的综合单价应予调高。

条款中用了很多篇幅，甚至给出了调整清单综合单价的公式，但是依然没说明白到底调整到哪个标准双方可以接受，清单工程量增加，价格可以下调，原来投标时综合单价已经低于成本，再次下调承包方不是更加赔钱吗；当工程量减少15%以上时，减少后剩余部分的工程量的综合单价应予调高，原来为低价中标将预计减少工程量的清单项目故意报低价，现在可以调整正好可以调回正常合理价格了。

结算时可以调整工程量清单综合单价的条款，本身助长了招标投标人赌博心理，对现在提倡的诚信、公平是相悖的操作，这其中损害双方利益的案例很多。如：招标人在编制土方招标控制价时，故意按土方定额工程量计算规则计量（也就是将土方放坡和工作面土方计算在清单工程量内），结算时借口招标文件计算错误，应该按清单计算规则计量方式重新调整土方清单工程量，而土方综合单价不变。出现了承包方工程总造价被清单规范轻易扣减20%的现象。

为避免出现类似有失公允的现象，作者建议实行"发起人制度"，其概念通俗解释为：编制、递交工程相关文件的一方具有对文件的解释权力，审核方没有对文件之外内容的错误提出质疑的权力。如招标阶段，招标工程量清单编制人可以对招标工程量清单提出解释意见，投标方不需要对工程量清单中计算错误、漏项单方修改，这时的工程招标文件发起人是招标方；施工中承包方发现工程量清单中有量差，可以用图差、变更、洽商、签证等形式以发起人身份，向发包方提出问题质疑。反之，在工程竣工结算书中承包方没有向发包方提出土方问题质疑，发包方不能将不属于承包方遗留问题的土方清单工程量计算错误拿到结算中耽误双方时间，如果审计方在结算期间认为招标工程量清单存在重大错误，可以对招标工程量清单编制人提起质疑，《招标投标法》与《建设工程工程量清单计价规范》GB 50500—2013条款中对招标文件正确性有明确规定，招标方是招标文件责任主体，招标文件中对招标工程量清单甚至招标图纸问题的审核责任推向投标方，本身就是违背法规条款的行为。

（2）新版工程量清单规范将更加法律化、制度化：现有版本清单规范确实对错误提出了定性条款，但缺少具体的责任主体或是对责任主体承担错误的相关解释，工程量清单规范规定："工程量清单编制人对工程量清单编制正确性负责。"但如果工程量清单编制出现错误，编制工程量清单的人将如何承担责任条款里并没有明确。笔者提议建立"无限责任制原则"（不管工程施工合同条款如何严苛，利益受到损害的一方要有追溯的渠道挽回非自身原因造成的损失），让错误的制造者不能逃脱错误责任。接上面案例：土方招标清单用定额计算规则应该不算原则错误，只需要在工程量清单项目特征描述中注明计算规则即可。但如果是招标清单编制人故意行为，就要接受制裁，审计方不能追究非承包方因素产生的错误，但可以追溯之前程序的错误，如土方清单工程量问题一旦给发包方造成损失，招标清单编制人要承担相应的损失责任。

还有类似招标控制价清单项目丢项问题，这类问题大多存在于措施费当中，许多人在平台咨询，混凝土泵送费应该不应该计取？对于这个问题，咨询方无从寻找答案，因为只有投标方知道混凝土应该不应该使用泵送，但作为招标控制价，措施费宁多勿缺，因为实际施工时混凝土不用泵送，也要通过其他方式运送到施工部位，垂直运送混凝土不管用什么方式，都需要产生成本费用，忽略了混凝土泵送费，相当于招标控制价中没算这部分混凝土垂直运输费用。清单规范有一个概念"低于成本价"，这个概念貌似在约束投标方，实际上实行"无限责任制原则"后，这个概念同样适用于招标方。混凝土泵送费漏项，相当于混凝土垂直运输费用成本为0，实际施工中必须发生的措施成本发生漏项，即便投标方想到了计取混凝土泵送费，因为受招标控制价总价约束，无法正常计取应该计取的相关费用，造成案例中出现的提问者哭诉："300万元中标价，一核算成本至少500万元才能做完的项目应该如何操作？"

值得深思的是500万元工程成本，为什么变成了300万元合同金额？

（3）工程量清单新版本可操作性提高：现有工程量清单规范操作条款的漏洞以至于经常受到质疑，投标方不按常理出牌，结算时发现不平衡报价，给发包方造成损失，竣工结算时是否可以重新调整工程量清单综合单价呢？作为评标专家在清标环节只是象征性地看看字签的像不像本人书法，章盖得清不清楚，标书质量达到什么标准等形式上的评判，最后按招标方要求提供中标方名单，就算完成任务，至于标书内实质性错误被签入工程施工合同内形成法律文件后才发觉"不平衡报价"。

工程量清单如果真正实现错误追溯制度，清标阶段没有发现的错误被带进工程施工合同内，评标人将承担相应损失责任。现在国内工程项目成本控制大多精力用于事后成本控制，以至于出现三审、四审，错误既成事实，靠事后审计弥补只能是亡羊补牢，要实现防微杜渐就要把工程成本审核时间前移，变事后成本控制为事前成本控制，将工程量清单编制人、工程量清单审核人、投标报价审核人的利益与责任挂钩。从清单规范条款中明确操作程序，错误处理方式，责任人承担的界限划分等，不能像现在做工程项目竣工结算那样，所有时间段、所有主体方的错误最终都是承包方一家承担。

对"不平衡报价定义"有人很不服气地质疑：投标报价是100元/m^2地砖材料单价，却报价300元/m^2，并且中标已经是占了便宜，结算时相同清单项目工程量增加了100m^2，增加的这100m^2地砖综合单价就应该重新按主材价100元/m^2组价。笔者这里也是毫不客气的对提问者回复：工程量清单计价体现的就是公平的"组价原则"，因为前期工作失误就想在后期反悔不是正常做事的态度，如果投标报价时把100元/m^2地砖材料单价误报成30元/m^2，结算时能否可以增加地砖的材料单价？如果答案为否定，但是合同双方都请尊重"组价原则"。"不平衡报价定义"只是工程施工合同签订前的结论，一旦签订到工程施工合同，之前的一切"不平衡报价"随之变成合理，工程施工合同签订之前，应该将"不平衡报价"拒之合同之外，工程项目竣工结算期间不可能有"不平衡报价"概念出现。

投标期间为什么能让不平衡报价漏网而中标，应该追究评标人责任。让制造错误的人为错误埋单，并不是一句难以实现的口号，之所以建筑工程现在始终实现不了真正意义上的"公平、公正、诚信"，就是没有可以操作的法律、法规条款让制造错误的承担相应责任。

7 揭秘工程造价同行不想说的秘密

7.1 工程量偏差与单价的调整关系

图7-1是2013清单规范第9.6条关于工程量偏差调整的问题，此问题一直争论不休，有些人说：此条款很公平，并没有欺负施工方的意思；有些人的解释就更加直白：此条款就是为了限制不平衡报价。笔者认为清单规范的这一条款就是来约束施工方不平衡报价的（但却不是正确的方法）。下面具体分析一下：

（1）第一种情况工程量清单偏差：工程量清单计算错误，运用第9.6条目的就是为了掩盖工程量清单编制人的错误，清单工程量增加，清单综合单价降低，最终总价不超概算；还有一种做法更不可取，如编制招标控制价计算土方清单工程量时，没用

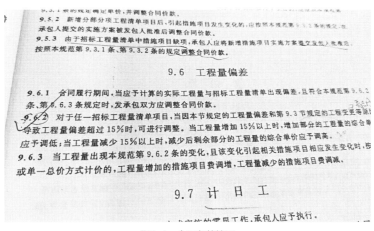

图7-1　合同条款摘录

清单计算规则，而是用定额计算规则且没有重点说明，结算时审计借清单工程量可以调整为由，将原招标清单工程量（定额计算规则计算的工程量）改为清单计算规则计算工程量（消减了土方放坡与工作面的工程量），因为投档时招标控制价已经封顶，投标人面对招标文件给出的错误清单工程量无法正确制定综合单价。第一种偏差的责任主体在招标方。

（2）第二种情况因变更引发工程量偏差：工程项目施工阶段出现变更，清单工程量合同前后比例自然出现变化，超过15%又开始争议。假如招标清单地砖和木地板各为1000m²，后因发包方原因变更，地砖减少200m²，木地板增加200m²，这就是一份工程量此消彼长的普通变更，合同内有现成的清单综合单价可以使用，结算时只要完成加加减减的工作就可以完成结算，如果一方咬着木地板数量增加，要扣木地板单价，另一方则要增加地砖单价，这么简单的一份结算又免不了一场口水仗。

从两个角度分析，不管清单工程量偏差是哪一种原因造成，都和施工方没有任何关系，既然与施工方没有关系，为什么施工方要承担清单综合单价调整的责任？还有人解释：因为数量增加，成本自然降低，如果购买一个单位材料单价是100元，采购数量增加到1亿个单位，单价能不能降至1元？那是对方连固定成本与可变成本的概念都没搞清楚，就把数量与单价理解为可以无限反比例变化。

关于工程量偏差结算时调整应该尊重组价原则。

组价原则：投标人报价时的意志反映同招标人审核报价的意见反馈达成一致目标后的思想共识。其意义就是融合了招标投标人对价格的认同组价共识原则。尊重组价原则从法律角度解释叫"公平、公正"，从道德层面说"诚实守信"。组价原则在工程施工合同之前生成，合同签订后自然成为法律文件的组成部分，在本合同履行过程中，组价原则无论在中期还是终期自始至终要发挥其作用。中途不可能被随意植入一个合同当事人意志之外的组价方案来改变已经达成的组价共识原则。组价原则体现在工程量清单中的部位和内容是：

（1）工程项目管理阶段发生变更、洽商、签证等经济事件在组价时，如果合同工程量清单中原有的综合单价可以直接引用。

（2）工程项目管理阶段发生变更、洽商、签证等经济事件在组价时，如果合同工程量清单中没有完全一致的综合单价，可以借用合同综合单价的某道工序组价。如原合同是地砖地面，后变更为石材地面，面层石材与地砖没有相似之处，但铺装工艺大同小异，原地砖地面垫层、找平层、结合层组价可以直接被复制粘贴，结算时只需要合同双方协商石材工序单价即可。

（3）工程项目管理阶段发生变更、洽商、签证等经济事件在组价时，如果合同工程量清单中没有完全一致的综合单价且新的清单项目没有与合同清单项目相似的工序，新清单项目工序中的人工单价、与合同一致的材料（机械、机具）单价要继承原合同人、材、机单价。如原合同是地砖地面，后变更为木地板，工序找平层中用的砂子、水泥单价及整个清单工序中人工费单价都要与原合同砂子、水泥、人工单价一致。

（4）工程项目管理阶段发生变更、洽商、签证等经济事件取费的费率（税率）要与合同费率（税率）一致。到此正好回答因为国家增值税改革税率调整致使老项目结算时不知道如何计税的问题。如果老项目合同税率是11%，合同履行期间国家中途调整了两次税率，分别调整至10%和9%，结算时仍然按11%税率计算，税后计算并退还因税率改革而少缴的那部分税金。

7.2　工程项目中的独立费

工程施工项目中根本没有独立费这个概念，之所以经常听到"独立费"这个名词，是因为运用这个概念的人不知道什么是独立费。如果一定要把独立费加入到工程施工项目中，其性质应该是与工程无关的，但有要在工程中记账核算的项目费用，最典型的是招标代理费。许多招标代理公司打着0元招标代理费用的广告招揽客户，在招标文件条款中却经常出现：中标方要支付××××元招标代理费用。这笔费用投标方正确的操作：计入其他项目清单即招标代理费项目，"其他项目清单"中的费用性质非常复杂，"招标代理费项目"就是带有独立费性质的费用。

在实战中遇到这样一个问题：投标时套的是独立费，现在遇到政策性文件上调人工，怎么调整？这个问题又有几点疑惑，解答前需要做几个假设：

（1）真想按独立费操作，只能在工程量清单，即其他项目清单中完成，这里处理的项目都是单独列项，再用数量乘以单价（或者用基数×费率）暂估类或其他特殊类型的项目，这些项目大多是招标方给定的已知且金额固定的费用内容，投标组价时不需要投标人套用定额，也不能随意更改招标方给定的已知项目费用金额，像暂估类项目甚至不用计取各种费用和税金。

（2）独立费一定是包干项目，除税率调整外，与其他政策性调整没有任何关系，如"招标代理费项目"按招标文件计取（费用只计取税金），中标后按招标文件招标代理费项目金额支付就可以。

（3）独立费最关键的是定性问题，因为许多费用本来就不需要用独立费模式操作，硬性、强制定义为独立费就出现了问题中描述的疑问。

以下哪一种费用不属于独立费范畴：

1）暂估价材料：暂估价材料（设备）算工程材料，当然不属于独立费范畴。

2）暂估类项目：如专业工程暂估价、暂列金额，这些暂估类项目虽然也在其他项目清单中列项，但也不属于独立费范畴。

3）定额中没有的子目：定额没有子目，因为：

①定额编制人没有获得工艺规范，如软膜天花工艺，定额编制人无法确定按规范施工的软膜天花项目人、材、机消耗量是多少，所以没有编制定额子目，造成实际遇到软膜天花的工艺做法没有定额可以套用。

②工序遗漏，谁工作没有失误，工序在编制定额时漏项是常见问题。

③新工艺出现，没有及时补充定额子目等。

缺少定额子目的原因很多，但不能因为没有定额子目就可以用独立费代替定额子目，定额子目可以借用，可以补充，但没有必要设立独立费进行计算。

4）没有清单项目：清单项目就类似于说明文中的题目，编制清单的人想说什么内容，提前自己可以拟定个题目。

5）暂估综合单价的材料：如防水项目，供应商不仅供应防水材料，还要负责防水项目施工到位，这时的防水不是简单的暂估价材料，而是专业工程暂估价项目，许多人将防水项目组价计入到分部分项工程量清单中是明显的错误，不仅是组价时不知道如何凑招标文件上的数字，而且将来结算会遇到许多解决不了的问题，如投标时防水综合单价60元/m²单价暂估，施工时地面保护层没考虑在内，另增加20元/m²，因为人工、材料涨价加之工序增加，防水综合单价上涨30元/m²，结算时如何操作就非常麻烦。

6）施工现场外一堆生活垃圾，被执法部门限期（业主方）清理干净，业主方出资10000元费用包干安排总承包方将垃圾收拾干净。

7）施工图深化设计费招标文件规定可以投标时计取。

8）工程检测费：如桩检测费。

9）为迎接甲方领导检查组织现场清理，共投入8个人工，费用总计1500元。

10）竣工结算期间，甲方要求施工方竣工图报送数量比合同要求增加两套。

以上10个问题判断一下哪一个可以属于独立费性质，如果感觉有困难，做一个提示，独立费特点之一：都是包干价，但有税前与税后之分。

学习工程造价难度不是套定额，而是费用定义，只有明确了每1元钱款的性质，才可以正确判断费用应该索赔还是可以支付，要钱与付款是从业人员的两大难题，造价人员要不回钱被全公司视为无能，负责结算人员失误造成资金超付，问题更加严重。只有搞清楚每笔费用性质，才可以将工程造价运用自如，如独立费付款，只要事件成立，就可以100%付款，并且不用接受工程审计的审核，这样的费用性质，在工程项目中可能会有多少。

下面解答第5）个问题的操作过程：

①投标时：在其他项目清单—专业工程暂估价中列"防水清单项目"，手工填上"数量"和招标文件暂估单价（可以注明含税金，也可以注明不含9%税率）。

②实施过程中：以签证形式将"防水清单项目"描述清楚后重新组价，如果数量没变，综合单价=60+30=90元。

③结算时：冲减（在工程量前面用负数"-"表示）原60元/m²单价的专业工程暂估价金额，输入90元/m²（结算单价）×结算数量=防水项目结算金额，如果防水项目是甲指分包，总承包方对防水项目结算金额收取总包管理费。这里要注意的是如果原招标文件明确暂估单价60元/m²含税，90元/m²结算单价事前单价构成也按含税组成；如果60元/m²招标文件里注明暂估单价不含税，90元/m²结算单价事前单价构成也按不含税价组成，最终结算金额=［90元/m²（结算单价）×结算数量-60元/m²×招标数量］×（1+税率）=防水项目最终结算金额。

④如果"防水清单项目"不是甲指分包，且90元/m²单价含9%税金，结算时可以税后列公式=90元/m²（结算单价）×结算数量-原专业工程暂估价金额。

独立费在工程造价中没有这一概念，用到的范围也很窄，现在是清单计价，加之以前定额计价的概念，综合运用后所有费用的归属基本已经有明确的方向，不需要再添加独立费概念加以辅助，将来EPC总价合同模式里会加入二级费用（工程建设费）的元素（包括设计费、勘察费等多项费用），这部分费用将来是以独立形式，还是以其他形式出现看清单规范条款规定，在其他项目清单中，完全可以反映这些二级费用，没必要在措施费清单与其他费用清单之间，加建一层类似违章建筑的独立费项目。

最后问题：如果招标代理费20000元，计入独立费后属于税前还是税后费用？因为招标代理费投标时20000元，中标后要支付招标代理公司20000元服务费，作为中标方，此项费用实际没有挣到1分钱利润，但是因为这笔费用需要中标方财务进行账务处理，中标方就要为这20000元招标代理费交纳足够的工程税金，因此招标代理费20000元是税前独立费性质的金额，工程造价时，此部分费用需要计取相应的税金。

7.3 可调与不可调费用

如果把工程造价费用分为可调整的费用与不可调整费用两大部分，随着时间推移，可调整的费用一定会转化成不可调整的费用，最典型的费用就是工程量清单综合单价，反之，之前不可调整费用最终可能会变化为可调整的费用，如暂估价材料。

有人看到此会发问：这一类似化学反应的链式会不会中途停止或不发生反应，这里要明确说明：只要工程项目不演变为烂尾楼，一般的工程费用一定会发生反映并且必须按特定程序完成相关的反映过程（即便是反映结果没有变化，反映仍然要按程序进行），如工程量清单综合单价，只要不签订工程施工合同，这个单价就是在可调整范围内，即使招标方下发了中标通知书，也阻止不了工程量清单综合单价的调整变化（下发中标通知书后，工程总价不应该再发生变化，但工程量清单综合单价如果发现不合理，是可以调整的），如钢筋清单工程量100t，混凝土清单工程量1000m³，投标方（或招方）提出：钢筋清单项综合投标单价要调低100元/t，混凝土清单综合单价应该调高10元/m³，综合单价调整后保持工程总价不变，这种使清单综合单价更加趋于合理的操作是正确的。

（1）工程项目随时间流逝会产生费用性质转变，但其变化也是有规律可循的，招标投标阶段许多费用可随意调整，也有一些费用不能调整，也就是所谓的"不可竞争费用"，今天就着重研究在同一时间点内，其不可调整的费用有哪些。

国内清单规范关于不可调整费用，为投标人设置了3道底线，也可以统称不可竞争费：

①不可竞争费用；

②不可竞争费率（税率）；

③不可以低于成本价投标。

这3条实际是在起跑线上横向拉设的三道招标投标阶段不可调整费用的红线，操作时触碰红线可能要被废标。

关于不可竞争费用说到概念让人疑惑，实际其组成内容包括我们熟悉的：暂估类项目费用和带有独立费性质的费用。

①暂估类项目费用组成：暂估工程量和暂估项目综合单价。

a. 暂估工程量：包括工程量清单项目工程量和计日工项目的工程量，这就是为什么说清单计价招标投标阶段不能调整招标方下发的招标工程量清单文件，在竣工结算阶段可以调整清单工程量。计日工项目的工程量容易理解，竣工结算工程量按现场甲方代表确认的计日工工程量×计日工单价×（1+税（规费）率）结算。这里面不容易理解的是分部分项工程量清单项目的工程量，以至于许多人在清单计价过程中还在运用定额计价时代的总价包干合同模式，清单计价理论上只有固定单价模式，就是因为工程量清单项目工程量到最后会演变为可调整费用，所以清单计价结算时不能固定清单项目的工程量，而必须固定清单项目综合单价的原因。清单规范中有一条：招标方对工程量清单正确性负责，这个负责是整个工程项目全过程的负责，而不是在招标文件和合同文件中约定：投标方应该对招标工程量清单进行核实，审核无误后清单工程量包干，结算时不予以调整。寥寥数语将清单规范中的强制性条款通过工程施工合同中的霸王条款予以全面修改。篇幅有限，在此不讨论工程施工合同条款。

b. 暂估项目综合单价又为何物？这个问题知道答案的人更是寥寥无几，暂估类项目在清单项目费用组成里在"其他项目清单"中体现，具体有两大类：暂列金额和专业工程暂估价。

这里以例题形式判断一下费用归属：

［例1］ 防火门包安装综合单价2000元/樘（成活价含税），共计100樘。

［例2］ 净水器设备安装连管线15000元/套，共10套。

［例3］ 后期变更预留费用100000元。

答案：

［例1］性质：专业工程暂估价，费用100×2000=200000元。

［例2］性质：专业工程暂估价，费用10×15000=150000元。

［例3］性质：暂列金额，费用100000元（100000元就是暂列金额的综合单价，数量为1，单位是"项"）。

暂估类项目性质：投标时不可以调整，结算时可以增加清单项目，调整工程量、重组综合单价。

因为暂估类项目拥有这类性质，招标时把［例1］、［例2］放在分部分项工程量清单中，性质与其他清单项目不同，显然就是错误。检查一下之前的招标文件，多少人犯过此类错误。

②带有独立费性质的项目一般会有哪些常见费用？举几个典型费用：

A．设计费：包括两种性质的设计费用，但都可以用这个模式在其他项目清单中操作：

a．外部设计费，类似建设项目其他二类费用，这类设计费如果招标方想从工程费用中消化，在招标文件中一定会明确一个金额，如约定中标方要负担100000元工程设计费。

b．自行深化设计费，这部分费用透明度不高，但一些工程项目此类投入还非常大，如精装修深化设计费一般要占0.5%～2%总造价，5000万元的项目计取30万～50万元深化设计费用不着扭捏，觉得现在的企业管理费无法承担深化设计费用，投标时就要大胆计取这方面费用。

B．招标代理费：这项费用经常会出现在工程总造价中，操作同外部设计费，费用金额由招标方约定，投标方计取费用并要计取税金，中标后支付约定的招标代理费用。

C．未来材料、工程项目的复试、检测、试验费：这类费用各地区什么性质都有，有的地区计入材料费，有的地区计入企业管理费，有的地区计入措施费，关键是许多检测、试验项目费用还不包括在这些费用中，操作起来争议很多，有些地区将此费用单独拿出来，规定由建设方单独支付，如果在独立费中运作，将来招标时规定一个金额，使用时先花费这些费用，不够了再要求建设方另行支付，建设方只要有钱，想做什么试验，想检测什么材料的性质随意便是。

（2）不可竞争费（税）率

①属于不可竞争费率：

A．安全文明施工费。

B．规费。

这两类费用操作难点在于费用归属含糊不清。

a．费用内容约定不清。如安全文明施工费中包不包括高压线护线架费用？可能有些地区有约定，大部分地区无说明（因为工程项目与高压线没有必然联系，如果某个工程项目正好赶上高压线穿施工现场或临近施工现场，投标时单独申报高压线护线架费用），有些地区甚至连脚手架、模板费用都包含在安全文明施工费中。同理，各地区规费组成内容也是比较混乱，但这两类费用有明确的分类依据，也就是费用归属问题。

b. 规费定义：行政性收费，现场的降尘费绝对不可能是规费性质。

c. 安全文明施工费：现场发生的费用，如苫盖密目网、雾炮及空气检测仪等费用是否属于安全文明施工费内容？答案是肯定的。这些费用与安全文明施工费沾边，并且由施工现场发生此类费用。

②属于不可竞争（税）率：

a. 增值税率：也就是我们常说的建筑行业小规模纳税人为3%；一般纳税人为9%的税率。

b. 增值税附加税率：

税法理论增值税附加税率=主税（3%或9%）×（1+7%+3%+2%）

造价取费表中的增值税附加税率不一定等于这个比例，是因为附加税属于地税，各地方可能加入了其他税。

（3）不可以低于成本价

成本价虽然是个非常重要的概念，可是能操作成本价的人员并没有多少，如何判别工程成本主观判断的对与错？仍然可以用到不可调整单价这个概念。

①暂估价材料单价：这是一个在招标投标阶段不可调整单价的材料，也就是不可竞争费用，如果投标方在投标期间下调了这个单价，应该视为废标，因为招标方规定了此材料的成本价，低于这个报价被判废标合情合理。

②甲供材单价：性质同暂估价材料单价。

③可调整材料单价：这里所说的可调整材料是因为施工周期较长，材料单价变化可能带来甲、乙双方的风险，因此合同内用可调整材料单价来化解甲、乙双方不确定的风险因素。其性质类似暂估价材料单价，但之前因为招标方不知道此单价的性质类似不可竞争费用，所以对此类单价在评标时也没有认真评判，结果到了竣工结算期间，一大堆问题立刻显露出来，如投标期材料信息单价1000元/件，投标报价500元/件，结算时市场材料单价1500元/件，合同约定材料价风险系数涨幅±5%，问应该如何调整材料单价？

答案=［500-1500×（1-5%）］×结算数量×（1+税率）

7.4 通过模型说打折让利

投标让利、报价打折已经成为工程项目经营惯例，有人曾经揭示：自己所在的那个地区工程项目报价下浮率不到招标控制价的30%~40%别想中标。如果投标人将报价打6折后中标并且获利，说明此项目招标控制价成本利润率能达到100%，本节不分析这些地区谁在扰乱建筑工程市场，下面对打折方式作几个模型解释。

（1）如果一个工程项目税前造价1000万元，两种打折方式，彼此相差多少？A.税前打92折；B.税后让利90万元（税率按9%计算）。

解：A税前打92折=1000×0.92×（1+9%）=1002.8万元

B税后让利90万元=1000×（1+9%）-90=1000万元

听上去是80万元与90万元的差额，算出来就是1002.8-1000=2.8万元的差异，在此提醒一句，不用考虑打折让利应该在税前还是在税后？你愿意在哪打折就在哪打折，只要符合两个条件：

①不低于成本。

②达到心理需求；

这里为什么出现魔术般差异？

A种是100%让利80万元；

B种是90/（1+9%）=82.5688万元。

差额2.8万元=（公式A-公式B）×（1+税率）=2.5688×（1+9%）=2.8万元

这道题计算很简单，但估计许多投标人拿不定主意，因为他们在纠结是税前还是税后打折哪一个有依据。

（2）如果一个工程项目税前招标控制价1000万元（税率按9%计算），其中：暂列金额+专业工程暂估价+甲供材=300万元，税金90万元，安全文明施工费40万元，税前总价打92折。

打完折后的工程总造价=1000×0.92×（1+9%）=1002.8万元

可竞争费用实际打折=［（1000-300）-1000×0.08］/（1000-300）=88.57%

又是一个魔幻数字，怎么之前说好好的让利8%一转眼就变成了让利11.43%（相当于92折变成88折）？

项目完工了，结算时审计指着施工合同说：合同条款规定，税前总价打92折，现在暂列金额+专业工程暂估价+甲供材三项结算实际金额等于400万元，乘以0.92打折系数，减300万合同暂估金额等于68万元，加合同金额1002.8万元，总结算金额等于1070.8万元，没意见拿回去盖章签字。老板看完这几个数字非常生气，暂列金额+专业工程暂估价+甲供材三项为什么还要打折！

（3）如果一个工程项目税前招标控制价1000万元（税率按9%计算），其中：暂列金额200万元；专业工程暂估价300万元；甲供材150万元，暂估价材料150万元；税金90万元，安全文明施工费30万元，合同条款规定：不可竞争费不参与打折。税前可竞争费打6折。计算结果：

税前可竞争费打折金额=（1000−200−300−150−150−30）×（1−0.6）=68万元

实际让利比例=（1000−68）/1000=93.2%

工程总造价=932×（1+9%）=1015.88万元

从这个模型可以看出，所谓工程项目投标打六七折都是一些文字游戏，但其中却蕴含着许多工程造价同行不知道的理论，如模型（2）会亏本；模型（3）却有利润。

进入今天的正题，打折让利应该如何操作：

方法一：总价打折，前三个模型都是这种方法，也是错误的操作方式，投标时决策层可以制定打折系数，操作部门不能在施工合同中简单约定"××总价让利n%"的条款。

方法二：单价打折，模型（2）正确操作应该将8%的税前总价让利金额倒着分解到每一项清单项目中，当然每项不用严格按11.43%比例下浮，但最终总价要保证总价金额为1002.8万元。

方法三：通过正确的调价程序，一步一步将费用调整到最合理状态，使每项清单项目利润率大致平均。

投标报价最考验水平的就是打折调整清单项目综合单价，总价金额已经固定，单价调整既要满足总价要求，又要保证各单项不低于成本。总价打折是错误的操作方法，为将来结算会埋下许多说不清楚的隐患，但现在许多工程项目招标还在采用总价打折的方法，这就要求清标打折前要算清成本，投标报价多制定几个报价方案（也就是多建几个组价模型），让利调价按之前测算成本调整非常便利、快捷。

7.5 偷工减料不是降低成本的有效方法

"偷工减料"对于施工方经营是最下策的战略。造成"偷工减料"方案实施的因素：

（1）施工决策层行为：由于利益诱惑，施工方决策层作出"偷工减料"的短视判断，责任在施工方高层，受上层决策影响，材料采购放弃质量把关，假冒伪劣材料自然流入施工现场。

（2）受投标报价心理影响：这是关键因素，如原来涂料墙面报价50元/m²，后来被迫降低到30元/m²中标，价格6折对任何公司的经营策略都是颠覆性的调整，从另一方面分析，"偷工减料"是市场竞争和甲乙方决策共同催生的产物。

通过以上两点分析，研究"偷工减料"形成因素但并没有抓住问题本质，虽然也道出原因所在，下一个项目招标甲方仍然延续低价中标原则，"偷工减料"行为又被粘贴、复制。挖出"偷工减料"的根源，各方拿出控制质量的方法，自然会杜绝"偷工减料"的行为。

（1）"偷工减料"增加了质量甚至安全风险。在成本中一提到风险一定与费用挂钩，如基层木工没做好，后期靠油工工序弥补，难度、工费会增加许多，一个连续作业的承包方不会放任基础工序的工作质量，增加风险就是增加成本，增加成本的行为一定不是施工方首选的经营方案。

（2）"偷工减料"增加了维修费用。如灯具主材合同30元/个，在灯具选用上，明知35元/个的品牌灯具质量远远优于28元/个的灯具，但因为目标成本约束，材料部只能采购28元/个的灯具，接下来就是电工三天两头接到报修通知，去维修一次是500元工钱，因为材料问题造成的维修费要求公司报销。材料省钱人工补，钱根本没省下来，这类降低成本方法纯属自欺。

（3）"偷工减料"自毁名声。虽然投标阶段投标人接受了招标方各种要求降低价格的暗示，如：有些投标方报价已经低于你们10个百分点，你们看看能不能再拿出点诚意？中标后因为收不抵支，降低施工标准，出了质量问题不会有一个甲方人员站出来说公道话。

（4）工程项目肢解分包。工程项目是一个整体，每道工序是否合格影响下一道工序的质量和成本，工序被分解到不同承包人，前道工序不用考虑下一道工序，各道工序的衔接缺乏管理方协调、监督。如果只是某道工序存在质量问题还容易解决，不同承包方在同一清单项目上共同"偷工减料"，出现问题无法判定责任，如木饰面安装在木基层上，这两道工序是不同的承包商完成，如果木饰面变形，木饰面厂家指责木基层平整度不达标，造成面层变形；木基层施工方说木饰面板厚度应该15mm以上，可现在使用的贴木皮饰面的密度板只有12mm厚。此类责任纠纷很难认定。

（5）使用劣质材料会大量增加人工成本。现在人工费成本与材料费成本比例逐渐此消彼长，使用劣质材料而增加人工成本的方案没有降低成本的实质意义，如轻钢龙骨材质薄龙骨强度会变软，封石膏板时平整度难以保证，要找平就要多花费工日，增加人工费工长不愿意，留下质量隐患给油工找平增加难度，油工看完现场会报高价，一环扣一环，在哪里省了钱，就会在其他地方付出代价，控制成本只说某道工序节省了多少钱一点意义没有。

（6）质量事故造成间接损失不可估量。如防水、水管等出现问题，发现后已经造成下层被泡，换一根水管花不了多少钱，换100m²木地板要花费多少米水管的安装利润？如果电气线路出现问题后果可能更加严重。

（7）工程项目质量问题直接影响工程竣工结算。这条直接关系工程造价人员的实质工作。存在质量问题的工程没有赢家，低价中标、偷工减料只是施工方饮鸩止渴的无奈之举。

现在越来越多的施工方表示，宁可不投标也不再低价中标；宁可少获取利润，也要保证材料质量；宁可做工时多花几个人工，也要节省维修人工消耗。

对于安全、质量、工期、文明施工等环节，任何一处管理上的微小失误都可能成为成本控制的风险，成本控制是全员行为，与项目上任何人都有关系。施工现场"偷工减料"行为从成本管理角度看，对降低工程成本没有起到想象的作用，相反给成本管理造成了不小麻烦。

最后总结："偷工减料"行为应该得到惩罚，但不是扣钱了之，既然发现圈梁箍筋间距不规范，应该连模板都不能支，监理会上提出问题要求返工整改。

最后一个问题还是留给读者：在某个工序施工时，施工方没采用报价中的措施方案，结算时可不可以扣钱？

如果工程项目安全、质量、工期、文明施工等都按合同条款正常履约，工程竣工后结算期间，没有理由对措施方案再提出质疑，合同条款中的项目应该做的都做了，应该做好的都达标了，至于实际采用的是什么方法和措施，只要承包方在竣工结算文件中没有要求变更，结算时按投标报价的措施费用正常付款就是。

7.6 一个公式能暴露什么问题

工程造价作为逻辑型学科，注定了其概念组成必定要有许多运算公式作为支撑，工程造价与逻辑型运算基础代表学科数、理、化一样，虽然解题方法可能会有很多种，但答案应该基本都是唯一的，可运用的公式有很多条，但每一条公式都经过一系列繁杂的证明过程而得出的公认的结论才能成为公式。就如同我们一个数学老师说过，证明一个定理正确，要做无数次的模型验证；证明一个定理错误，只需要找出一个漏洞。下面看一个案例问题里暴露出了多少漏洞？（单选）

[例] 工程招标采取定额计价，签订的合同为总价合同。情况如下：

控制价为600万元（其中配套工程暂列金为50万元）。施工单位总价下浮10%中标即为540万元（包含配套工程）。

工程完工后，施工方配套工程实做为21万元（未下浮）。

结算金额：

A：540万+（-50万+21万）×90%＝513.9万元

B：540万-50万+21万×90%＝508.9万元

C：（600万-50万+21万）×90%=513.9万元

D：540万-50万+21万=511万元

这一道单选题，答案并不重要，关键是这道题暴露出当前工程造价的问题，没有多少人能知道这道题的答案，以及为什么要选择这个答案。

从这道题分析，全题已知的绝对数3个，分别是：600万元、50万元、21万元，相对数1个10%，答案里出现的绝对数4个，相对数两个，多出540万元和90%两个数字（540万元和90%是因为相对数10%而衍生出的数字）并不难理解。因为6个数字组合，出现了4个可供选择的公式，下面一一分析4个公式的性质：

答案B：540万元（打折数）、50万元（非打折数）、21万元×90%（被打折数）。用打折数-非打折数+被打折数产生什么关系？只有发明这一公式的人员才能知道其中的逻辑关系，笔者在此解释不了，只能判定此选择错误。

答案A：540万元（打折数）、50万元×90%（被打折数）、21万元×90%（被打折数）。吸取了答案B的教训，用打折数−被打折数+被打折数似乎正确，因为答案B中（−非打折数+被打折数）说不清楚原理，因此答案A采用了（−被打折数+被打折数）看上去对应关系更加紧密。

答案C：600万元×90%（被打折数）、50万元×90%（被打折数）、21万元×90%（被打折数）。仔细看答案C与答案式A结果相同，就是一个数列顺序变幻，3组数字都变成了被打折数看上去关系更密切了。

答案D：540万元（打折数）、50万元（非打折数）、21万元（非打折数）。这三组数字又有打折数，又有非打折数，立刻把关系搞得复杂起来。

纷乱繁杂的结果中选择哪一个数字正确，完成了第一步数字性质打折和非打折的分析，第二步只要分析出来案例题目哪个数字可以打折，哪个数字不能打折，就可以很容易判断出，哪个答案正确，哪个答案错误。

600万元控制价：在控制价基础上打折国家早就发过文件禁止，只是这种操作没有理论错误，在销售行业经常运用总价打折方法做促销活动，但建筑行业这样使用总价打折，会为将来结算埋下争议隐患。

其中配套工程暂列金为50万元：因为工程暂列金额从性质上分类属于不可竞争费，从理论上解释，不可竞争费不允许打折。

与工程暂列金额对应的21万元后序费用：因为工程暂列金额不能打折，21万元后序费用也不能打折。

分析完费用性质，对比4组答案很容易看出，答案A、B、C或多或少对50万元暂列金额及其对应的21万元后序费用都动过手脚，对这两个金额进行打折就是错误，所以正确答案只有能选择D。

把正确答案选择出来不是目的，知道为什么才能最终知识消化，因为此案例不是考试题，而是100%的实战理论，每一个公式运用必须要有充分依据，且不能出现漏洞。

注释一：为什么官方禁止用总价打折方式报价？在交易过程中，总价打折是经常出现的策略，理论上可以使用，但在工程造价中总价打折只适用于EPC项目，而不适用于普通的清单报价项目，因为：

（1）总价打折加大了投标方的风险。案例中投标方随口一说总价9折，作为投标方的预算人员，首先要对9折价格做一个成本测算。如果在综合单价的基础上打折，预算人员对综合单价的把控应该比对总价的把控要精准，如：测算1#楼C35混凝土综合单价623元/m³中直接费成本比例，比预估1#楼总造价123,546,789.00元九位数利润要简单许多，1#楼假设由200个清单项目组成，预算人员只要能把控住100～120个主要清单项目成本，这个项目整体成本偏差就不会距测算成本太远。作为预算人员应该一项一项地对应清单项目进行报价，最终实现招标控制价打9折的目标。官方出台不能总价打折的行政文件，主要是不赞成投标方像案例中凑数一样的报价方式，就是担心投标方报价前不测算成本，不加控制地随意降低报价，进场后再生出其他对社会有危害的事端。

（2）总价打折方式看似先期操作简单，实则把争议积累到了后期，造成竣工结算极其复杂。如案例中遇到的连结算公式都出来4种，到底哪个公式正确谁都说不清楚。

注释二：从造价理论解释为什么不能用总价打折方式操作。案例中的总价打折看似9折（10%），实际测算并不是这个数值，下面推导一下打折公式：

$$600万元招标控制价打9折=600×0.9=540万元$$

因为50万元是暂列金额是招标方设置的金额，属于不可竞争费用，因此不能打折，实际综合单价打折比例=（540-50）/（600-50）×100%=89%，也就是此项目打折比例不是10%而是11%，从另一个侧面看，这类总价打折对投标方风险是非常大的。

注释三：案例540万元已经是按总价打9折后的造价金额，结算时面对的是50万元（不能打折的不可竞争费用），所对应发生的费用应该按"组价原则"（也就是招标控制价组价计算方法）出数，如合同内招标控制价C35混凝土清单项目综合单价623元/m³，打折后单项综合单价=623元/m³×89%已经调整完成，结算时C35混凝土工程量增加20m³，合计金额=20×623元/m³=12460元，这12460元实际就是21万元之内的增项内容，而且结算时因为要与50万元相对应，所以不应该再参与打折让利。以此类推，如果发生人、材、机价差调整等一切费用增减内容，都不再进行打折处理，案例中增项内容是21万元，如果实际发生210万元同样不再打折，这样解释，充分证明了答案选择B是错误的。

注释四：如果案例变一个说法，总价让利10%（不可竞争费不参与打折），这时投标打折价=（600-50）×90%=495万元，如果结算同前，结算时C35混凝土工程量增加20m³，合计金额=20×623元/m³=12460元，结算后加金额=21万×0.9=18.9万元。按注释四方式结算总造价=495+18.9=513.9万元，看到这个数字再去看看前面案例题中选择A和选择C的答案，怎么会出现了相等的金额？

结论：原来是造价同行把造价概念完全混淆了，如果案例已知条件变成注释四，这道题原本的单选题就会变成多选题了。留两个思考题：

【思考题1】　为什么注释四中后加21万元结算时经过打折，最终结果反而比没有打折的选择答案D金额还要多。

【思考题2】　材料调差后是否需要下浮？合同没有规定材料调差是否需要下浮？

【思考题1】答案：答案D先将总价打9折后减50万元加21万元，总价等于511万元。注释四先用总价减50万元后的价格打9折，等于495万元，之后虽然21万元经过打9折后加495万元，最终之和等于513.9万元大于511万元。因为打折顺序问题出现的金额差异。

【思考题2】就是典型的前提错误（总价打折就是错误操作）造成的之后结论无法统一。证明这个问题答案先建立一个数学模型：

已知：材料单价100元/单位（结算时可调价差，材料风险费率±5%），直接费合计100000元，综合取费30%，税金9%，总价打9折。结算时合同双方确认单价120元/单位，问最终单价差是多少？

解这道题公式=100000×（1+30%）×（1+9%）=141700元

税金不能打折，从综合取费处打折公式变化为：

100000×（1+30%）×0.9×（1+9%）=127530元

从直接费打折100000×0.9×（1+30%）×（1+9%）=127530元

总价打折100000×（1+30%）×（1+9%）×0.9=127530元

从打折结果分析，无论在哪个环节打折，最终结果没有变化。

在综合取费处打折后求材料价差，出现【答案1】：

120-100×（1+5%）=15元（因为材料价差不取综合费率，所以综合费率打折与材料价差无关）

在总价处打折后求材料价差，出现【答案2】：

（120-100×（1+5%））×0.9=13.5元（因为总价打折，所以价差也要最终打折）

在直接费处打折出现【答案3】：

120-100×0.9×（1+5%）=25.5元（因为120元是双方确认的结算材料单价，其中不

含利润，120元单价不能打折，而原来投标单价100元因为被怀疑其中有利润而被打9折）

作为承包方结算中一定坚持按【答案3】计算，作为发包方按【答案2】计算也有道理，因为没有相关的合同条款具体计算材料价差的说明，对结算中出现的12元单价差分歧如何解决？没有正确答案，只能说当初投标时错在总价打折的操作上。

7.7 暂估类项目与费用

先介绍一下暂估类项目：

（1）暂估类项目建立的理论：财务的"谨慎性原则"，成本核算（包括工程成本）在财务操作中不是越少越好，因为成本数据是决策层最关心的信息，信息越重要，要求的准确率越高，成本数据上报后，所有的资金计划也随之启动。

（2）暂估类项目的性质：不可竞争费用。暂估类项目只是统称，除了熟悉的"暂列金额""专业工程暂估价"以外、"计日工（数量暂估）""暂估价材料（单价暂估）""工程量清单综合单价暂估"等都属于暂估类项目范畴，所谓"不可竞争费用"，指招标文件中的暂估类项目金额、单价、数量投标时不能调整，万一投标人出于种种原因将"不可竞争费用"人为调整且清标时漏网，合同签订时也没发现问题，竣工结算时按招标文件的暂估类项目金额、单价、数量进行冲减计算，之前投标时的错误按让利处理，这一点行政文件没有明确解释，这里做一个澄清，理论基础叫"孰高法"计价，也就是工程造价对财务"谨慎性原则"的进一步深化。

（3）暂估类项目投标阶段操作：招标文件规定多少，投标文件输入多少。如招标文件规定暂列金额200000.00元，一些地方文件指导操作方法200000.00/（1+10%）×（1+10%），招标规定暂列金额200000.00元，可投标函就要注明：200000/（1+10%）=181818.18元，到竣工结算甲方财务质疑，合同上写着暂列金额181818.18元，现在冲减200000.00元，如何做账，如图7-2暂列金额是错误的操作。

暂列金额、专业工程暂估价在营业税制下也存在此类取费问题，可营业税期间通过处理轻松解决这一问题，到了增值税制下文件编制专家容易出现上述错误。

（4）搞清楚可竞争与不可竞争的概念："计日工"、"暂估价材料"、"甲供材"也属于不可竞争范畴，相比暂列金额、专业工程暂估价，这3个概念是有可竞争的因素在内，计日工"量"不可竞争，"价"可以竞争。

某地区对计日工单价规定的行政文件条款：按信息价人工工日单价×1.35。

为什么要乘以1.35系数？1.35系数是否为了包含利润、企业管理费、安全文明施工费等费用内容？实际计日工也属于人工费工日单价的一个种形式，组价后要作为规费、税金的基数。计日工工日单价=市场人工单价（一般以壮工单价200～220元/工日为计取标准）。再看这个地区计日工计算公式=信息价人工×1.35（140×1.35=189元），国内没有几个地区定额人工单价能达到140元/工日，就算达到了，计算出来的计日工单价才189元/工日。正确的计日工报价非常简单，直接填报200～220元。见图7-3计日工投标操作，圆圈内数量是不可竞争因素。

序号	名称	计量单位	含税金额	税金	除税金额	备注
1	不确定费用	项	200000	18181.82	181818.18	

图7-2 暂列金额

	计日工					4200	
一	劳务(人工)					4200	人工模板
1	计日工	工日	20	210	4200	210	4200 人工模板
二	材料					0	材料模板
1					0	0	材料模板
三	施工机械					0	机械模板
1					0	0	机械模板

图7-3 计日工

与计日工相比，"暂估价材料"、"甲供材"操作正好相反，数量可以竞争，材料单价不能改变，有些招标文件画蛇添足地将"暂估价材料"、"甲供材"数量也公之于众，搞得投标同行抱怨：投标材料数量怎么调整也对不上招标文件数量。不是一个人做的报价，对数量的理解当然不同。

暂估类项目项目管理阶段操作：专业工程暂估价如何认价？

这种问题经常能见到，专业工程暂估价是重新组价了，但是是放到签证，还是放到漏项里面？暂列金额与专业工程暂估价这里有一点区别，专业工程暂估价不是漏项，而是因为招标期间图纸不完善无法准确计量报价，只能按经验值或指标体系估算一个总价，如空调系统500～600元/m²，等空调专业将图纸完善经业主方签字，并以变更、签证形式确认后，按组价原则报价（组价原则见之前发文说明），专业工程暂估价事前是有明确立项的，如之前举例明细可以称"空调项目专业工程暂估价"。暂列金额相当于财务的"预提费用"账户，目的是对施工中不可预见的风险费用进行提前预测，以便之后操作时能灵活化解，弥补漏项是暂列金额的责任之一，此外还有应对将来不可预见的变更、洽商等产生的费用，以后还要为招标控制价负无限责任承担一定比例的风险，暂列金额的多少并不是按行政文件规定不超30%。行政文件制定这一比例的本意是为防止"三边"工程，现在许多不专业的咨询方接手了他们不擅长的工程项目组价，导致招标控制价有可能低于工程成本价，这时就需要暂列金额来为咨询方的服务质量托底。暂列金额占比0.67%，如果图纸非常清晰，项目非常明确，编制招标控制价的人经验又非常丰富，20万元暂列金额还可以抵御未来的不可预见风险。

专业工程暂估价与签证、变更联系得紧密一些，暂列金额处理不可预见性费用更多一些，工程施工过程中，二者操作程序相同，都是按实际签证、变更组价，严格遵循组价原则。

暂估类项目竣工结算阶段操作：前期项目管理阶段操作程序健全，竣工结算阶段暂估类项目操作非常简单：

（1）冲减原合同暂估类项目金额，如：-200000.00元。

（2）按实际签证、变更组价后工程总价计入，如：256000.00元。

有人问实际结算成本与暂列金额正负相抵多出56000元可以吗？答案：按实际结算，业主方用得起建筑商品，就要支付相应的费用。从这单变更里可以看出，当初"谨慎性原则"有多么重要，如果没有暂列金额或专业工程暂估价20万元，结算时工程总造价提高25.6万元，现在有专业工程暂估价，工程总造价实际提高5.6万元，从这点可以说明，将工程招标控制价故意算低的人，将来会为业主方带来多少风险和麻烦。成本控制水平高低不在于事前计算多与少，而是在于事前预测金额与事后结算金额吻合程度。

最后出一个问题：计日工竣工结算时如何正确操作？针对图7-2已知条件，计算假如现场签证是22个计日工工日（或16个工日），结算时分别列式计算。

【列式1】冲减原合同计日工金额。

$-20 \times 210 \times$（1+规费率）$\times$（1+税率）

【列式2】现场签证是22个计日工工日。

$22 \times 210 \times$（1+规费率）$\times$（1+税率）

【列式3】现场签证是16个计日工工日。

$16 \times 210 \times$（1+规费率）$\times$（1+税率）

最终计日工结算金额：

现场签证是22个计日工工日，【列式1】+【列式2】。

现场签证是16个计日工工日，【列式1】+【列式3】。

关于暂估类项目因为工程量清单不同版本有名称改动，注：工程量清单计价中暂列金额概念2003版本叫"预留金"，应该是直译国外的叫法，之后版本改为"暂列金额"。

专业工程暂估价与材料暂估价让许多读者分不清楚概念，前者是项目的概念、后者是材料的范畴，二者不是一个概念，使用时不能混淆。

先来看一个问题：咨询方对图纸上不明确的地方到底是算还是不算？答案：

1）如果咨询方把图纸上不明确的地方算给了施工方，必然牺牲雇主的利益，违背"设法为聘用我们的一方争取相关利益"这一前提。

2）如果咨询方把图纸上不明确的地方扣减，是否正确。可以通过以下案例寻找答案：

一个石材供应商测量并记录了窗台板尺寸为200mm×2150mm，可因为途中污染，回去后记录变成了200mm×21××mm，一天记的数太多，实在想不起后两位数，为了产品质量，他会加工一块200mm×2200mm的窗台板，结算时他明知施工方可能只计算0.2m×2.15m=0.43m²，但也要供应0.44m²的窗台板，这里因为成本控制中有几个非常重要的原则，如"谨慎性原则""客观性原则""真实性原则"等。供应商为了降低风险，宁可牺牲一些利益，就算一平方米窗台板1000元/m²，供应商一块窗台板结算差额就是10元。如果项目经理在供应商结算单上签0.44m²窗台板，到笔者这里审核也会顺利过关。

成本经理的能力是看敢不敢在看不清楚的地方做主。如果当时石材供应商手边正好有一块200mm×2140mm的石材，抱着侥幸心理加工成窗台板（通常加工窗台板要比测量尺寸长20mm左右，到现场切一刀就可以安装上），发现窗台板因为短了10mm安装上去也交不了工，材料费+运输费+人工费一算上千元要变成建筑垃圾，供应商找到项目经理帮忙想想办法，项目经理算了一笔账要扣石材供应商300元，理由如下：

（1）木工要先在窗口侧壁处先钉一块200mm宽的石膏板，再封PVC阳角线；

（2）油工补钉眼、贴网格布、批第一遍腻子找平层收阴阳角；

（3）第二天油工批第二遍腻子找平层修阳角。

因为窗台板10mm尺寸差，要重新做一遍窗洞口找方正、墙面腻子找平工序，弥补窗台板尺寸缺陷。

咨询行业思维方式：看不清视为不存在，表面看是为雇主降低了造价，但工程成本不会因为咨询方算与不算而改变，开始不算一定为将来埋下比处理一块窗台板难度系数大得多的隐患，这些隐患早晚暴露出来并转嫁到雇主身上，有些人会说：之前的丢项漏项结算时也没给施工方补偿，实际施工方早就通过偷工减料转嫁了风险，不公平交易受伤害最大的多半是雇主。

工程实际成本只有一个，不会因为计算规则、定额版本、计价原则的变化而变化。

工程成本控制的难度系数不是在理论上，而是在操作的执行力上，下面通过一个线条工程量式计算，说明工程成本控制其中的一个细节问题：

一个电梯门套由三根石材线条拼接而成（图7-4），计算这个电梯门套长度尺寸有按外框、中心线甚至内框长度的说法不一，有些人会辩解：立场不同，各为其主。各为其主说的没错，但同一个门套量出来三个尺寸按哪个为准？这就是操作问题。作为成本经理应该站在公正、客观的立场上解释出用哪一个尺寸计算电梯门套最为合理。如果认为答案难寻，不妨把电梯门套线拉直，会发现如果电梯门套线不按外边线计算，电梯门套线拉直后的尺寸与电梯门套图示尺寸不符，封闭式线条计算工程量要按外边线测量。

咨询方对成本问题的回复如同套定额，施工方更像在身临其境的对成本全过程控制。实际上理念的差异是长期积淀下来的思维方式反映。成本经理要做的是脚踏实地走好每一步，掌握工程造价最基本的技能——算量，全过程造价亲力亲为，尽早准确地预测出成本金额。

图7-4　电梯门套

8

用操作的思路控制工程成本

8.1 施工项目成本控制深入探索

工程成本控制是一个老的话题，又是造价最难解决的一个问题。成本控制理论上解释并不难论述，但把成本理论与实践结合起来，就是一个难题。

（1）成本控制或称"施工项目成本控制"。研究的对象是施工过程中项目发生的费用，现在EPC模式引入国内工程管理，工程施工项目成本控制的范围也扩大至工程项目设计、施工、运营方案成本控制。

1）成本控制时限：成本控制财务理论分三个阶段，分别是事前控制、事中控制和事后控制。作为财务人员，更多研究的是事后成本，有经验的财务人员会拿出部分精力研究事中成本控制，作为资深工程造价人员，80%的精力在研究事前成本控制，20%的精力放在事中成本控制上，这与财务人员的工作正好形成互补，两个专业既有交集，又有分工的一个成本控制体系。

2）工程成本控制的对象：财务成本核算理论将工程成本分解为人工费、材料费、机械（机具）使用费、其他直接费和间接费五项费用。工程造价管理是财务成本管理的一个分支，在工程造价理论中虽然没有听说过"其他直接费"这个财务专业的成本费用概念，但作为工程成本管理体系的一个组成部分，工程造价人员在工程成本统计、核算程序中，必须要延用财务成本核算中工程成本的"五项费用"，并有责任将这"五项费用"认真地为财务人员进行翻译、整理分类。

3）工程项目施工成本控制的范围：项目经理职权范围内的费用，也就是项目经理部成本（不要把公司的管理成本纳入工程成本管理之内，项目经理没权力管公司成本）。一般纳税人在工程造价计价时，税金（增值税）为什么要用除税价计价？因为增值税是价外税，而不是成本。税金只是价外费用，因为税金不会带来额外的收入，其支出（销项税额）也是按固定税率计算出来的。

（2）成本专业人员定位：

造价专业人员应该在成本控制中扮演什么角色？造价人员应该在成本的事前控制、事中控制中扮演出谋划策的角色，通过运筹帷幄的技能，将工程成本预测做得尽可能与实际相符，最终达到决胜千里的效果，这种技能是每个人都想拥有和掌握的，但确实又是绝大部分人可望而不可及的。锻炼成本控制能力除了要求智商，还需要长期深入施工现场工地磨合，一方面是积累经验值，另一方面是检验自己在事前做的预测的准确率，这段经历并不完全是投入大量时间，做枯燥、无味的数据收集、整理、筛选、汇总、分析等工作，而是在分析中不断提高自己的经验值，如：第一次做的人工费单价（腻子找平+刷乳胶漆人工费12元/m²）找不到劳务分包，说明单价低或是某些工序没说清楚产生了误会；如果听取完意见后重新调整报价（18~22元/m²）成为合理单价就是一次进步。随着经验提升，可以处置当初预测与实际发生偏差时的纠偏方法，如发现实际材料采购量与清单量不符且偏差较多时，立刻要作出相关的判断：

1）自己算错量了；

2）别人算错量了；

3）现场管理出问题了。

这几个原因查找出来后，对今后制定报价有积极的作用。

（3）成本控制现状：

成本控制实施要有具体的管理手段和技术措施。

以下举例说明成本控制的技术措施：

看这张截图（图8-1），提出以下问题：

①凭经验看，这个清单项目综合单价填多少合理？

②如果把综合单价组到2200元/m³以上，这些清单含量应该填报多少？人、材、机价格要达到什么水平？

问题①回复：715元/m³的砌块墙综合单价如果什么都不包含（不包括构造柱、圈梁、钢筋、模板等费用），单价将满足实际成本要求。

问题②回复：如果想让此项清单综合单价最终定格在2200元/m³以上，只需要将

□ 010402001002	项	砌块墙	1. 砌块品种、规格、强度等级:90mm厚加气块墙 2. 墙体其他加固措施:植筋、拉结盘、构造筋、圈梁、构造柱 3. 砂浆强度等级:M7.5	m³	1	1			715.42
4-31	定	砌加气块墙		m²	1	QDL	1	614.09	614.09	715.42
5-6	定	现浇混凝土 构造柱		m³	0	QDL *0	0	520.39	0	606.26
5-15	定	现浇混凝土 圈梁		m³	0	QDL *0	0	523.44	0	609.81
17-62	定	构造柱 复合模板		m²	0		0	68.2	0	79.46
17-81	定	圈梁 直形 复合模板		m²	0		0	87.36	0	101.78
5-112	定	钢筋制作 φ10以内		t	0		0	4453.33	0	5188.21
5-113	定	钢筋制作 φ10以外		t	0		0	4483.03	0	5222.8
5-115	定	钢筋安装 φ10以内		t	0		0	852.31	0	992.96
5-116	定	钢筋安装 φ10以外		t	0		0	793.56	0	924.51
5-151	借	混凝土柱侧、梁侧植钢筋 钢筋埋深10d φ12		根		*	0	12.08	0	14.07

图8-1   清单项目单价

图中2~9条定额工序填报上清单含量(从图中看单位栏后面的清单含量栏,2~9项定额工序清单含量比例为0)。

有些人看完图8-1提出反驳意见:钢筋、植筋、混凝土、模板都是分开计算,这张截图应该列5~6个清单项目,你现在列出一项,让人如何操作。清单计价展示的魅力就在于此,项目可大可小,内容可繁可简,如果有经验的人看完图纸就知道成本,一栋楼列一项清单项目报一个综合单价又有何不可。

本节先举例说明:

某工程项目劳务分包单位因管理不善,做完主体结构之后,还剩下水电安装、砌砖抹灰、贴外墙砖工序未施工,劳务方经过成本测算预计如果继续完成合同内未施项目将会亏本,希望结算退场,建设方也希望他们退场,但劳务方与总承包方结算价格一直无法达成协议不肯退场。合同是按建筑面积计算570元/m²,劳务分包提出460元/m²结算总承包方不同意,原来劳务班级不肯退出施工现场,导致新的施工班组也进不了施工现场。

承包方在工程项目施工阶段中途退场是成本控制最大的难点,老队伍要办理结算退场,新队伍要组织施工衔接。因为更换队伍造成直接损失计算公式:

水电安装、砌砖抹灰、贴外墙砖等工序新劳务队伍报价如果大于110元/m²(570-460=110元/m²),注定之前成本控制的失误,因为这样更换劳务队伍总成本必定突破当初测算的570元/m²。除了直接损失总承包方还面临一个更大且不可预见的间接风险。老队伍离场新队伍进场后,他们并不着急干活,他们要做的第一件事是挑之前工序的问题。如要穿电气导线,发现原来预埋的线管因堵塞不通,要求电气安装增加

10元/m²质量处置费。要砌砖抹灰发现原来混凝土结构尺寸偏差要增加挂网工序并对原抹灰工艺进行加厚处理，费用又要增加10元/m²。一来二去总承包方发现直接费平方米单价成本超支几十元，间接费继续造成平方米单价超支，工序再往后继续还会发生什么费用支出变得越来越不可预见。

出现这一问题把责任全部推卸给劳务分包队伍指责他们没有信誉，不守行业规矩这些都不是推卸成本控制责任的理由，当初对570元/m²的成本测算结果预估了多少风险系数，并提出了多少应急预案，相信这个项目没有做这些风险预估的工作，如果当初为劳务分包单方报价做一个单价分割，如基础30元/m²、主体结构350元/m²、二次结构130元/m²、外墙装修30元/m²、水电安装30元/m²中途退场结算时会顺利许多，在合同条款里增加的两行文字，在成本控制过程中避免的是7位数的损失。

8.2 成本控制思路建立

1. 指标体系与内部定额体系的建立

指标体系特别是大数据下的指标体系越来越科学和完善，特别适用于项目的前期结算、概算的成本控制，多为建设方所使用。指标体系的取得有两大来源：

（1）借用他人的指标体系：同在一个地区开发别墅区，正好旁边刚建成了一个别墅小区，房型结构与建筑面积差不多，通过了解，取得了旁边别墅结构交工工程建筑平方米指标体系（2000元/m²）。2000元/m²是一个别墅建筑达到结构交工这一大项目的指标，构成这2000元/m²建筑指标由许多小项目组成，如土方、基础、结构、二次结构、屋面工程、外门窗安装、外墙装修、地暖、水电安装隐蔽工程等。这就需要对这个建筑平方米指标进行下一步工作：

1）分解：工程量清单的项目可大可小，可繁可简。下面的工作实际上是在做工程量清单的项目描述流动。上述小项目从土方到水电安装隐蔽工程共9项内容，2000元/m²的指标分解到这9个小项目中，每个小项目对应一个小的指标，如外门窗工程，对应的是一个小指标，可能是150元/m²。

2）深化分解：外门窗工程是150元/m²，这个小项目又能分出外门与外窗两个子项目，经过分解又得出两个指标，外门70元/m²，外窗80元/m²。各个子项目指标分解出来了，是否科学合理呢？

项目名称	规格	单位	数量	单价（元）	金额（元）	建筑面积（m²）
入户门	1800×2400	樘	1	20000	20000	350.00
阳台门	900×2100	m²	5.67	680	3855.6	
小计					23855.6	68.16
外窗	1800×2100	m²	22.68	580	13154.4	
	1500×1400	m²	8.4	580	4872	
	600×1500	m²	2.7	580	1566	
	900×1800	m²	8.1	580	4698	
	1200×1600	m²	5.76	580	3340.8	
小计					27631.2	78.95

图8-2 图窗指标

3）指标验算：参考图8-2。

通过计算工程量和对市场材料单价的分析，得出结论：外门窗指标合理。

建设方通过借用他人的指标体系外，还可以自行建立本公司的指标体系。

（2）自行建立指标体系：相对于借用他人的指标体系，自行建立的指标体系更客观，更便于成本控制。按上一个工程继续，一期完工后进行二期招标阶段，招标控制价如何审核？下面也有几个相关的程序：

1）借用指标的成本分析：通过参考一期成本的事后核算控制来实现，如一期工程计划水电隐蔽工程150元/m²，实际通过竣工结算汇总，水电隐蔽工程实际170元/m²，其中，10元/m²是建设方变更所致，因为有了一期的数据分析。二期水电隐蔽工程计划指标应该控制在160～170元/m²之间。

2）自行搜集健全指标：如一期工程没有太阳能装置，二期工程为了增加卖点，增加了单独户型的太阳能装置，这套系统能增加多少建筑成本，没有可借用数据，只能通过寻价、比价自行完善指标数据。

3）指标的纠偏：二期工程竣工后，经过成本分析得出，二期工程工程建筑成本2200元/m²，其中：安装太阳能装置增加50元/m²，外门窗更换品牌影响10元/m²，这两项属于增项和变更因素。其他为人工费、材料费上涨因素所致，如水电隐蔽工程达到170元/m²，比一期计划指标超20元/m²，土方成本超15元/m²等。经过这样的分析、总结、纠偏，三期工程的成本会越来越接近市场，人们经常所说的工程项目已经做到了透明价，就是因为指标分析得非常透彻，甲乙双方想操纵和突破成本控制指标，都非常困难。

建筑工程指标说到这里，可能有人会说："这类建筑指标小的建筑开发商都能拿出来十套八套，在此说这些有什么意义？"刚才所讲内容精华部分是成本分析，但大部分内容是不是还停留在成本事后控制上。也就是通过事后的数据进行分析，得出结论，进行纠偏。这种操作程序只能是防微杜渐，二期工程做完了为三期借鉴，三期工程做完了为四期参考服务，工作程序永远是在总结教训，防止未来。

2. 创新地开展事前成本控制，将静态的指标变成动态指标

（1）将工程项目指标分解成最小的可分包项目。这里解释一下最小项目概念：就是可以单独发包又不会对其他项目造成重大经济影响的项目。如太阳能项目是工程尾声时进场施工的项目，这个项目施工可能对屋面进行破坏，也可能造成室内装修项目的返工。这个项目立项的最后时间首先要确定在屋面施工和水电隐蔽工程完工前决策，屋面增加设备基础，室内水电管线敷设不会因此返工。

（2）甲供材与甲指分包的决策。现在工程施工材料价格越来越透明，因此给甲方造成了一个错觉，家装材料都是笔者自己买的，工程装修同样可以借用家装模式来控制成本。这种想法对错不作评判，先说这种想法的前提条件必须达到：

1）有完整的项目管理团队：如果甲方项目管理人员就三个人，甲供材就不要考虑了，甲供材管理属于项目参与范畴，甲供材的定义：甲供材是乙方委托甲方的行为。甲方为此要受制于乙方，如材料供应质量、材料进场时间等，都要听乙方安排，比单纯的项目管理难度要大得多，因为甲供材导致甲方人员最后焦头烂额，还留下许多疑点的案例非常多，在此引以为戒。

2）必须有经验丰富的人员：甲供材的询价，组织材料招标投标等需要将前期的招标文件考虑完善，特别是甲指分包，如太阳能安装项目，这类项目不同于瓷砖供应，供应商不光要供应设备、材料，还要负责安装，实质属于项目管理。这类项目与其他项目的界限划分不太容易，水管在哪连接，阀门属于谁供应，电从哪取，设备底座尺寸等都是需要认真考虑的问题，如果没有懂行的人员，返工情况会层出不穷。

3）有通畅的协调机制：这些协调机制不是大家所想的简单，甲方项目负责人与乙方的沟通协调，项目双方现场的协调只是事中的管理控制，真正的协调机制要建立在合同签订之前，把协作条款写进合同里，施工工序到底是不是已属范围，拿合同说话。如总包与精装修工作面交接，地面完成面总包为精装修留100mm还是50mm？对甲方成本是不一样的，因为地面垫层施工，总包工序费用低于精装修成本。

（3）将项目可变性做到最大化：项目可变性有两层含义。

1）项目可增可减：如太阳能安装工程，投标报价时可以列入总造价，但工程实施过程中，甲方要能灵活控制项目的增减而不造成乙方的索赔，如列入暂列金额、专业工程暂估价等，都可以达到随意增减而不会引起索赔的目的。再如一些新工艺、新材料，甲方招标文件里放入到了分部分项工程量清单里，事后发现，此项目乙方利润达到了60%以上，于是发生了心态的变化，想把此项目从乙方合同中摘出来自行分包。甲方没有对工程项目增减的可控权，实际就是事前成本控制的失败。一些甲方想之后甲指分包的项目，不如在招标文件中约定，××项目甲方在投标方中标后可以无条件甲指分包，为避免日后矛盾可以约定：用总包配合费补偿5%~8%。

2）项目的分配权。

项目分配就是发包方与总承包方的一个博弈过程，承包方在某些项目上想多实现点利润，有可能被发包方将整个项目拿走后自行分包，如果不想让发包方将项目甲指分包，总承包方就要从专业入手，实现项目的专业化，让发包方对项目质量放心，其次将价格利润稀释，让发包方感觉就是甲指分包，投资成本也不会减少很多，考虑到分包合同越多，管理成本越高，风险也越大，没有必要再次甲指分包。发包方可以拥有项目的分配权，但总承包方可以不让发包方找到可分配的项目。

3）项目的弹性化：以上例别墅为例，在项目成本预测时，发现分项的计划指标合计超出了总项的指标。到底是指标出了问题，还是市场变化太快没法判定。这时就要将一些项目做好弹性处理，先把总体指标控制在计划内，之后再查找偏差，分析原因。哪些项目可以作为弹性项目处理？

①土方：肯定不行，基础就这么大，这么深，土方量不会变化，费用也不可能降低，主体结构更不可能变化。

②门窗：调整门窗的品牌，这可以当作备选方案，但不能轻易使用，毕竟样板间门窗摆在那，业主验房时发现门窗品牌不同，容易引起纠纷。

③地暖、太阳能：不能随意取消，这么大一个功能性项目，取消了房屋卖点没有了。

④二次结构：只能从二次结构上做文章。样板间在精装修前，装修设计提出了哪道墙要拆除，哪道墙要移位，在批量工程中，这些被拆除或移位的非承重墙体如果省略或移位，会不会影响结构交工？如果不能断定可不可以改动原有的二次结构，可以将这部分二次结构调制为可调整工程量项目，如果小区项目将来变成批量精装修，可

以让装修方报二次结构的价，如果装修方价格低或持平，可以考虑将室内二次结构交付装修承包方施工，就算小区将来毛坯房交工，二次结构如果能一次到位，也比将来家装公司进场后砸墙掏洞结果要好。

建设方对成本的事前动态管理，远比静态管理要主动，发挥这一主动性并不需要增加许多管理成本，在招标投标阶段多投入10%的管理成本，在竣工结算环节就可以节省100%的费用。事前控制只需要事前多投入10%~30%，可能会减少后期100%~300%的费用。具体投入到什么地方？

设计费用：以上例看，如果精装修设计将平面布局在二次结构施工前布置到位，二次结构不用返工，直接可以到位；如果设计阶段耽误，将来精装修承包方进场后，砸墙、开门洞、移开关、插座等，造成许多返工工作，发包方会接到一大摞经济变更，细算起来不如在设计费上多加一点加班费更划算。

实质性的方案论证：这条理论上有许多解释，但笔者只讲案例：以别墅为例，如果发现预算控制价超标，不能随意改变的项目是：

①承重结构项目：如地基、主体结构等。

②实用功能性项目：实用性的功能性项目是卖点，减少了实用功能性项目，商品的价值也降低了。

③基层的工艺做法：许多人谈判时喜欢说"价格可以下降，但这道工序要省略"。这种降价属于明骗，省略工序等于偷工减料，省略工序后，清单项目工艺不完整，质量达不到规范要求，这种降价没有意义。

可以变动的项目主要有以下几个方面：

①非实用功能性项目：如装饰罗马柱，这根柱子不是起承重作用，完全是装饰性的构件，一根装饰罗马柱费用是5000元/根，整个空间内减少几根装饰罗马柱可不可以达到装修效果，这就是实质性的方案论证课题。

②装修性材料的选用：瓷砖从500~50元/m²，石材从5000~500元/m²都有，选用哪个品牌、哪种规格、哪种材质的材料，是实质性方案论证的又一课题。作为造价人员，虽然不能在设计阶段起决策作用，但在成本否决上，应该投出坚定的一票。

③措施方案的论证：一樘普通木门（规格1000mm×2000mm）价2000元/樘，一樘超大木门（2000mm×5000mm）应该多少费用？10000元/樘，错，100000元/樘不一定能做出来，建筑构件只要是超常规构件，费用决不能以正比例关系进行简单推

断。规格2000mm×5000mm的一樘木门，虽然面层材料与（单扇）木门没有发生变化，只是规格产生变化，但相比普通（单扇）木门，其内部结构、五金选用、制作工艺全部是定制完成，建筑构件一旦超常规定制，所包含的措施费用无法轻易计算。如果建筑构件里超常规构件非常多，如异形石材、超小规格瓷砖等，措施费用是材料费用的几倍到几十倍。这种措施费用凭理论经验、凭想象都难判定，一定要经过系统性论证，得出相对合理的价格，才能为控制成本提供有效资源。

8.3 成本控制静态管理

成本控制静态管理是参考，动态管理才是关键。如何首先建立静态指标，为动态管理服务是本节的主题思想。

（1）建立企业内部定额：如果说工程指标体系是为建设方服务的，企业内部定额应该是施工方成本管理的核心内容。与指标体系不同，企业内部定额不是研究特定项目的单方造价，而是研究常规环境和条件下完成单位合格通用工序人、材、机消耗量。工程预算定额是根据每一个特定的工程项目中通用工序总结出来的人、材、机消耗量通用数据。定额诞生目的是为了通用，孕育定额诞生的土壤是标准化的社会化大生产，也就是用规范的工艺进行批量的加工、制造和生产，并达到合格的产品标准，只要社会还在进步，工程预算定额就会永远存在并不断更新发展升级。我们现在所用的工程预算定额，经过了约50年的积累和修订所升级的指导价版本，为鼓励施工企业加强工程成本管理意识，工程量清单规范先后出台的三个版本中，反复强调投标方自主报价，其中的内涵就是让投标人根据本单位实际管理经验，运用自身的优势控制工程成本，报出合理的工程造价。政策执行了10多年，目前收效几乎为0，为什么施工企业建立内部企业定额之路如此艰难，障碍又有哪些？

1）惯性思维的阻碍：在工程结算中常常听到这个声音："××定额套错了。"用的是企业内部定额组价，工程审计人员怎么会知道定额套错了，难道他掌握了我们企业内部的核心机密？根本原因不是企业泄密，而是没人愿意接受施工企业运用企业内部定额报价，认为30年前有政策规定，水平距离500m之内不计取二次搬运费，现实情况水平运输距离不超300m，可施工方报价里竟然出现了二次搬运费，结算时我们认为应该扣减。

2）认为增加了审计难度：原来用地区通用预算定额，无论是报价方还是审核方都是站在同一条起跑线上对定额进行运用和理解，现在施工方用施工企业内部定额报价，审核方无从获知清单综合单价是如何组成，施工企业内部定额属于企业核心机密，不可能对外公示，遭遇反对之声在所难免。因此，许多招标文件里直接明确：用××地区版本工程预算定额报价。

3）缺乏编制施工企业内部定额的内部动力：施工企业内部定额编制主体一定是施工方，编制依据是：在本企业管理水平和常规环境条件基础上，完成单位合格、通用工序人、材、机消耗量。但实际情况是企业人员流动性大，日常工作繁忙，企业即使有设立成本职能部门，也没有设置专门岗位编制内部定额，编制施工企业内部定额耗时、费工，施工企业内部定额编制出台后，还要通过具体工程项目进行实践检验，如果触及到其他职能部门利益，同样会遭遇抵制。如人、材、机含量过低，工程部门受消耗量框架约束完成不了合格工序的要求，会指责施工企业内部定额编制不合理而拒绝执行。

4）缺乏编制施工企业内部定额的专业人员：编制施工企业内部定额的组织者至少具备以下条件方可胜任：

①资历：包括至少8年以上的企业内部的工作时间，充分了解企业内部决策层的经营思想、每名项目经理管理能力、公司各职能部门的沟通协调渠道、本部门内员工的专业水平、工作态度等方方面面具体情况。

②威望：这里的威望不仅是个人的职位高低，更多的是建立在专业话语权的重量上，如果说话吸引的都是众多白眼球的回报，不可能成为施工企业内部定额的组织者，只有赢得公司内部上下的信任才具备出任角色的条件。

③能力：施工企业内部定额组织者要求全面的知识体系支撑，懂设计、会施工、精预算、善财务，可以解决定额编制中的许多问题，如：工艺做法相同的顶棚吊顶施工，A项目层高6m，B项目层高3m，因为定额具备的通用性特点，A项目经理与B项目经理实际套用的是相同顶棚吊顶定额，A项目经理对此非常不满，作为施工企业内部定额编制人要做个定额解答：A项目因为层高问题，首先要考虑吊顶脚手架15元/m²，其次，层高3m空间吊顶，顶棚打孔、安装膨胀螺栓、安装吊杆工序可以通过专用工具站在地面上完成，层高6m空间完成同样的工作，需要站到脚手架上，显然平台不同，站到脚手架上与站在地面的工作效率相比会打折扣。在编制实物量定额时，要充

分考虑到施工环境、时间、地点、空间等各方面因素对人、材、机消耗量的影响，将措施费系数融入到定额中，回复A项目经理质疑，可以解释因为吊顶空间高度问题影响了工效，6m高人工费系数可以乘以1.1，以此类推，层高每增加1m，人工费系数增加5%。这样的企业内部定额编制思路，即满足通用性要求，又解决了特殊情况下的成本控制的可操作性问题。

（2）要编制企业内部定额，先了解一下现在一些企业所用企业内部定额模式：

1）简化型：这种企业内部定额全称为：固化工程量清单。编制这类定额企业省略了人、材、机含量测算这步最重要的环节，直接将定额工序集合以金额形式表现，如墙面乳胶漆45元/m²（完成的工作内容也就是项目特征描述：①墙面基底清理，刷墙固界面剂；②耐水腻子找平2~3遍，砂纸打磨；③乳胶漆一底两面）。公司在任何项目投标时，墙面乳胶漆组价都维持在45元/m²左右，家装公司就是这种报价模式，家装设计师、工长虽然没有丰富的工程造价经验，但凭着公司的固化工程量清单就可以自行给小业主报价。自称自己拥有企业内部定额的公司，基本就是拥有这种类型的定额。

2）含量型：研究定额就是研究定额含量，细化每一道工序，测算出单位工序消耗的人工、材料、机械（或机具）消耗量。编制这类定额，难度系数远远超出简化型，具体程序如下：

①数据采集：如编制一条地面水泥砂浆找平层定额，可能需要跑50个以上的工地，采集的数据可能有教室地面、酒店地面、设备用房地面、走道地面、厨卫地面等，如果以面积计算，这些数据中的人、材、机含量都不会一样，因为设计原因各空间地面水泥砂浆找平层厚度不同，材料之间的使用含量也不相同，也许有1:3砂浆、1:2.5，甚至还有1:2砂浆，还有一些客观因素，如大空间与小空间，人为因素如管理水平造成的人、材、机损耗等都会出现偏差。

②整理定额子目主材技术资料，如水泥砂浆，应该将水泥砂浆的比重，不同型号水泥砂浆的用途等整理完善，在地面铺块料时，结合层应该用1:3水泥砂浆，粘接层应该用1:1水泥砂浆，便于确定铺砖的子目中应该包含哪一层。

③确定主材逻辑含量：主材就是工序工艺中主要构成材料，在定额中没有明确的概念，只要在定额工序中数量占主要比例或价格占造价主要比例就可以视为主材，20mm厚的水泥砂浆找平层，定额材料消耗量可以定义成为0.022m³水泥砂浆（0.002m³

是定额损耗量），再通过水泥砂浆配合比查询，水泥、砂子的用量，水泥、砂子就是水泥砂浆的主要构成材料，如1m³1∶2.5水泥砂浆的材料比例约为600kg水泥和1500kg砂子。同理，混凝土、红砖等都是先用逻辑定义材料含量。

④确定其他辅材用量：如绑扎钢筋，钢筋是主要构成材料，22#的绑丝就是辅材，辅材虽然在定额工序中占比很小，但种类繁多，如电气管内穿线，除了导线以外，焊锡丝、焊锡膏等都是电气管内穿线工序的辅助材料。辅材在定额含量中体现，可以分析定额编制人是否考虑了工序的环节。电气管内穿线中有焊锡丝、焊锡膏等，说明电气管内穿线包括导线接头工艺环节，如果套用了主要定额，不能再重复计算接头的费用。在审计过程中经常听到某定额子目人、材、机含量中的材料实际未用到，组价时是否应该删除？定额含量内出现实际施工未使用的材料有两种主要可能，第一是施工方偷工减料，将应该做的工序省略，如草帘子在整体地面抹灰时用于养护，这道工序未做，当然实际不会发生草帘子费用。第二种是因为材料有所变化，新材料代替了老旧淘汰的材料，使定额材料含量中，一些材料看似没有发生，如壁纸工序中的清漆，已经被更加环保的专用基膜所代替。

⑤合理选择定额单位：一个定额子目单位不一定是1，10m³，100m²，100m都可以作为一个定额子目单位。如电气管内穿线用米（m）表示，许多辅材含量就会成为小数点后面的4位数，不容易准确表示材料定额含量，用100m作为单位，人、材、机含量扩大100倍，一般定额含量表示方法小数点后3位数字，金额表示方法是小数点后两位数字。如钢结构单位用"t"表示，工程量可以显示5.876t，定额含量里的型钢消耗量也可以显示1.043t或1043.4kg，如管道的钢支架则用"100kg"或"kg"直接表示，企业内部定额在单位选用上非常灵活，如装修公司，平日很少接触大型钢结构工程，但是零星的钢构件时有发生，如型钢过梁，定额单位和含量可以选择"kg"表示，再将人、材、机含量取值调整成最精确的小数位数，用"kg"单位表示的含量，完全可以取整表示。

⑥合理确定辅材的含量及损耗率：电气管内穿线中焊锡丝、焊锡膏的价格比例占材料费很少部分，几乎可以忽略，但像管件，则在管道定额中占有材料费价格很大比例，经常因管件含量引起纠纷，1m管道含多少管件，不统计上百个不同类型的工程项目可能很难得出相对准确的结论，大数据用在定额含量统计是一个非常不错的课题。

⑦科学地划分定额子目：定额子目可以看成是定额资源，分得太细，定额资源占用得很多，用起来影响效率，还容易丢项；分的太糙，让人用起来有些找不到定额子目的感觉，定额工序应该包含几个环节，一道工序按规范施工，从哪个环节开始，到哪个步骤截止就是一个定额子目包含范围（工作内容）。总听到有人问，定额中包含灯具至接线盒之间的垂直接线没有？从北京2012电气预算定额人、材、机含量分析，安装灯具的定额从接线盒盖，到软线、蛇皮管，再到焊锡丝、焊锡膏等，包含了从接线盒出来后的所有工序内容。分析常用的工程预算定额发现，定额子目总体思路是正确的，有个别定额包含的工序内容太多，有的又将相关联的工序人为断开，造成套定额时要多套几个子目，影响效率，如"北京2012预算定额"防火门定额，定额说明中将防火门的所有五金件与防火门主体分离，套定额时几种必备的五金都可以单独套特殊五金的定额子目，这样设置定额子目很不科学，防火门五金都是专用的防火五金件，不同于木门五金件，使用方有很大的挑选空间范围。防火门五金件没有什么可以挑选的余地，选什么品牌的防火门用与之配套厂家的五金件，而且一样防火五金件也不能短缺，防火门与防火五金件实为一体，人为将定额子目分成几个没有意义，不如"北京2001预算定额"将五金件并入防火门内，按成品门计算材料单价。

⑧合理确定主材定额消耗量：定额计价时期，人、材、机含量是不允许调整的，实行清单计价投标方自主报价后，将调整定额含量的权利逐步转移给定额使用人，定额一旦调整过，人、材、机含量就不再是原有意义的定额，实际性质变成了企业内部定额，这样促进了定额的发展，同时也带来了弊病。结算时，甲乙双方各执一词，各自都有一套对定额含量调整的理解，谁也无法证明哪一种理解的正确性比例，这就造成了扯皮，一条定额出现理解偏差耽误半天时间，10条定额子目有分歧，一周也对不完几条清单项目综合单价，加大了甲乙双方的结算成本。

企业自行编制内部定额，更容易遭到质疑，编制定额人为避免将来企业内部定额在运行时出现争议，必须抓住主要内容精准把握，定额子目主要内容首位就是主材含量，确定主材定额含量一定要经过严格论证，将资料证据提供完整，把现场实地采集的经验数据进行筛选、分类、汇总。如地面水泥砂浆找平工序，厨、卫空间的人、材、机含量应该有别于大面积的空间，墙、地砖主材不能扣除砖缝，而且还要考虑墙地对缝的损耗。在编制内部定额时，定额子目内主要构成材料含量一定要认真计算，争取做到科学合理。如何能做到科学合理，应该从下面几点入手：

a. 把定额子目编制思路分解成3~5个层次：如门窗工程，第一层次考虑"材质"，可以将门窗分为木门窗、金属门窗、玻璃门窗等；第二个层次考虑"开启方向"，如平开、推拉等；第三个层次考虑规格，如门的规格大致在700~1000mm宽，2000~2400mm高，因为标准板材长度一般是2400mm，一扇门如果整体高度超过2400mm，接板或定制板材都是需要特殊费用，不知道其中的价格变化趋势，对于将来控制成本非常被动。一张标准人造板的宽度1200mm，单开门扇的宽度一般设计不会超过1200mm，因为门扇过宽，占用开启空间过大，门的重量作用于门合页（铰链）上的力成倍增加，门开启损坏的概率也随之增加，如果一樘门的宽度必须超过1200mm，设计师会考虑将门设计为子母门或双开门，编制定额的人对常规构件规格尺寸要做到心中有数。其他的工艺同理，如墙、地砖铺装，单个空间面积大小应该作为定额分类的考虑项目之一，如5m²以内；5~10m²和10m²以上划分；同时应该考虑砖的规格，如厨卫墙砖，一般是由300mm×300mm、300mm×600mm、450mm×450mm几种主要规格组成，公共区，如电梯厅、过道等，又常用600mm×600mm或规格更大的墙砖，划分时可以将砖的规格设定为0.25m²以上或以下；规格较小的墙砖铺装方式按以前墙砖用水泥砂浆可以进行铺贴，一旦单块墙砖规格超过0.25m²，就要采用新的铺贴工艺，因为现在更多地将玻化砖（由于质量好的瓷砖吸水率，附着力就差）贴在墙面，这时的水泥砂浆只能作为找平层，而粘接层应该使用专用瓷砖胶粘剂。

b. 把淘汰的材料及时更换掉：如纸筋灰早被粉刷石膏所取代，虽然现在一些图集里还有类似做法描述，但现实中几乎不可能出现纸筋灰材料；还有纸面石膏板，现在的规格是1220mm×3000mm、1220mm×2400mm等，而不是定额中所描述的300mm×300mm、450mm×450mm、600mm×600mm等装饰石膏板的规格，而且装饰石膏板也已经被矿棉吸声板、硅钙板等新材料所取代，定额子目中的300mm×300mm、450mm×450mm的龙骨做法已经不复存在。

c. 常用的工程预算定额，要求必须根据规范编制。一些新工艺、新材料出台后，与之配套的施工验收规范没有及时跟进，因为没有规范说明，新型工艺就没有及时编入到定额当中，企业内部定额可以不受这个约束，只要是现实中有的工艺，就可以编制进企业定额，如吊顶的立板、灯槽等工艺做法，规范是用金属龙骨，实际大部分用防火板材，企业内部定额就可以按实际来编制这类工艺的材料消耗量。

d. 人工费的偏差要综合考虑。如地面找平后，需要等待4~6h后才可以进行压光工序，这里等待时间要计入人工费含量中，因为4~6h时间间隔内大城市工人不可能回家睡醒觉后再来上班。现在定额使用人普遍反映工程预算定额人工综合工日单价低，脱离实际，除了工费单价，其实人工含量也有许多不合理因素包含其中。

e. 完成定额子目各环节人、材、机含量要计入定额的同时，完成实物量所必需的措施费用也要计入定额内。如块料施工二次搬运费用占实物量比重的10%~12%左右，这部分费用应该明确运距后计入定额子目内，如块料二次搬运费可以在定额里注明，水平运距50m以内，垂直人工运距6m或电梯运费30m内，包含在定额内（不用拘泥30年前的文件是如何定义块料二次搬运费距离和垂直运输费高度）。现在完成许多工序都要经过测量放线工序，这些措施项目是必须要做的，不需要以措施费形式单独计取，可以用其他人工、其他材料的形式在定额中体现，执行时，其他人工、其他材料的含量单价不能任意调整。

f. 工艺做法设置要科学。最好不用人为调整定额含量（如调整某项费用或整体费用系数的做法就是在调整定额含量），因为人工调整定额含量容易引起纠纷和争议。如天棚吊顶轻钢龙骨，水平龙骨应该套水平吊顶轻钢龙骨定额，垂直立板套立板龙骨定额，而不应该以水平投影面积作为工程量，让定额执行人主观判断应该选择套用跌级、艺术、藻井等造型定额子目。一些地区定额让执行人自行根据吊顶龙骨的含量调整定额的龙骨损耗量，相当于把定额编制的权利交给了定额执行人。作为定额编制人来说，不能给定额执行人以太大的定额调整含量的操作空间。定额子目确定工序，应该简化的地方要合并，如木龙骨、木基层板在安装时要刷防火涂料，在定额含量中，直接将刷防火涂料工序加入到木龙骨、木基层板中，如果使用成品的防火基层板，定额内防火涂料操作不能删除材料含量，而只需要将材料单价清零，这种定额编制思想同钢结构刷防锈漆相同，制作时刷一遍，安装时刷一遍，两遍防锈漆全部包括在制作和安装定额子目中。相关联的工序可以编进一条定额子目中，建筑用木材做防火处理中消防规范的要求，木基层与防火处理密不可分，定额子目将其合二为一可以简化定额使用人的手续，提高组价效率；像一些木材防腐、防虫这类地区特有的工序，可以单独以定额子目体现，用到了再套用，北方施工工艺中基本也不会出现这些设计要求，这些定额子目自然也不用套用。

g. 在定额说明中可以适当设置人、材、机调整的系数。如现在异形构件很多，同样面积和长度的构件，弧形要比直线形费工费时，如何补偿多耗费的工时，在定额人、材、机含量上乘以系数是个好办法，但系数不能设置的太多，一个章节不应该超过30个系数，否则操作起来如同查询密码，过于繁琐容易遗漏。如弧形墙在直形墙的基础上，人工含量乘以1.15，材料含量乘以1.05，这是《河北2012预算定额》在装修墙面章节内护墙调整系数时的描述，定额子目是根据直形墙编制的，遇到弧形墙直接在人、材、机含量上对应地乘以定额说明里的系数。在此要注意，乘以定额说明里的系数是调整定额人、材、机的含量，而不是调整定额人、材、机的单价，所以说，定额乘以系数要慎重，不能随意而为。

h. 企业内部定额编制一定要有编制说明。定额编制说明要尽可能地详细、准确、全面，编制说明可以参考现在常用工程预算定额说明的编制方式，首先按专业，每个专业分三个大部分进行说明，分别是"定额总说明"、"定额册说明"、"定额章节说明"，每一章节定额说明又分两层意思，分为定额工艺与子目的编制思想和计量方式，前一层是指导思想，后一层是具体实施，如木龙骨定额子目中已经包括三遍防火涂料工序，套木龙骨定额不再需要再套防火涂料，如果防火涂料遍数超过三遍，可以套木基层防火涂料增减定额子目，下一层计算规则紧接着前面的思想描述：木基层防火涂料增减定额子目包括刷一遍防火涂料工作。二者前后不能出现矛盾，如果没有清晰的思路编制出的定额难以操作，如某地区装修脚手架章节前半部分条款描述：超3.6m高的建筑可以按满堂红脚手架执行，后面定额计算规则又说明，脚手架计算高度有吊顶的算到吊顶的面层，这明显的就是自相矛盾，前一层意思表述的让人理解是结构层高度3.6m以上可以套用满堂红脚手架，后面又补充吊顶面层，吊顶以上的部分不用脚手架又如何施工，定额里没说明。将来不管哪个部门出来澄清，这个结果随时都会引发争议。

i. 使含量补充定额子目尽量完善。什么叫含量补充定额子目，如地面找平层根据20mm厚编制，实际施工厚度经常变化，就要设置找平层厚度增减子目进行调整，调整以5mm为含量单位，超1mm也可以5mm计算，这样操作起来就有章可循，有人会说增设含量补充定额子目是不是多余，如吊顶双层石膏板，直接在定额编号后乘以2就可以了，没必要设置增加一层石膏板的子目，实际施工时，如果是双层石膏板，其实工艺做法是不一样的，第一层石膏板封完后不用嵌缝，面层石膏板封完后才要嵌缝，简单地在定额编号后乘以2可能会重复计算嵌缝工艺。

j. 企业内部定额同样要实现电算化，否则没法操作。设置变量的方法与现在的造价计价软件一样，都是用人、材、机含量乘以定额工程量得出定额数量，再用定额数量×人、材、机单价，用清单计价时，再考虑用定额的单项人、材、机基数或汇总基数乘以取费费率得出清单综合单价。

k. 定额子目要有通用性。预算定额子目不像清单项目那样具有特定性，定额子目有通用性的特点，一条定额子目就是一个造价资源，定额子目设置多了，不仅给操作带来不便，而且容易引发自相矛盾的争议，这里所说的通用，就是定额编制组织者要有全局性，如人工挖沟槽，单位是立方米（m³），这项定额子目应该在土建册中，但电气安装遇见挖电缆沟，在室外给水排水遇到挖管沟，应该可以借用这条子目。

l. 企业内部定额同现在使用的政府指导性定额一样，只要有单独子目表示的工序，该工序就不能含在其他定额子目中，如设置钢筋机械连接电渣压力焊、锥螺纹等机械连接定额子目，钢筋安装定额就不包含机械连接工序，发生了单独用电渣压力焊、锥螺纹等机械连接定额子目。

m. 定额材料尽可能采用成品材料。因为建筑材料成品化已经成为必然，连水泥砂浆都将被干拌砂浆所取代，成品材料最大的优势是许多工序在工厂内已经加工完成，不用在定额中研究其制作、加工工序中人工含量和材料、机械（机具）含量，大大简化定额的编制工作，如门窗工程定额子目，只需要考虑编制门窗、五金的安装定额子目，制作、刷漆等工序已经不会在施工现场发生。

n. 定额中除构成工程实物量的人、材、机外，就是为完成定额工序所必需的技术措施费用，定额子目内不能有利润、管理费、检测费等项目费用。这些费用要单独计取，以便区分直接费成本工程其他费用的构成。

总之，工程预算定额已经运用了50年，编制企业内部定额时，总体思想不用再单独设计，要做的就是对工序中人、材、机含量进行科学、系统的调整，按企业主要专业重新排列定额子目工序。编制企业定额充分考虑本企业管理水平的同时，只要深入掌握附近3~5个地区的定额，80%的定额子目其实可以简单修补就可以使用，如北京地区企业编制的定额，将北京、河北、山西、内蒙古、河南的定额加以借用、分析、组合、取长补短，就可以得到相对合同的人、材、机含量。企业定额编制是一劳永逸的工作，下点力量完成此项工作，对将来的成本控制会起到一定的促进作用。

8.4 成本归集与费用分配

　　成本归集与费用分配是财务管理理论中成本核算的方法，属于事后成本控制，操作程序就是先归集成本，再分配费用，归集成本的目的是算一个总成本账。如一个工程完工后，工程总成本花费了1000万元，费用分配是将总成本归类，如1000万元工程成本，支付劳务费用300万元，支付材料费用500万元，机械（机具）费120万元，项目部开销50万元，水电费、检测试验费等其他直接费开支30万元，合计汇总1000万元。其目的是将成本更加清晰地分解清楚，便于成本分析使用各种数据，成本归集是为了通过收入减支出差额，一目了然地了解做一个工程项目最终结果赚了（或赔了）多少钱，费用分配是为了进一步细化分析钱赚（或赔）在什么地方，如都说做工程人工费赔钱，通过费用分配发现项目人工费成本支出是300万元，预算人工费收入是240万元，人工费亏损约20%。工程成本从财务分类角度分析主要是五项费用，即：人工费、材料费、机械（机具）费、其他直接费、间接费。前三种费用统称工程直接费容易理解，也容易区分，后两种连财务人员有时也分不清楚，这里站在财务专业说明一下后两种费用与财务理论的成本核算教科书里的费用关系。这里可以把工程"其他直接费"对应财务教科书里的"制作费用"，因为它们之间有联系，如水电费、材料检测费等，工程水电费在建筑工程财务成本核算中计入"其他直接费"，制造行业的水电费财务操作计入"制作费用"；把建筑工程"间接费"对应制造行业车间管理费用。工程"间接费"就是项目部管理人员因参与工程项目管理工程而发生的各种费用开销（定额编制的原则是二级管理，企业管理费负责建筑公司管理需要），原来定额计价里专门设置了"现场经费—现场管理费"这项取费，这项费用实际就是为项目经理部管理工程而设置的造价收入，为了低价中标，在让利时连想都不想就将此费用出让，没有现场经费收入，项目部这几个人衣食住行的开销如何保证。实施清单计价后，"北京2012定额"将现场经费—现场管理费移到了"企业管理费"中，将现场经费—临时设施费移到了安全文明施工费—临时设施费中。其实这种做法，破坏了收入与费用的配比原则，这个原则下面要讲到位。成本归集与费用分配的具体操作工作一般由财务人员完成，但是作为造价人员，至少要为财务人员做好收入与费用的分类引导。收入与费用的配比原则，这是财务管理13条原则之一，其意义就是费用的产生要对应收入的来源，公司成立了项目经理部，这一级管理机构是通过组织工程施工而获取收入，从而为公司创造利润。下面介绍造价人员应该在这条原则下做些什么具体的工作？

1. 落实收入与费用的配比原则

在工程量清单基础中说过，现在2013清单计价收入由五个组成部分组成，分别是"分部分项工程和单价措施费项目清单收入"、"措施费项目清单收入"、"其他项目清单收入"、"规费项目清单收入"、"税金项目清单收入"。作为财务人员在事后成本核算时，按财务制度会将成本费用按程序归集和分配到五项费用中去，但他们并不知道收入的来源和组成，这就需要造价人员将收入分解翻译成财务报表中的五项费用表，这等于又给造价人员出了一个难题，因为造价人员不懂财务制度，他们不知道财务人员需要什么样的数据口径，前面所讲的成本费用归集和分配就是为此讲做一个铺垫。清单计价的五个收入组成，与财务人员分配费用的五项费用显然是对应不上的，造价人员这时候要做一项工作，首先将"分部分项工程和单价措施费项目清单收入"、"措施费项目清单收入"中的人、材、机三项费用分解出来，这个应该比较容易完成，现在的计价软件可以轻松帮助操作人员分解出费用的人、材、机明细，将来用企业内部定额，也可以在技术上做成高等级的电算化版本，可以统计各分类费用相关数据。后两项清单项目（规费与税金项目清单）收入不在工程成本控制范围内，所以也不用分析。第三项"其他项目清单收入"投标时在投标文件中，签订合同时在合同文件中，但到了竣工结算时，"其他项目清单收入"要么通过洽商、变更演化为"分部分项工程和单价措施费项目清单收入"、"措施费项目清单收入"，要么变成了来五去五的非成本控制费用，如招标代理费，投标时计入10000元，中标后支付招标代理公司10000元，承包方所获取的就是此费用产生的税金收入。

研究成本与费用配比原则有着重要意义，在此举一个案例，一个项目经理部第一次报量完成混凝土1000m³，当月报量100万元，财务经过人工结算、材料结算为当期成本80万元，看到财务成本核算报告后项目经理很高兴，向公司请功说工程成本取得20%的毛利，第二个月与第一个月完成工程量相同，但财务统计成本变成了90万元，第三个月工程量完成与前两个月相同，财务统计成本变成了100万元。项目经理非常着急，三个月经营结果是利润持续下降，到底成本是怎么控制的？出现这种情况实际是收入与费用配比没有对应上，第一个月混凝土工程量报量1000m³，可财务收到的混凝土结算单是900m³，第二个月财务收到的混凝土结算单是1000m³，第三个月财务收到的混凝土结算单是1100m³，第一个月、第三个月出现了虚增和虚减利润的现象，是因为实际成本与收入不匹配，也就是造价与财务两个专业没有进行有效沟通，造成实物量统计出现偏差。财务人员不知道混凝土收入的明细，这个明细只能靠造价人员提供，只有将实物量收入明细提供财务人员，他们才可以根据支出明细作出事后的成本分析。实物量收入提供同样在甲供材的退还上起着重要作用。本例如果混凝土是甲供，第一个月报量完成1000m³混凝土的工程量，在第二个月时，就要退还第一个月报量混凝土的材料款，假如混凝土定额含量是1.01，合同约定质量保留金20%，第二个月报量后，退还1000×1.01×0.8×（混凝土甲供材单价）元的金额。在施工期间，造价人员不仅要完成进度款报量（中期结算）工作，还要配合其他专业完成成本的控制工作。

收入与费用配比虽然是成本的事后控制，但操作起来远没有上面说的理论这样简单，真实的案例有许多分析起来非常困难。如现场项目经理部称一装修工程细木工（大芯板）用了4000张，公司要求造价部门将定额大芯板用量分析出来，经过分析，合同内的大芯板实物量统计是2500张，其余的1500张哪里去了？经过再三分析，找出变更洽商增加500张，吊顶立板定额材料是轻钢龙骨，但现场实际是用大芯板作立板基层，3000m的跌级立板，按平均250mm高度计算，约需要300张大芯板，加上2000m的灯槽、500m窗帘盒，又约用300张，其余用于搭建临时库房、作临时办公家具、库房剩余合计约400张用于将来成品保护。这样分析下来，材料的大数没有偏差，证明合同量没有少，变更、洽商的量也没有少。再返回验证轻钢龙骨，发现轻钢龙骨合同内多出的量，就是定额内制作灯槽和立板封板龙骨的材料量合计。通过收入与费用配比验算和分析，可以将工程成本的疑点落实清楚，给项目经理一个交代，也给造价人员一次业绩总结。

通过成本控制分析，得出以下结论：成本事前控制要看清单综合单价是否合理，成本的事中、事后控制要从实物量入手，事前控制价，事后验证量，这样可以将前后的成本控制工作结合起来，总结教训，查找失误，发挥优势，不断提高。

2. 成本路上的"拦路虎"

（1）供应商：他们的初始报价永远低于供应合同价，因为他们对一个陌生用户，首先报出的是裸价（不包括运输、装卸、加工、税金等费用的类似出厂价的材料单价），这种价格最大的优势就是吸引客户眼球，相当于低价中标策略。当采购合同继续商谈下去后会发现，供应商第一次报的价往往是不开票，不送货，不深化加工的材料，不安装的价格，如果想达到工程完工后材料的价格，最终的材料成本要比第一次报价增加许多。如石材大板达到工程板的价格要经过加工、损耗、防护、运输、装卸等多道工序，像石材拼花这类加工工艺，加工费要高于石材的大板原料价格。

（2）劳务分包：人工费是最难以控制的成本价格，如果说对付供应商可以在合同中将条款尽可能地细化来应对材料风险，对付劳务队伍，则是要充分将工程项目的实施工序、措施方案考虑周全，并尽可能给予明确。劳务队伍报价往往是凭感觉，图纸构造稍微复杂，价格就偏差很大，要达到报价准确，就要一步一步加以引导，分析各项目的工序安排和项目实施难点，让劳务方心里有底，人工成本才可以控制到位，如一栋没电梯的五层楼铺地砖作业，工队报价高出了市场人工单价40%，后经沟通得知瓦工工长手下都是铺砖的工人，没电梯的建筑材料搬运要耗费大量人工，工长计算人工单价也按技术工测算。得知这种情况，在劳务合同条款里直接明确：铺砖综合单价仅包括地面清理、界面剂涂刷、20mm结合层、5mm粘接层带铺800mm×800mm规格地砖、勾缝、清理工作内容，将铺地砖工序内的材料搬运工作交给壮工另外承包，铺地砖单价恢复到市场价，瓦工工长心里的承包风险也降到了最低。

（3）材料采购人员：如果说上面两个"拦路虎"来自外界，下面分析的就是内部的"拦路虎"。材料人员是工程造价成本控制的其中一员，成本控制越准确，材料人员对材料单价的操作空间越狭小，他们对造价人员的不满也会越明显。成本控制得罪的第一个人就是材料人员。

（4）项目经理：造价人员是项目经理推卸责任的第一人，成本亏损，项目经理第一个反应是预算把量算少了，价格报低了。造价人员要做的就是拿出铁的证据，证明量没少，价不低，成本控制没问题，拿证据分析出材料超支、成本亏损是项目管理环节出现的问题，造价人员保护好自己，这也是成本控制的又一目的。

（5）外界干扰：有些人心中无成本，就到处去找盗版资料，收集回来的成本数据基本是无用的，因为别人总结出的成本再准确，只是别人组织管理工程项目的知识产权，之间有时间差、环境差、管理差、地区差、条件差等偏差因素干扰，并不一定适合用于其他工程项目，成本一定要植根于本企业的土壤中才能茁壮成长。

成本控制是造价人员的理想，也是公司决策层追求的目标，想真正实现科学控制，要从技术、组织、管理、人事上齐下功夫，从外部环境、内部的组织制度和技术措施上做文章。最重要的话再重复一遍，成本管理人员工作只有深入再深入，才能挖掘出宝藏，自己不亲自算量（至少要抽查别人算的量），成本控制就是一句空话。